Camille Juzeau
Morgane Rébulard & Colin Caradec

Phénomènes

De la pollinisation à l'origine des comètes
en 124 planches illustrées

CHÊNE

Préface

Le verdict est sans appel : alors que je suis scientifique, je dois reconnaître que les pages du livre que vous vous apprêtez à dévorer m'ont permis de découvrir des notions que j'ignorais - au moins en partie. Cette heureuse surprise a fait surgir dans les tréfonds de mon être deux impressions qui coexistent rarement : l'enthousiasme, car j'aime toutes les occasions d'apprendre et surtout de comprendre ; et un sentiment d'humilité, car je mesure combien il me reste à découvrir.

Comment diable les auteurs de *Phénomènes* ont-ils pu réussir pareille prouesse ? Grâce à un travail dont on se doute qu'il fut colossal. Et aussi parce qu'ils ont eu la bonne idée d'associer des images claires à des textes ciselés qui, habilement agencés et remarquablement mis en pages, parviennent à couvrir une très grande diversité de sujets, des plus concrets aux plus abstraits. L'efficacité pédagogique est si spectaculaire qu'elle semble démontrer à quel point la compréhension que nous avons des choses n'est pas *d'emblée* verbalisée : pour bien penser, nous avons autant besoin d'illustrations, de schémas et de dessins que de phrases, les premiers venant éclairer les secondes, et réciproquement.

Regardez, puis lisez. Ou bien lisez, puis regardez. Dans les deux cas, joies intellectuelles garanties.

Étienne Klein,
physicien et philosophe des sciences

Avant-propos

Les rhizomes n'ont pas de centre. Ce sont des tiges souterraines polymorphes, sans début ni fin, qui se développent dans toutes les directions, sans hiérarchie. *Phénomènes* répond à ce principe, en un livre qui s'émerveille autant de la coquille de l'escargot que de la formation d'une étoile.

Ce livre prend appui sur les recherches scientifiques contemporaines pour nous permettre d'appréhender le futur. Par la combinaison de ses sujets et de sa forme, il propose une approche poétique et visuelle du savoir et de l'apprentissage. Chaque page ouvre une fenêtre sur un monde qui échappe à l'œil, parce qu'il est bien trop petit, bien trop grand ou beaucoup trop complexe.

Notre ambition ici est de dévoiler quelques-uns de ces mystères par l'image. Composé à six mains - et quelques-unes de plus -, *Phénomènes* redonne tout son sens au mot *graphisme* dont la racine grecque *graphô* contient le double sens d'écrire et de dessiner.

Comme le magma, les nuages ou les marées, les contours de ces phénomènes composent et dessinent une déambulation sur terre, dans le ciel, parmi le plancton, les bits et les atomes.

Camille, Morgane et Colin

N° 1

Empreintes animales

EMPREINTES DE MAMMIFÈRES

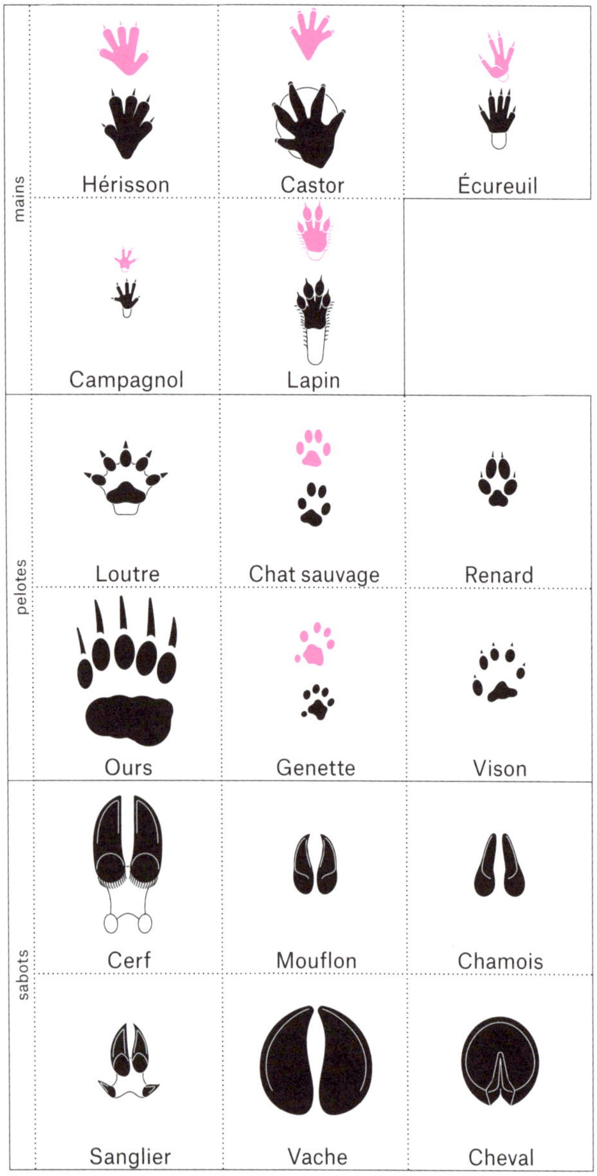

EMPREINTES D'OISEAUX

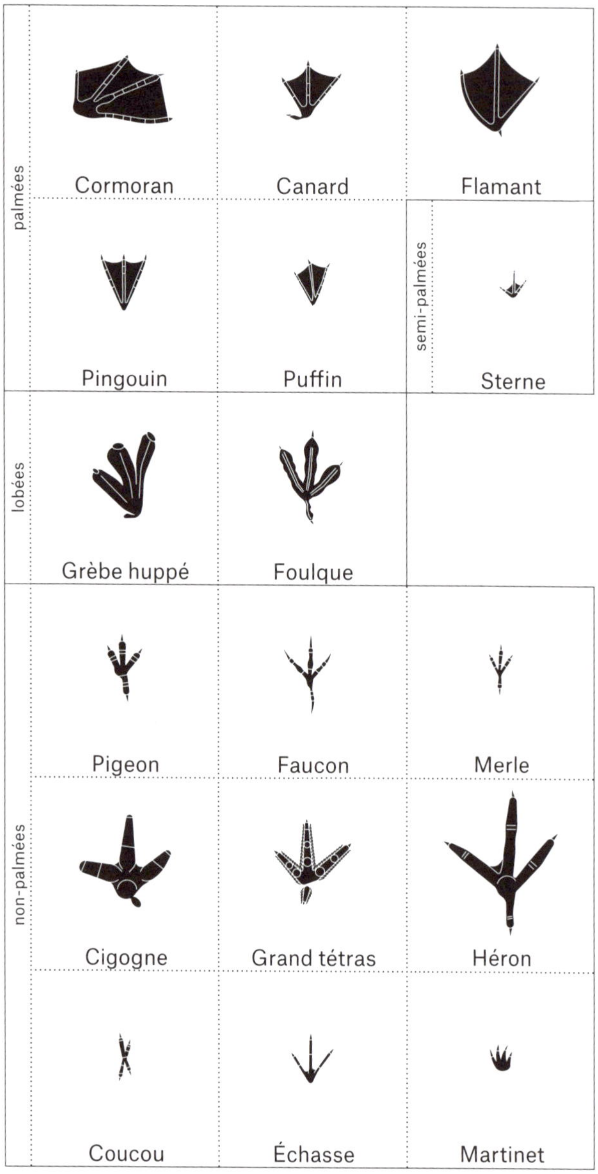

DÉMARCHES DE MAMMIFÈRES

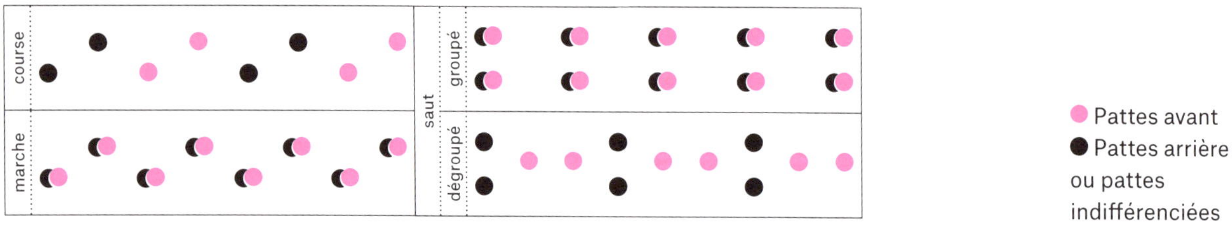

LA PLUPART DES ANIMAUX SAUVAGES se cachent aux yeux humains, car ils vivent la nuit et fréquentent des milieux difficiles d'accès. À défaut de les « voir », le pisteur utilise nombre d'indices pour déterminer leurs déplacements, comme la température d'un excrément (→ planche n° 74), des éraflures sur les arbres, des mousses abîmées, les restes d'un repas ou des **empreintes** dans un sol meuble. Pour reconnaître à qui elles appartiennent, il détermine d'abord si c'est un oiseau ou un mammifère, puis son espèce, grâce à leurs formes, à leurs tailles, et à leur nombre de doigts. Le pisteur peut également évaluer l'âge, le sexe, voire l'état de santé d'un animal en identifiant sa **démarche**. Dans *Pister les créatures fabuleuses*, le philosophe Baptiste Morizot raconte : « Nous arpentons la forêt enneigée, guettant les indices, explorant les cols et les versants qui pourraient intéresser des loups en patrouille, et nous finissons par trouver une piste dans la neige : ce sont des pieds de canidés. La trace que nous avons sous les yeux est tellement grande qu'elle ne peut pas appartenir à un renard. La patte du chien est très ronde et ses "doigts" s'écartent vers l'extérieur. La patte d'un loup n'est pas ronde, elle ressemble plus à un diamant, et les "doigts" vont vers l'avant. Le pistage, c'est la forme originelle de l'enquête policière. » •

Empreintes digitales

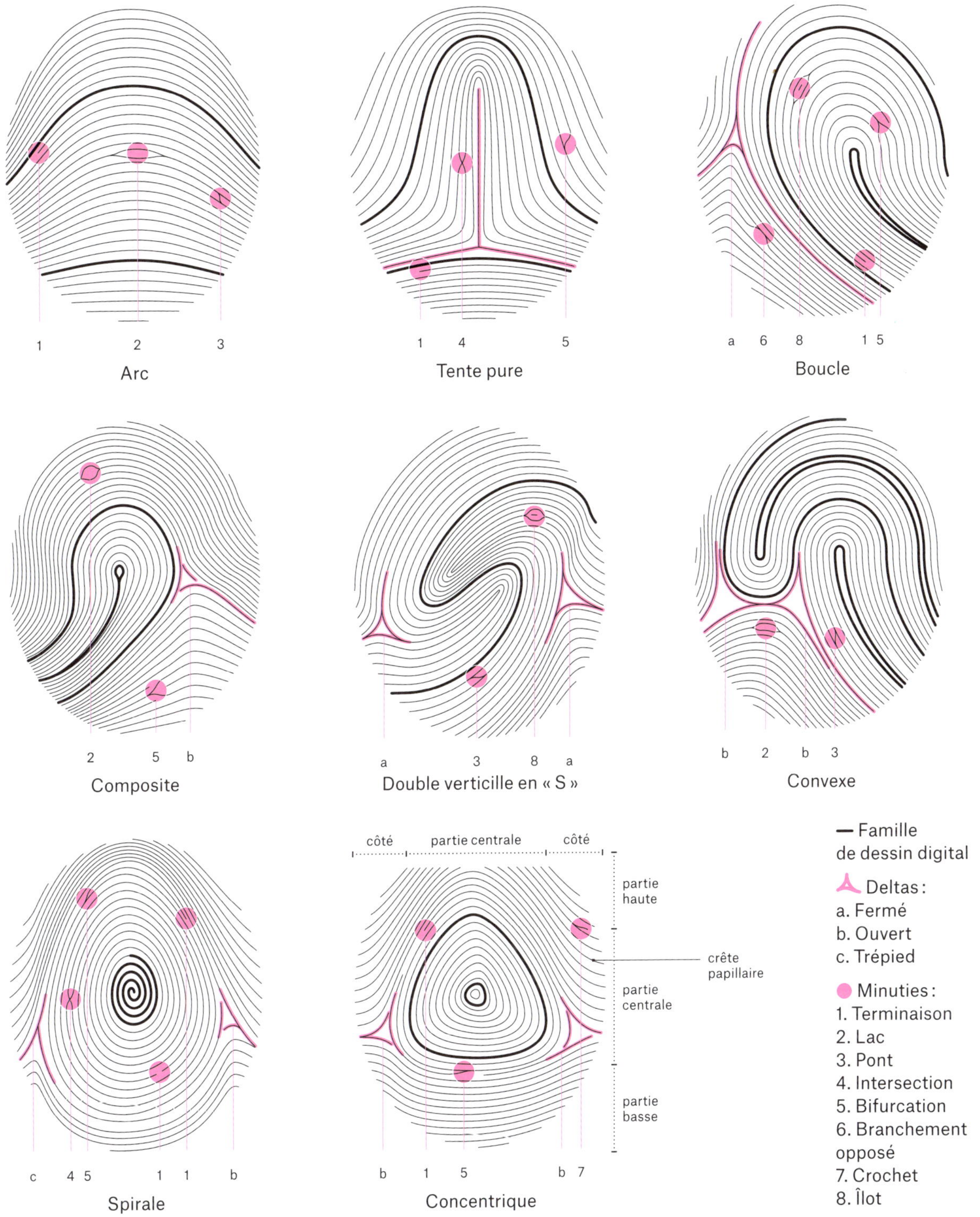

LES DESSINS DIGITAUX sont fixés par plissement de l'épiderme à 24 semaines du développement du fœtus. Ils constituent des caractéristiques uniques de l'individu et permettent son identification tout au long de sa vie. Malgré les coupures, les blessures et les brûlures, les **crêtes papillaires** se reconstituent toujours à l'identique. Ainsi, le caractère quasi unique des empreintes digitales en fait un outil performant d'identification des individus via la biométrie et justifie son utilisation en médecine légale ou en criminologie. Outre ceux des doigts, il est aussi possible d'étudier les dessins des crêtes papillaires des paumes ou des pieds.

Sur une empreinte digitale, on distingue quatre zones : la **partie basse**, la **partie haute**, les **côtés** et la **partie centrale**. Cette dernière permet de rattacher l'empreinte à une famille de dessins digitaux : **arc**, **tente pure**, **boucle**, **composite**, **verticille**, **spirale**, **concentrique** ou **convexe**. La première lecture consiste à observer la présence ou non, entre ces zones, de **deltas**, qui peuvent être en trépieds, ouverts ou fermés. L'analyse la plus fine est celle des **minuties**. Celles-ci sont variées, mais les plus fréquentes sont les **terminaisons**, les **îlots**, les **intersections**, les **bifurcations**, les **branchements opposés**, les **lacs**, les **crochets** et les **ponts**. •

Origine des météorites

1. Disque protoplanétaire

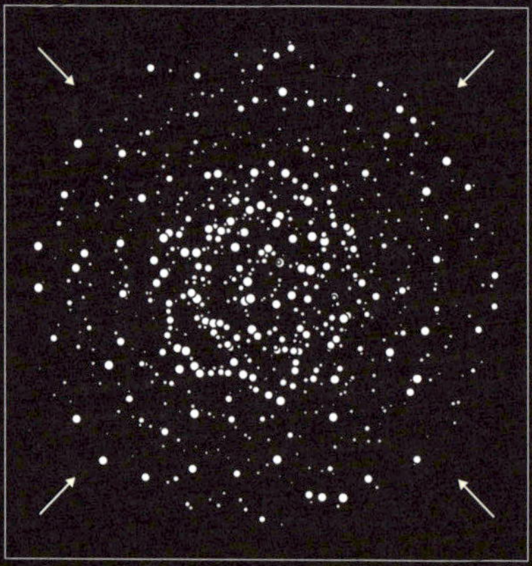

2. Formation des astéroïdes par amalgame

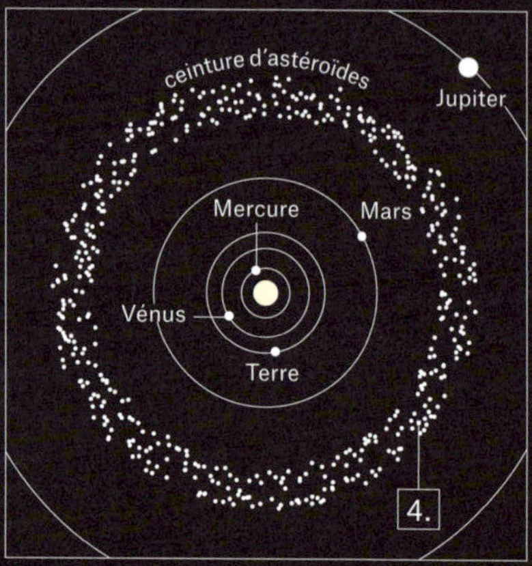

3. Ceinture d'astéroïdes

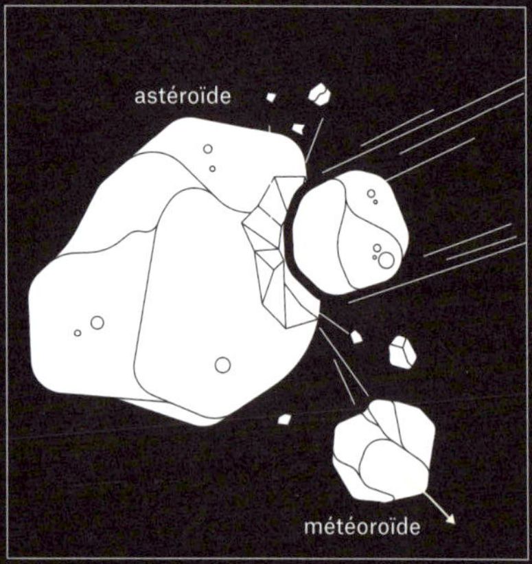

4. Formation d'un météoroïde par collision avec un autre corps

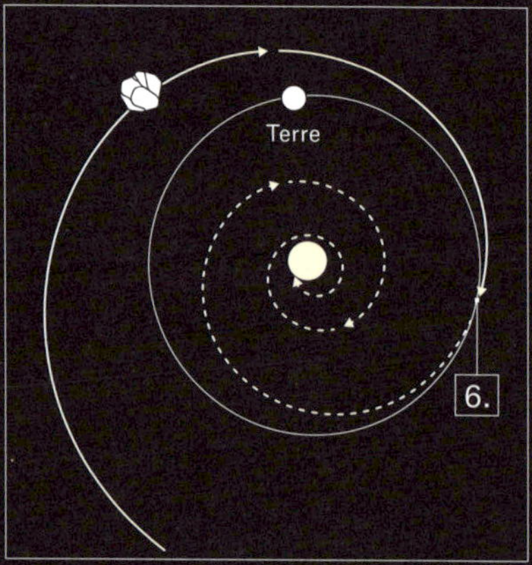

5. Errance autour du Soleil

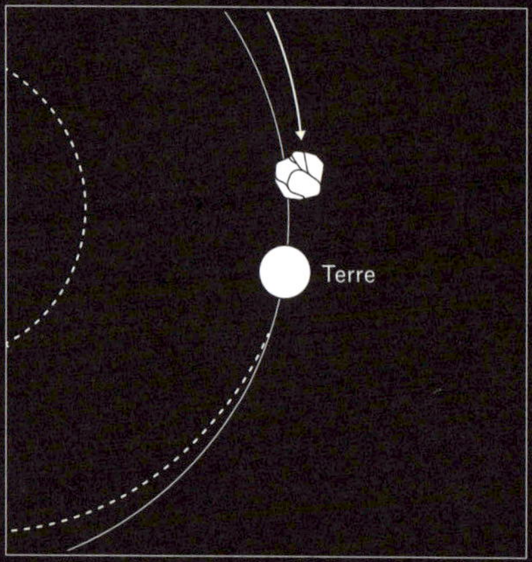

6. Rencontre avec la Terre

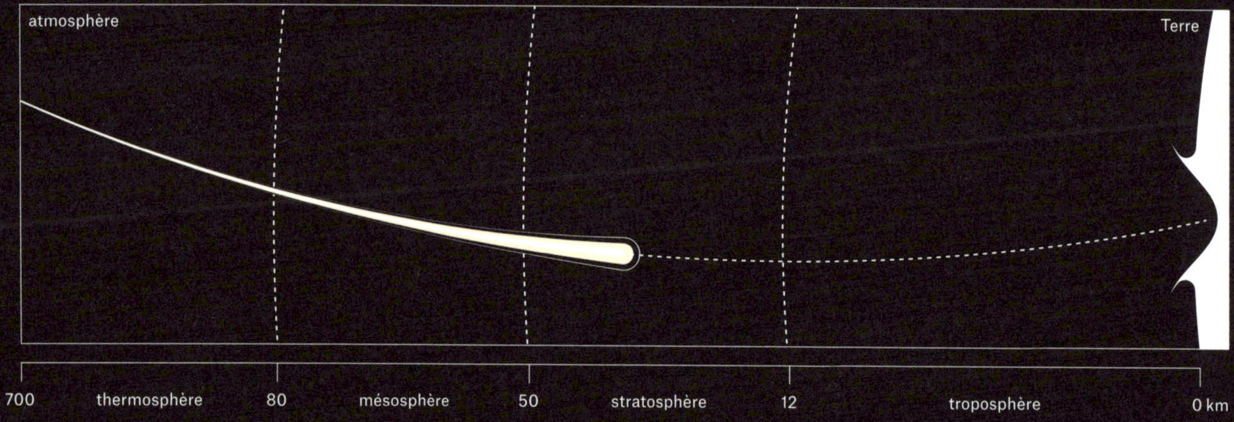

7. Entrée dans l'atmosphère terrestre

LES ROCHES VENUES DE L'ESPACE deviennent météorites à la surface de la Terre. **1.** Le **disque protoplanétaire**, constitué de gaz et de poussière, gravite autour de la protoétoile, ancêtre du Soleil et des autres corps du Système solaire. **2.** Les chondres formés dans le disque – des billes de taille millimétrique – s'amalgament pour constituer des **astéroïdes**. **3.** Les astéroïdes se regroupent au sein de la **ceinture d'astéroïdes**, située entre Mars et Jupiter. Elle en contient probablement plusieurs millions, d'une taille allant du grain de poussière au planétoïde. **4.** Une collision détache un **météoroïde** de l'astéroïde. **5.** Il dérive autour du **Soleil** pendant quelques dizaines de millions d'années. **6.** Si la **Terre** se trouve sur sa trajectoire, il entre alors dans son atmosphère. **7.** Le phénomène lumineux (rayonnement de l'air chaud et ionisé) associé à la chute est appelé « météore ». Si le météoroïde est de petite taille (moins de 1 cm), on l'appelle « étoile filante ». Ceux de taille intermédiaire sont freinés par l'**atmosphère** et s'éteignent à environ 20 km d'altitude. Ce qu'il en reste tombe alors en chute libre. Seuls les météoroïdes les plus gros (plusieurs dizaines de mètres), peu freinés, peuvent creuser de gros cratères à la surface terrestre. Les roches retrouvées au sol sont appelées « météorites ». ●

Mégafeux de forêt

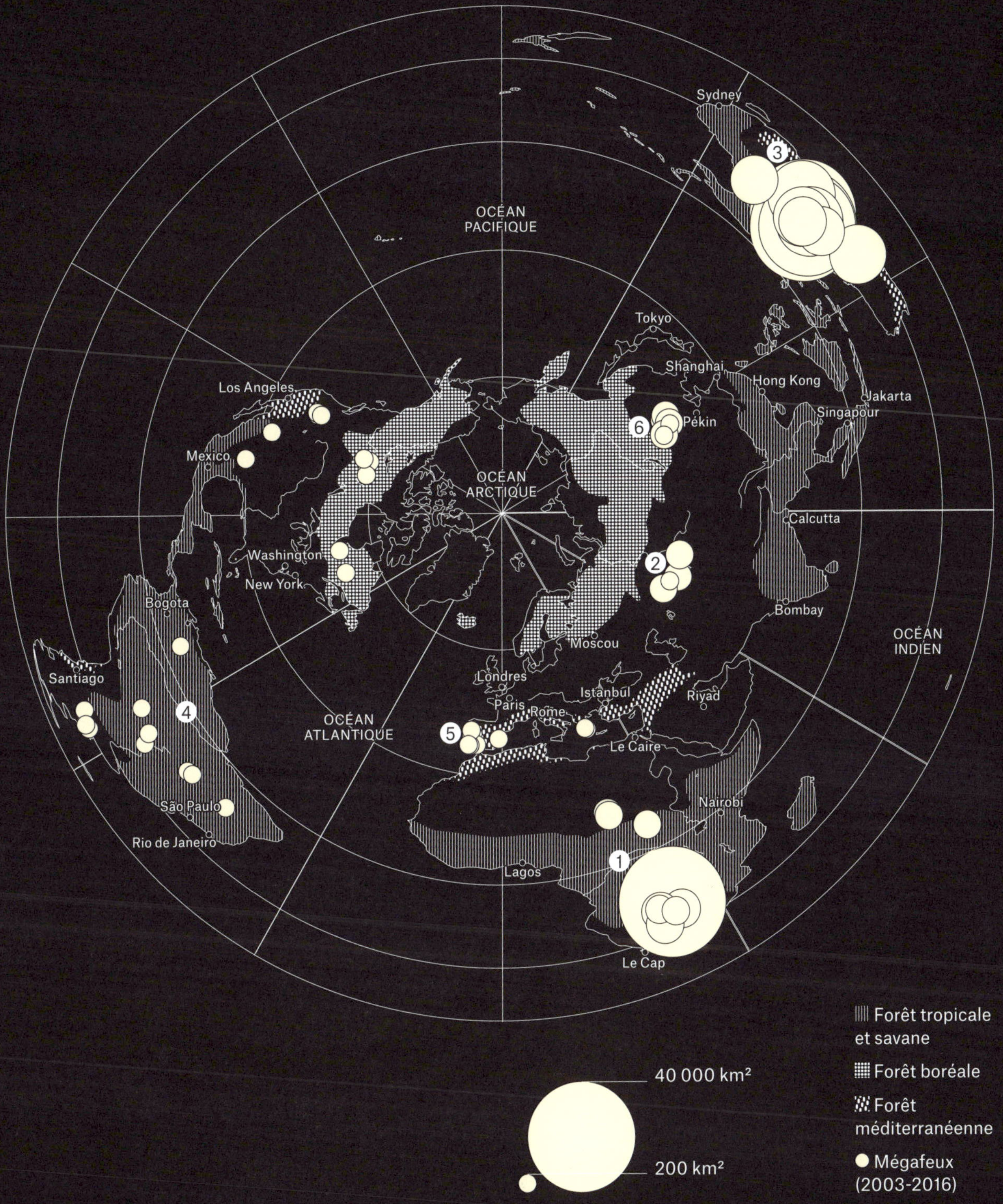

LES INCENDIES SUR TERRE ont toujours existé : des embrasements naturels se propagent et régénèrent la végétation dans les sous-bois ; l'Homme utilise, depuis la préhistoire, l'agriculture sur brûlis – un mode de culture toujours présent mais devenu marginal. Cependant, avec le changement climatique, l'époque contemporaine a vu l'apparition de feux nouveaux, exceptionnels par leur comportement et leur intensité, appelés « mégafeux ». Ils peuvent être gigantesques ou petits, et ont des impacts économiques et des bilans humains inédits. Certains donnent déjà à la période actuelle le nom de « pyrocène », l'ère du feu.

1. Afrique (chaque année), surface brûlée : 4,23 millions de km², émission de CO_2 : 1 440 Mt (mégatonnes), cause : agriculture sur brûlis. **2. Sibérie** (2020), surface brûlée : 92 600 km², émission de CO_2 : 59 Mt, cause : températures extrêmes. **3. Australie** (2019), surface brûlée : 186 000 km², émission de CO_2 : 715 Mt, causes : sécheresse, foudre. **4. Amazonie** (2019), surface brûlée : 9 060 km², émission de CO_2 : 400 Mt, causes : déforestation, agriculture sur brûlis. **5. Portugal** (2003), surface brûlée : 4 249 km², émission de CO_2 : 7,39 Mt, cause : exode rural. **6. Chine** (1987), surface brûlée : 13 000 km², émission de CO_2 : 521 Mt, causes : monoculture et déforestation. •

Nº 5

Coquille de l'escargot

MORPHOLOGIE DE LA COQUILLE

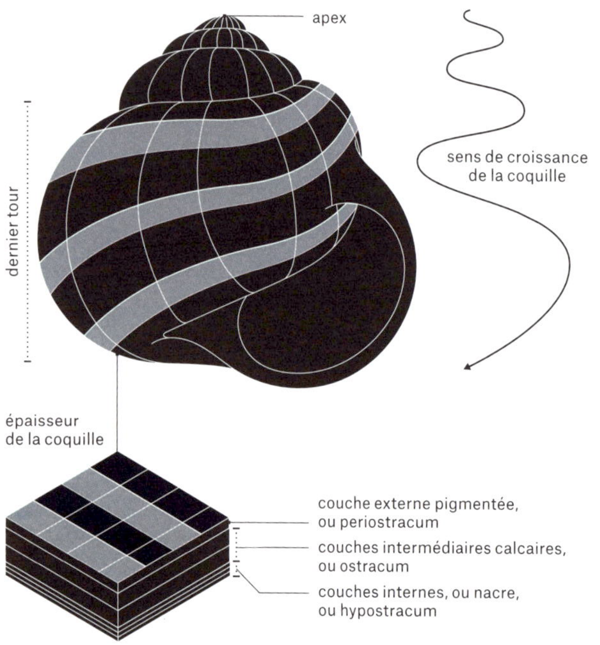

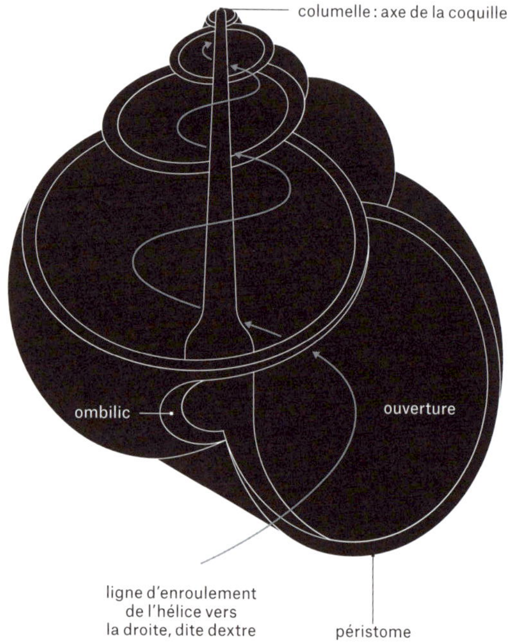

ANATOMIE D'UN ESCARGOT PULMONÉ

« L'HUMBLE MOLLUSQUE enroule sa coquille suivant les lois d'une courbe connue sous le nom de spirale logarithmique. Comment l'escargot l'a-t-il prise comme guide de sa rampe à vis ? Tout seul, bien isolé, très pacifiquement et sans songer à rien », déclarait le naturaliste Jean-Henri Fabre dans ses *Souvenirs entomologiques*. Comme lui, de nombreux scientifiques ont été fascinés par l'architecture de la coquille de l'escargot.

La **coquille** constitue 30 % de la masse de l'escargot. La croissance se fait par le bord externe de la coquille, d'abord mince et fragile, puis rigide à l'âge adulte, et de façon discontinue (pause de croissance l'hiver ou en période de sécheresse). L'escargot peut régénérer sa coquille si l'**apex** n'est pas touché : le carbonate de calcium produit par le **manteau** permet de colmater brèches et fissures. La plupart des gastéropodes ont une coquille **dextre** (enroulement vers la droite). Un petit nombre d'espèces présente une torsion sénestre (vers la gauche). Jeremy, né en 2015, est devenu célèbre après un appel mondial pour trouver un autre escargot sénestre capable de s'accoupler avec lui, son espèce étant en grande majorité dextre. L'enroulement de la coquille provoque la torsion des organes : l'animal devient asymétrique. •

Habitats amovibles

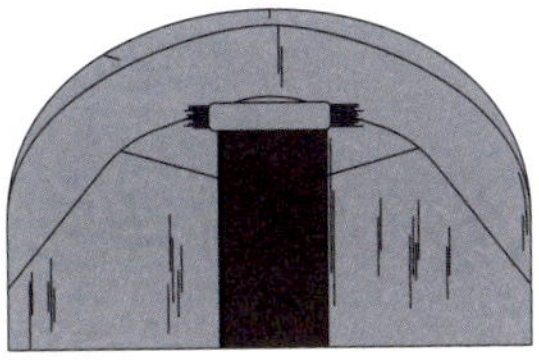

1. Haru Oms
Afrique du Sud, préhistoire

2. Tchelos
Terre de feu, préhistoire

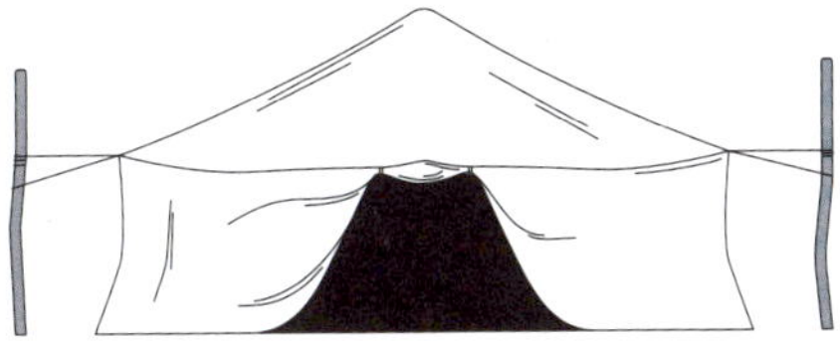

3. Tente khaima
Sahara, 7 000 ans av. J.-C.

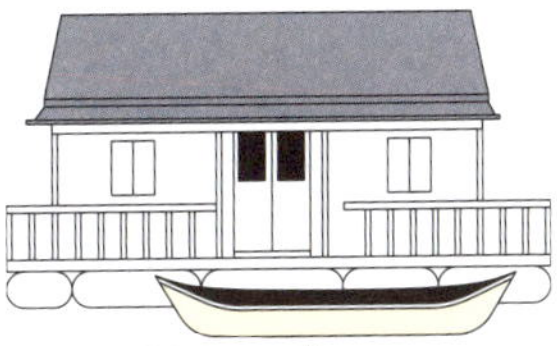

4. Maison flottante
Viêt Nam, 5 000 ans av. J.-C.

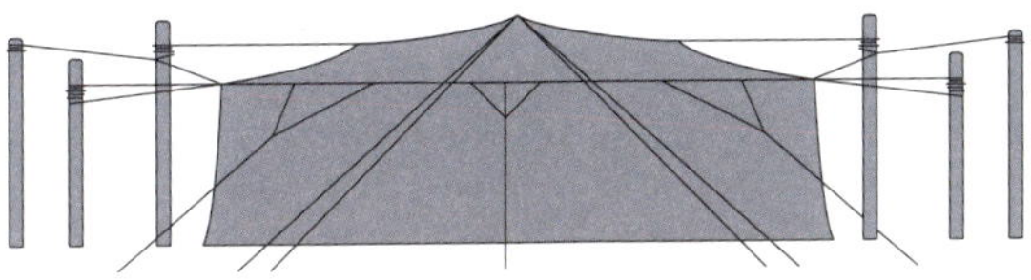

5. Tente nomade
Tibet, 3 300 av. J.-C.

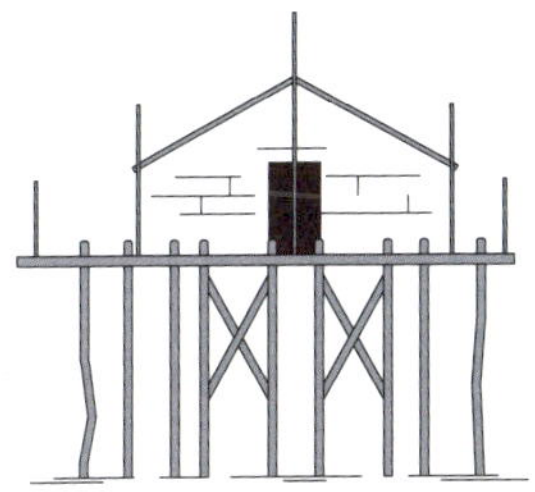

6. Bajau
Indonésie, XIIe siècle av. J.-C.

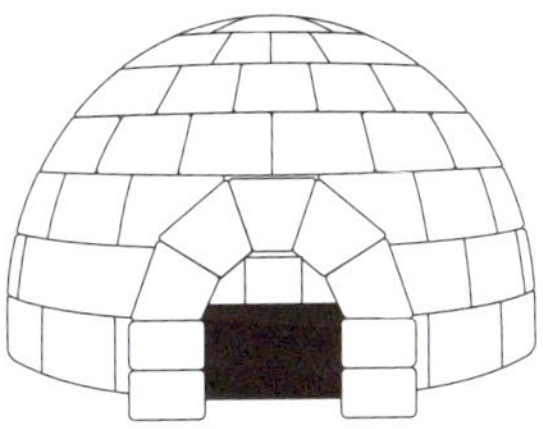

7. Igloo
Canada / Groenland, 1 000 av. J.-C.

8. Roulotte
Irlande, Moyen Âge

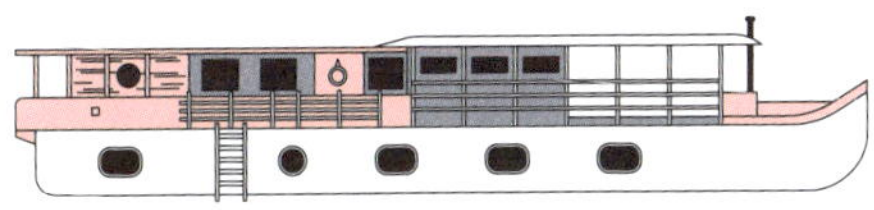

9. Péniches du lac Union
États-Unis, fin du XIXe siècle

10. Bourlinguette
France, 1903

11. Nomad House Car
États-Unis, 1923

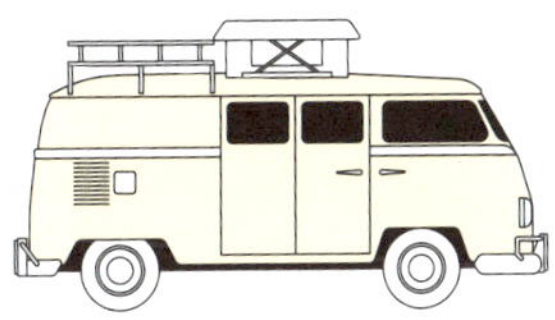

12. Volkswagen Westfalia Camper
Allemagne, 1950

13. Tiny house
États-Unis / Europe, 1999

BIEN QUE L'HUMANITÉ SE SOIT SÉDENTARISÉE à partir du Néolithique, l'habitat amovible a perduré dans de nombreuses régions du monde. Ce type d'habitat reste utilisé par les populations sédentarisées lors de leurs déplacements, par exemple pour les vacances.

Les premiers habitats amovibles connus sont les **huttes** (**1**, **2**). Rapides à bâtir, elles sont construites à partir de branches, de terre, de paille ou d'ossements. La **tente** (**3**, **5**), autrefois en peaux de bête, en est un dérivé démontable encore employé par les nomades tibétains ou sahariens. Les **maisons flottantes** (**4**, **6**, **9**) sont ancestrales en Asie. L'**igloo** (**7**), utilisé par les chasseurs des régions polaires en expédition, est un abri à l'isolation extrêmement performante. Chez les Travellers, le cheval de selle ou d'attelage a une grande importance symbolique, au-delà de son rôle dans la traction de la **roulotte** (**8**). La **maison roulante** (**10**, **11**, **12**), ou camping-car, a vu le jour en 1903 en France. Avec l'Allemagne et l'Italie, ce sont les trois pays où elle est la plus plébiscitée. Les **micromaisons** (**13**) sur roues, popularisées par Jay Shafer et Gregory Johnson, ont servi à reloger les sinistrés de l'ouragan Katrina en 2005 et ont gagné en popularité pendant la crise financière de 2007-2008. •

Le premier arbre

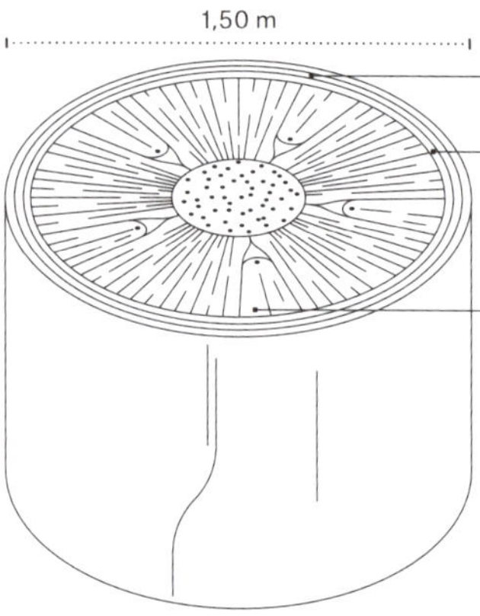

Tronc (coupe transversale)

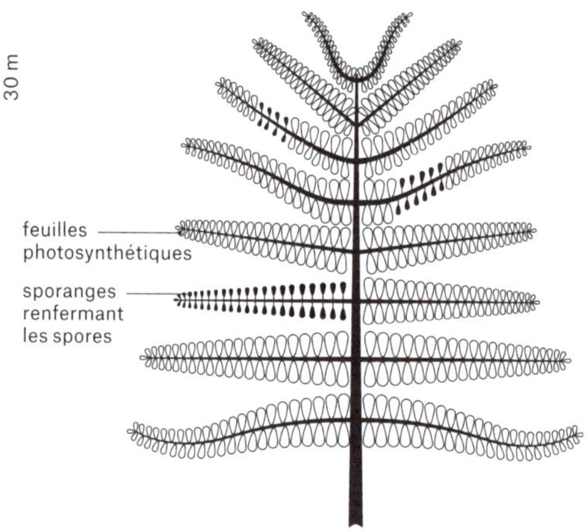

Branches, feuilles et sporanges

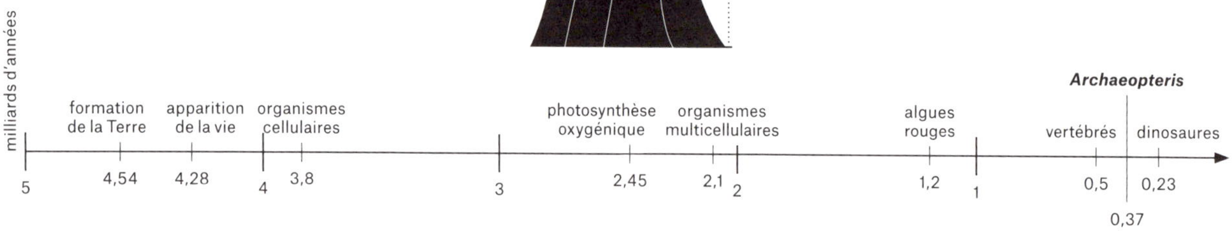

L'*ARCHAEOPTERIS* EST UNE ESPÈCE D'ARBRE que la science ne connaît que par l'intermédiaire de fossiles (→ planche n° 100). Arbre décrit pour la première fois au XIXe siècle, certains de ses spécimens – souches ou troncs de grande taille – interrogent sur sa classification. Il est considéré comme le premier arbre moderne, car il présente de nombreuses analogies morpho-anatomiques avec les arbres actuels. *Archaeopteris* se distingue par des innovations évolutives remarquables : des **spores** de deux tailles différentes, de véritables **feuilles** et un **cambium** bifacial produisant deux types de tissus pour la conduction de la sève et la formation de bois. Il a une croissance tridimensionnelle, optimisant ainsi l'exposition de ses feuilles à la lumière et l'activité photosynthétique. Ce grand arbre (jusqu'à 40 mètres de haut), fascinant par ses feuilles et spores analogues à celles des fougères et par son tronc similaire à celui des conifères, est rapidement devenu cosmopolite et dominant dans les grandes forêts de l'époque (le Dévonien, il y a un peu moins de 400 millions d'années). Pourtant, à la même période, deux autres groupes de plantes ont produit des formes arborescentes : les lycophytes, avec des feuilles linéaires à une seule nervure, et les *Cladoxylopsida*, apparentées aux fougères. •

Histoire des textes de yoga

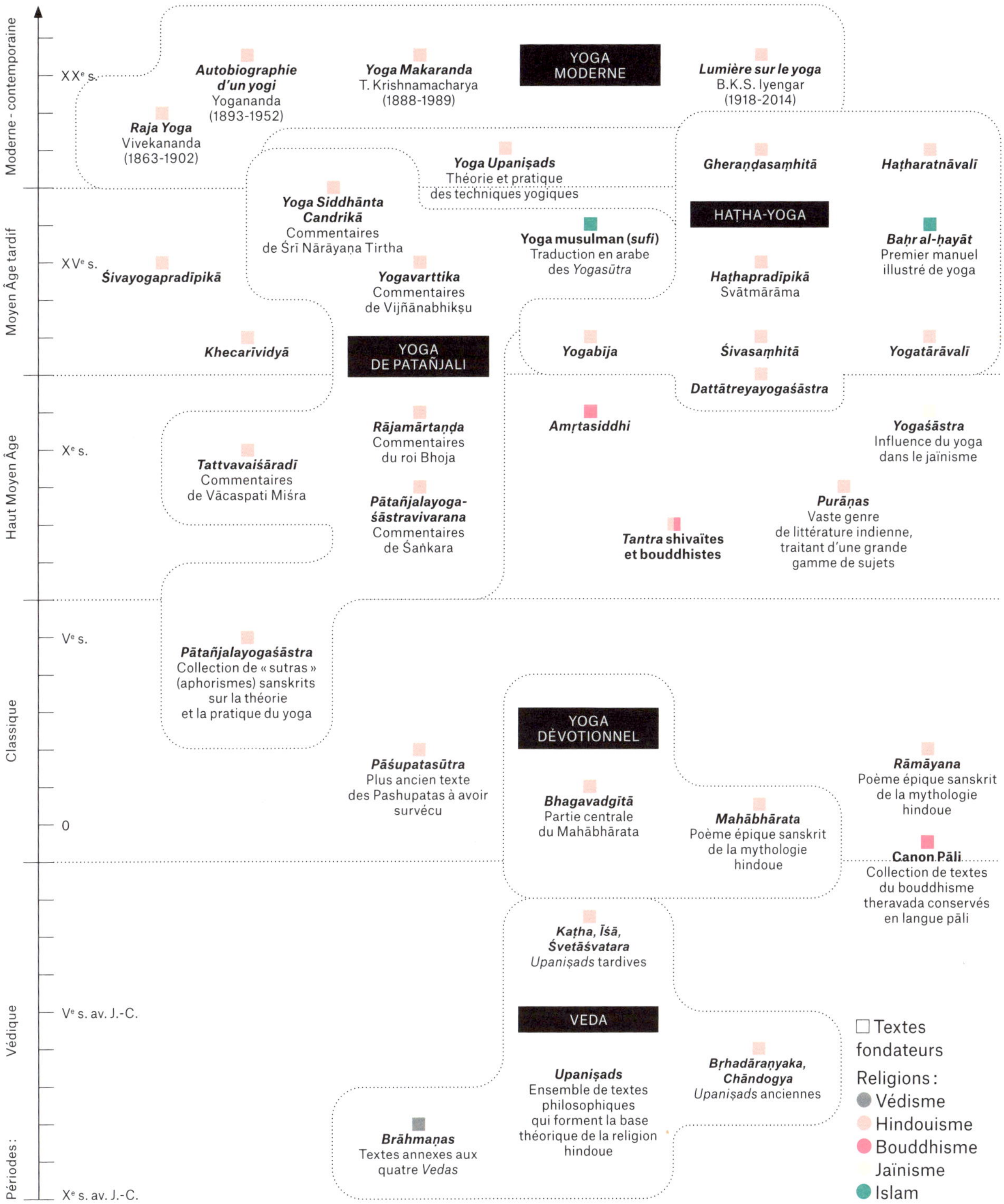

DE L'EXTRÊME-ASIE À L'EUROPE, en passant par le Moyen-Orient, l'Afrique ou les Amériques, le yoga connaît de nos jours un succès planétaire. Si le terme « yoga » est ancien, ses significations ainsi que ses usages sont divers. Le mot apparaît aux alentours du Ve siècle avant notre ère au sein des ***Upaniṣads* védiques** pour désigner un état spirituel particulier tout autant que la voie ou méthode qui y mène. Plus tard, la ***Bhagavadgītā***, l'un des textes religieux aujourd'hui les plus révérés par les hindous, décrit un yoga de la **dévotion** (bhakti-yoga) au travers de l'union avec le Seigneur. Le **yoga de Patañjali**, décrit dans des aphorismes (sūtra), propose « l'arrêt des fluctuations du mental » par un cheminement composé de huit étapes et donnera lieu à de nombreux commentaires. À l'époque médiévale, fruit de la rencontre entre des traditions ascétiques d'origines diverses, le **haṭha-yoga** propose d'atteindre l'état de méditation grâce à des techniques énergétiques spécifiques qui incluent postures et contrôle du souffle. C'est de la rencontre de ce haṭha-yoga et de gymnastiques hygiénistes européennes que naît au XIXe siècle le yoga dit **« moderne »**, principalement transmis en langues occidentales, et qui aujourd'hui est plus que jamais au cœur de nos sociétés modernes et de leurs logiques de consommation. ●

N° 9

Poisons naturels

1. Curare

2. Taïpan du désert

3. Grande ciguë

4. Ricin

5. Ergot de seigle

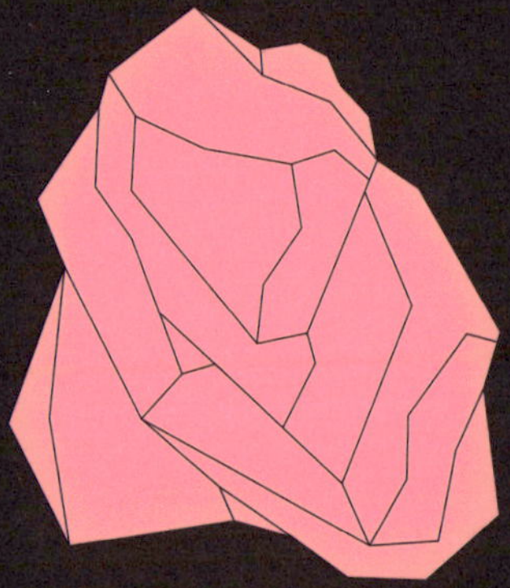

6. Arsenic

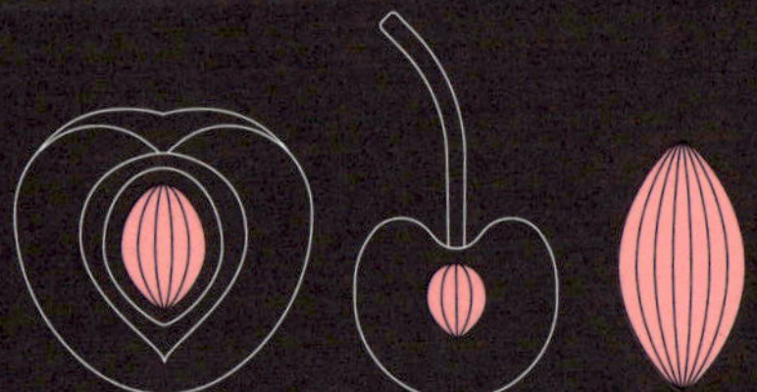

7. Cyanure

8. Botuline

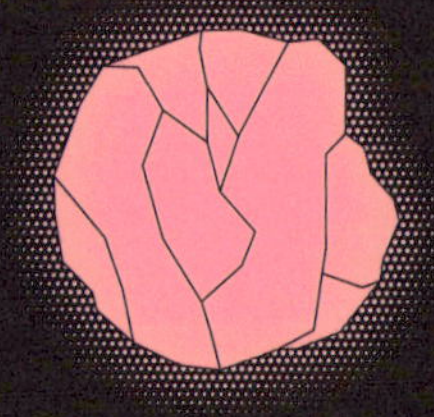

9. Polonium

D'ORIGINE VÉGÉTALE, MINÉRALE OU ANIMALE, les poisons se retrouvent un peu partout dans la nature. **1.** Extrait de la liane d'Amazonie, le **curare** est parfois mélangé à du venin de fourmi, de grenouille ou de serpent. **2.** Le venin d'un seul **taïpan du désert** (Australie) peut tuer 125 hommes. **3.** La **grande ciguë** ressemble à la carotte sauvage, au céleri ou au persil, mais son odeur, proche de l'urine de souris, nous met en garde : elle fut utilisée pendant l'Antiquité grecque sur des condamnés à mort. **4.** Trois graines de **ricin** peuvent être fatales pour un enfant – six à huit pour un adulte. **5.** Au Moyen Âge, les céréales contaminées par l'**ergot de seigle**, champignon microscopique, provoquaient le « mal des ardents » (délires, fièvres, noircissement des extrémités et, parfois, mort). **6.** L'**arsenic**, extrait de certains minerais, est un poison incolore et inodore, utilisé entre autres lors de l'affaire des poisons, sous Louis XIV. **7.** Le **cyanure** est un composé du Zyklon B, gaz utilisé par les nazis. On le trouve à l'état naturel dans les noyaux de cerise ou d'abricot et les pépins de pomme. **8.** La **botuline** est une toxine bactérienne qui se développe dans les aliments mal conservés. **9.** En 2006, l'ex-agent russe Alexandre Litvinenko est empoisonné au **polonium**, élément radioactif extrait de l'uranium. •

Immortelle méduse

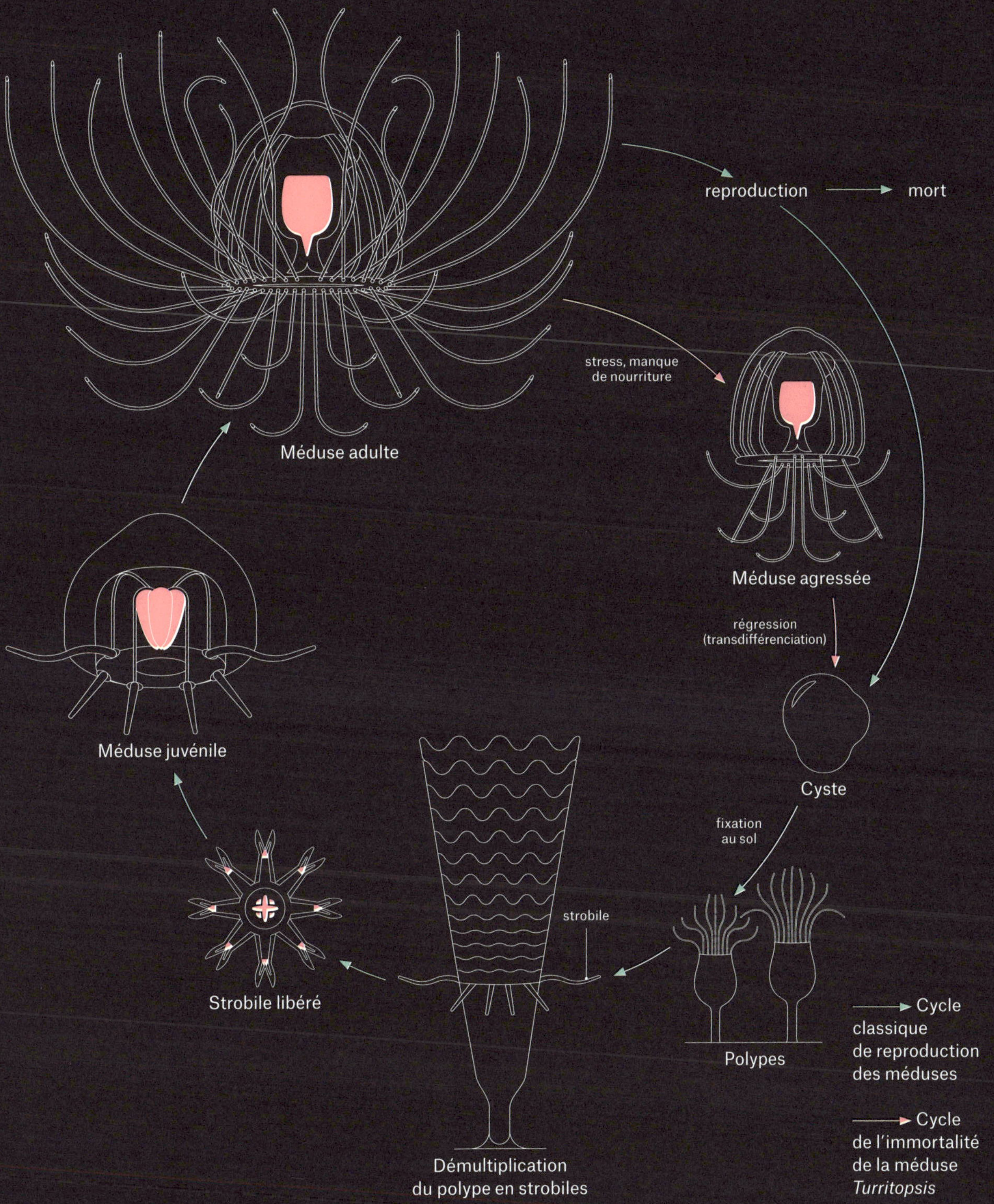

LA *TURRITOPSIS NUTRICULA*, méduse originaire de la mer des Caraïbes découverte en 1857, possède l'étonnante capacité de rajeunir. La seule population captive de ces méduses se trouve au Japon. Depuis quinze ans, Shin Kubota, chercheur en biologie marine à l'université de Kyoto, travaille seul, sans financement ni équipe dans son bureau à Shirahama, où il élève une centaine de spécimens dans des boîtes de Petri, rangées dans un petit réfrigérateur. Il nourrit les minuscules méduses (4 à 5 mm) avec des œufs secs de crevette de saumure qu'il découpe à l'aide d'une aiguille et d'un microscope pour qu'ils puissent être ingérés. Il donne ensuite aux méduses des coups de couteau pour tester leur capacité régénératrice. Deux jours plus tard, les **méduses agressées** replient leurs tentacules sur elles-mêmes. Le quatrième jour, au terme d'un processus nommé **transdifférenciation**, leurs organismes, alors sous forme de **cystes,** ressemblent à ce que Kubota appelle des « boulettes de viande ». Sept jours plus tard, accrochés au fond de la boîte de Petri, des tentacules recommencent à pousser : les méduses redeviennent **juvéniles**. À travers ces expériences, le chercheur japonais souhaite percer le secret de l'immortalité des méduses *Turritopsis nutricula* pour, un jour, l'appliquer aux humains. ●

Formation du pétrole

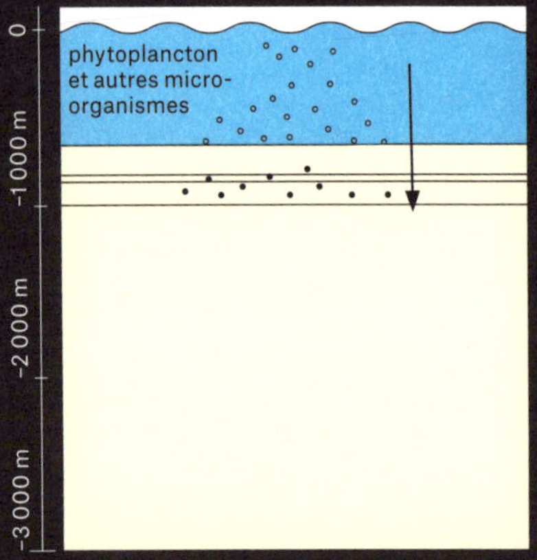

1. Accumulation et incorporation de matière organique dans le sol marin

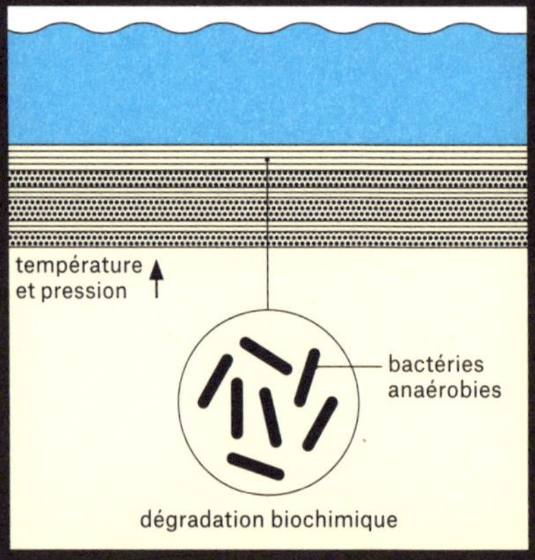

2. Formation du kérogène

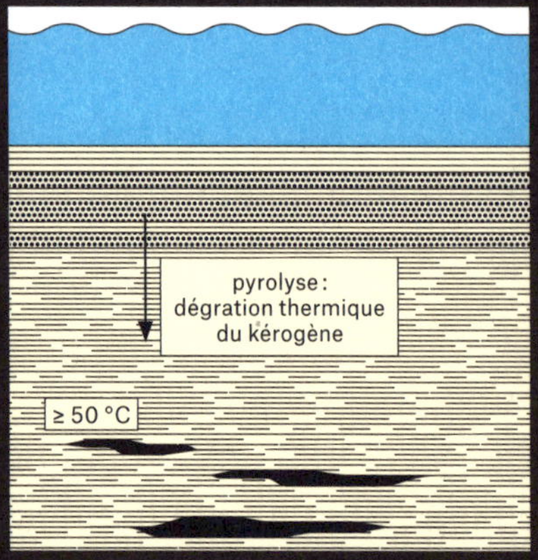

3. Formation du pétrole

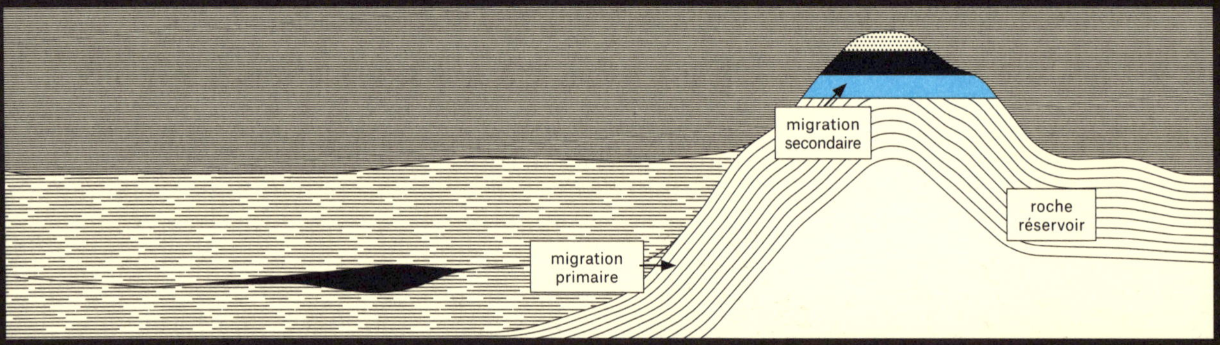

4. Tectonique des plaques et migrations du pétrole vers la surface

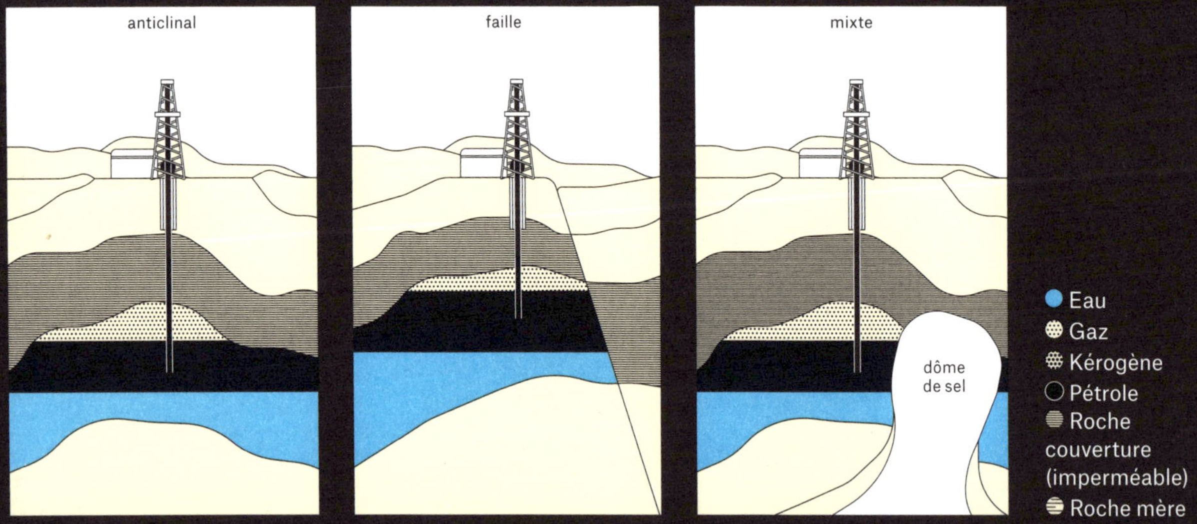

5. Les différents pièges à pétrole

DEPUIS DES CENTAINES DE MILLIONS D'ANNÉES, de la **matière organique** – essentiellement des restes de phytoplancton – se dépose au fond des océans, puis s'enfonce dans le sol marin (**1**). Les couches de matière organique s'accumulent et se transforment en **kérogène** (**2**) pour former ensuite, par pyrolyse, du **pétrole** puis du **gaz** (**3**). Sous l'effet de la tectonique des plaques, le pétrole sort de la **roche mère** où il s'est formé (**migration primaire**), puis monte vers la surface (**migration secondaire**) (**4**). Au passage, il peut être retenu dans un **piège** constitué d'une roche réservoir poreuse et perméable : c'est là que s'effectuent les forages (**5**). Il en va de même pour le gaz. La plupart des pièges, que l'on appelle « **anticlinaux** », ont une structure de pli de roche convexe. Mais il peut aussi s'agir de **failles** ou de pièges mixtes, comme ceux traversés par un **dôme de sel** ou un récif corallien fossilisé.

Si la formation du pétrole est un processus très lent (des dizaines de millions d'années), les techniques d'extraction sont quant à elles de plus en plus performantes. Le pétrole faisant l'objet du plus gros commerce international de matière première en volume et en valeur, les réserves s'épuisent : les découvertes de nouveaux gisements sont au plus bas depuis leur maximum, atteint en 1980. ●

Pollution spatiale

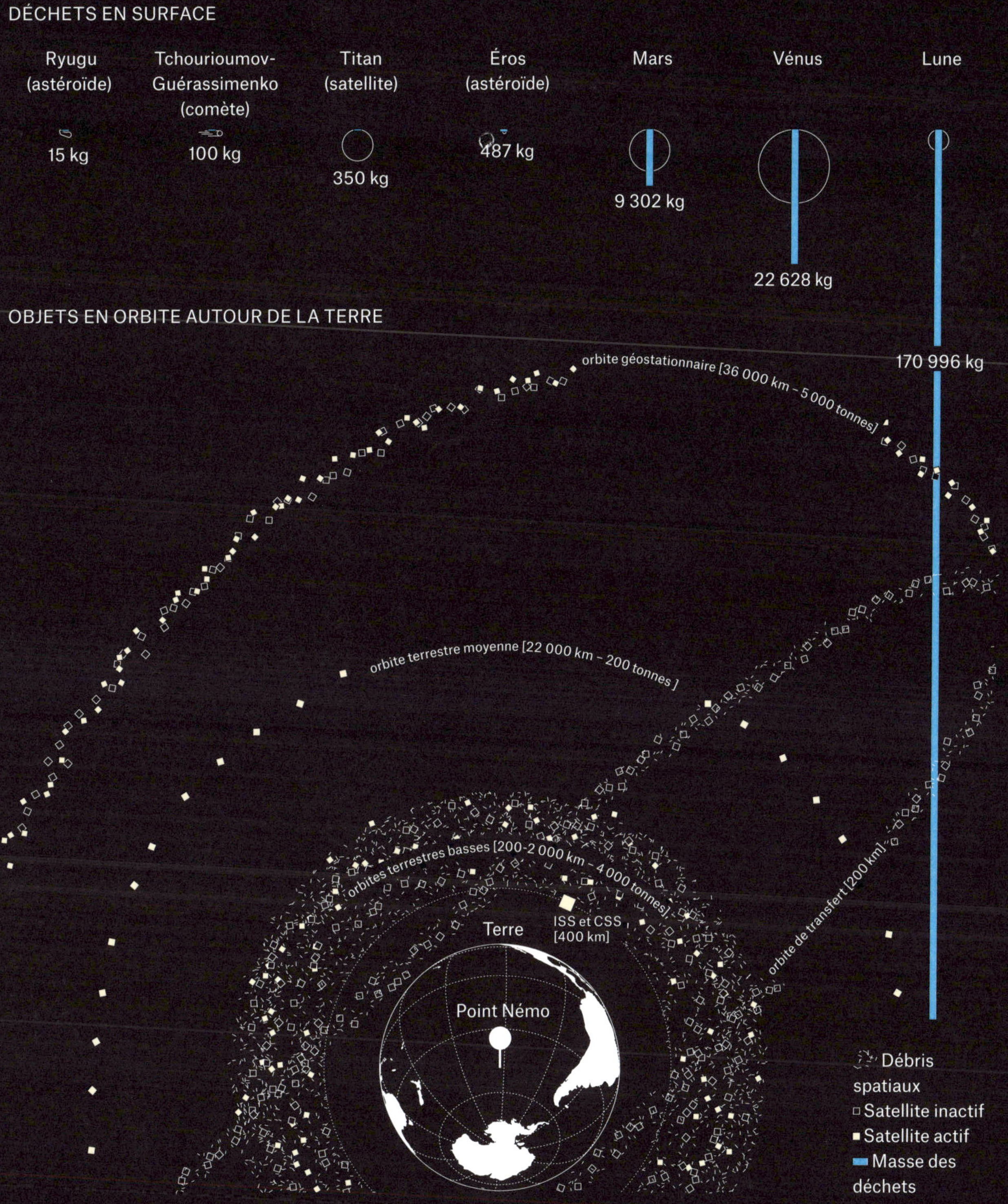

ENVIRON 9 000 TONNES D'OBJETS ARTIFICIELS gravitent autour de la Terre dont 1 à 2 tonnes regagnent l'atmosphère tous les 3 jours. À la surface des autres astres, ou en flottaison dans l'espace, d'autres débris – instruments perdus par les astronautes lors des réparations, moteurs, étages supérieurs de fusées, satellites inactifs – constituent ce qu'on appelle désormais la « pollution spatiale ». Le chercheur Donald J. Kessler envisageait en 1978, pour la NASA, un scénario selon lequel l'augmentation du nombre de ces débris spatiaux, au-delà d'un certain seuil, rendrait l'exploration spatiale et l'envoi de satellites trop dangereux en raison du risque de collisions. Même si les débris qui retombent sont en grande partie vaporisés en traversant l'atmosphère, 20 % de leur masse subsiste. Les plus gros sont dirigés lors de programmes de désactivation vers la zone de l'océan la plus éloignée de toute terre émergée : le **point Némo**, dans le Pacifique. En 2019, ce cimetière a déjà accueilli environ 300 engins spatiaux parmi lesquels la station spatiale soviétique Mir (120 tonnes). Sur les autres astres, l'abandon de rovers ou de sondes pose la question de la contamination terrestre de lieux où l'on cherche des traces de vie extraterrestre. •

Cités englouties

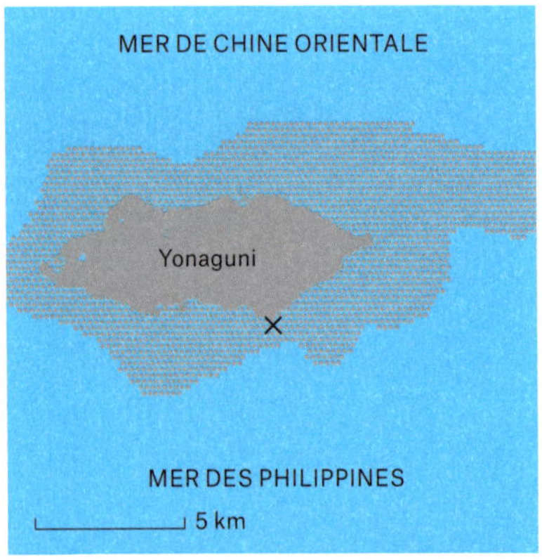

1. Structure de Yonaguni (Japon)
-30 m

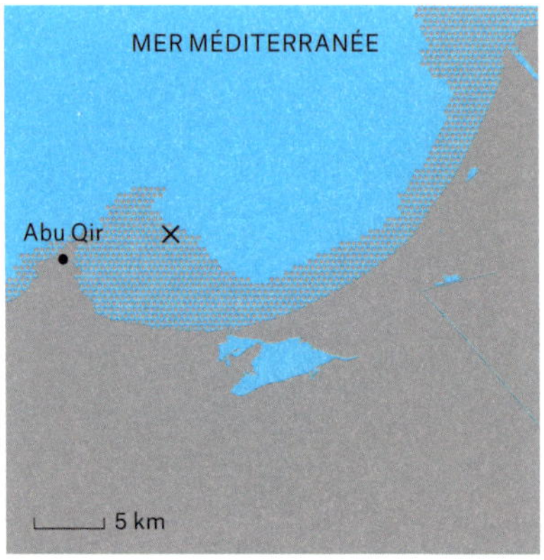

2. Thônis-Héracléion (Égypte)
-45 m

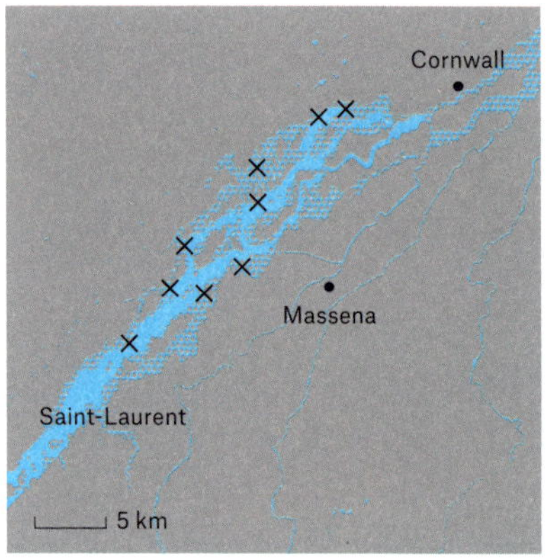

3. Villages perdus de l'Ontario (Canada)
-15 m

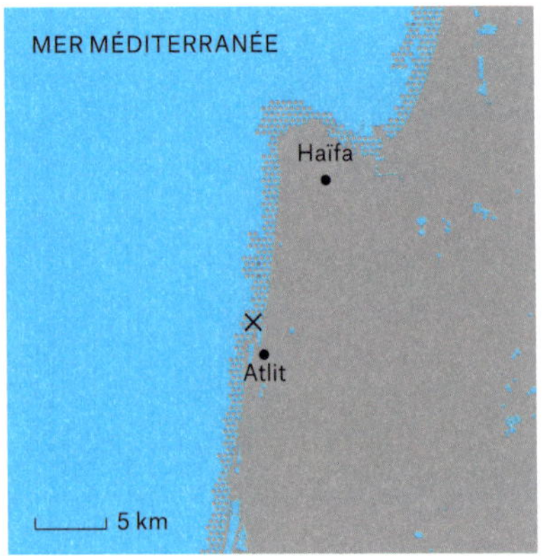

4. Atlit Yam (Israël)
-8 à -12 m

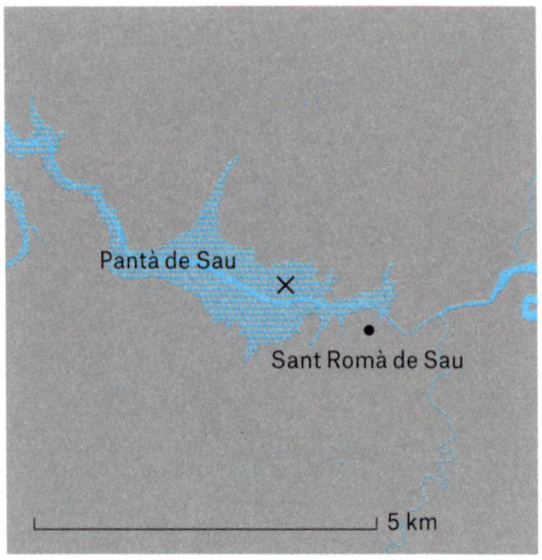

5. Sant Romà (Espagne)
-5 à -10 m

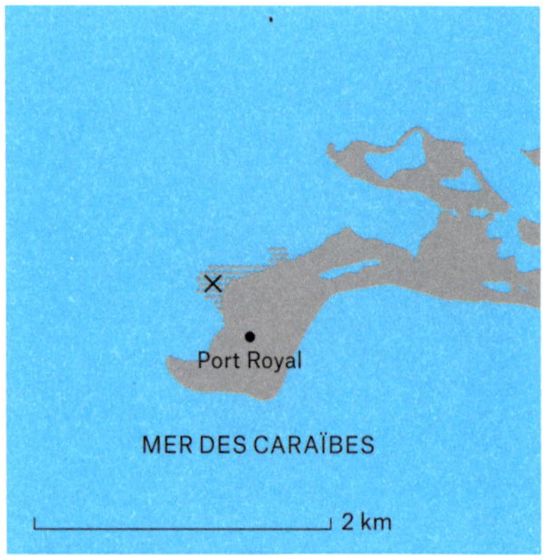

6. Port Royal (Jamaïque)
-3 m

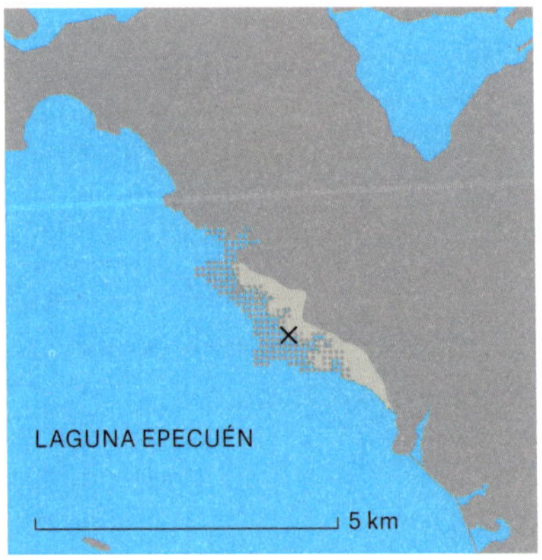

7. Villa Epecuén (Argentine)
-10 m

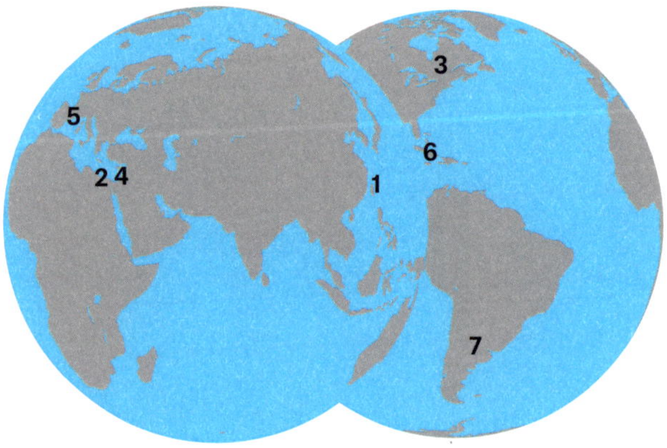

Terre émergée
Terre submergée
Terre anciennement submergée
× Cité engloutie

Cause de la montée de l'eau :
climatique
hydroélectrique
sismique

ÎLE MYTHIQUE ENGLOUTIE, l'Atlantide a été décrite par Platon comme une cité idéale victime de la colère de Zeus. De véritables cités englouties ont été répertoriées par les archéologues. **1.** La structure immergée de **Yonaguni** pourrait être un temple ou un tombeau de plus de 2000 ans. **2.** Les 552 ancres, les 64 épaves et les statues colossales de Hâpy, dieu du Nil, témoignent du rayonnement du port de commerce de **Thônis-Héracléion** avant qu'il ne soit détruit par des séismes et des éruptions, puis entièrement englouti à la fin du VIIIe siècle. **3.** En 1958, les 10 **villages perdus de l'Ontario** sont engloutis – 6 500 habitants sont déplacés – pour créer la voie maritime du Saint-Laurent, qui relie l'Atlantique aux Grands Lacs. **4. Atlit Yam** est un village du Néolithique où l'on peut notamment découvrir puits, restes humains et calendrier solaire. **5.** Seul le clocher de l'église de **Sant Romà** perce la surface du lac artificiel de Sau, créé en 1962. **6. Port Royal** est, au XVIIe siècle, le port d'échanges et de recel de la piraterie des Caraïbes. Un séisme provoque sa submersion en 1692. **7.** Créée en 1920, la station thermale de **Villa Epecuén** attire aristocrates et bourgeois en villégiature, jusqu'à ce qu'une crue la submerge en 1985. L'eau s'est depuis retirée peu à peu, offrant un paysage de ruines pétrifiées par le sel. •

Rituels mortuaires chez les animaux

JOUR DE LA MORT | RITUELS AUTOUR DE LA MORT | FIN DU DEUIL

1. Comportement de mères chimpanzés lors de la mort de Jimato et Veve, en forêt guinéenne.
Observé par l'équipe de Dora Biro, université d'Oxford, en 2003.

2. Comportement des corvidés aux États-Unis lors d'une mort.
Observé par l'équipe de John Marzluff, université de Washington, en 2015.

3. Mort d'un éléphant dans la réserve nationale de Samburu au Kenya.
Observé par Shifra Goldenberg, Smithsonian Institute / San Diego Institute, en 2019.

LES QUATRE COMPOSANTES de la conscience de la mort sont l'irréversibilité, l'inévitabilité, la non-fonctionnalité (un mort ne communique plus et n'agit plus) et la causalité. Cette conscience est acquise chez l'humain vers l'âge de 4 ans, mais qu'en est-il chez les animaux ? Les éthologues tentent de répondre à cette question en observant, chez différentes espèces, les comportements du groupe lors d'une mort.

1. Les mères **chimpanzés** portent les corps sans vie de leurs bébés dans tous leurs déplacements pendant plusieurs jours, durant lesquels elles les nettoient. Pas d'agressivité ni d'aversion de la part des autres membres du groupe, malgré l'odeur des corps en décomposition. Au bout d'une vingtaine de jours, les femelles s'éloignent progressivement des corps. **2.** Un **corbeau** se place près du cadavre de son congénère, l'observe, puis émet des cris puissants et désagréables. Ces cris attirent d'autres corbeaux qui se rassemblent autour du corps et participent en criant. Puis le cadavre est abandonné et l'endroit sera ensuite évité. **3.** Les **éléphants** restent près du cadavre et le touchent ; certains tentent de le relever. Ils reviennent vers les carcasses anciennes. Certains manifestent un intérêt particulier pour les ossements de leurs congénères, alors qu'ils ignorent ceux des autres espèces. •

Principe de la proxémie

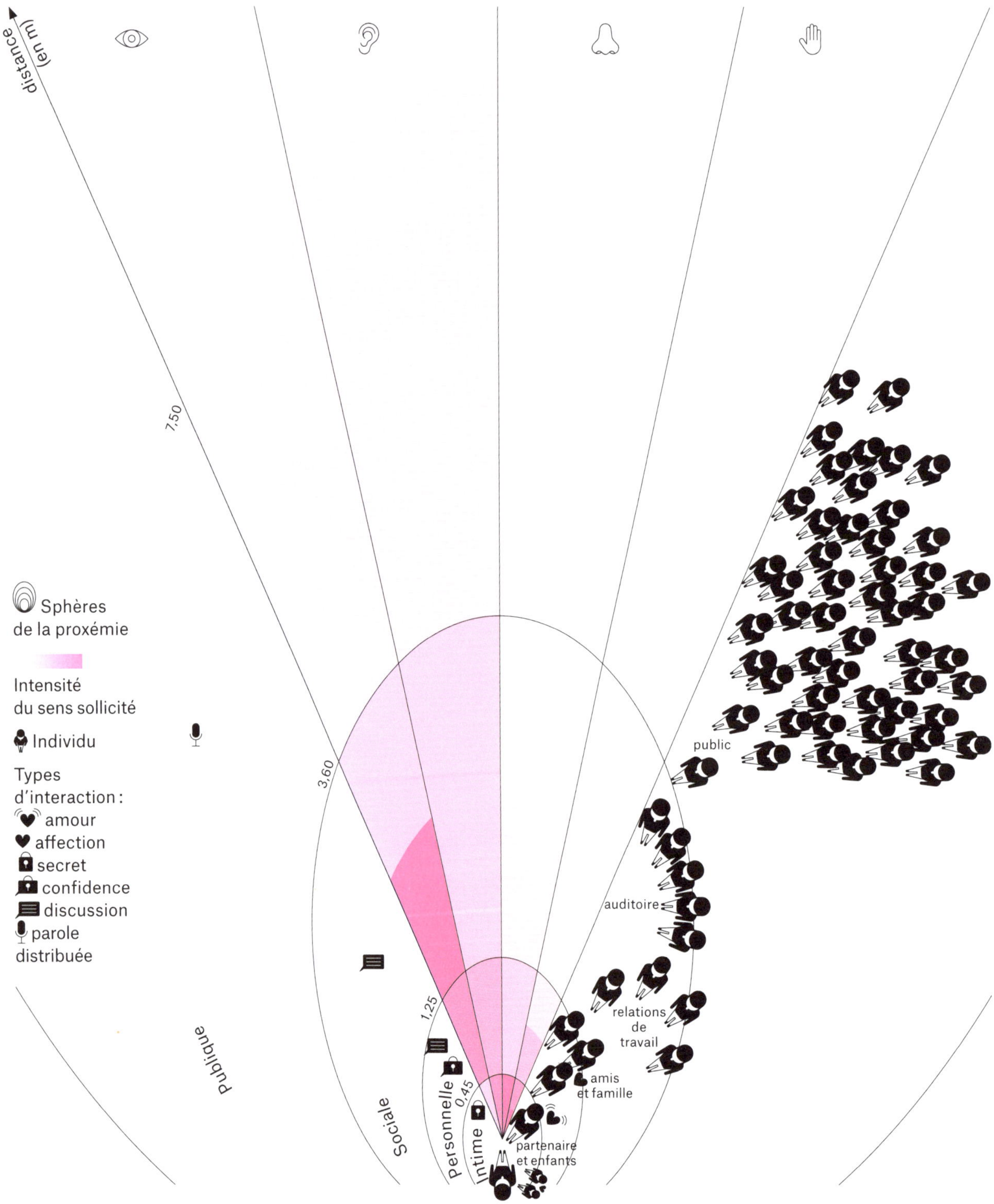

LA RELATION DES INDIVIDUS à l'espace – distance physique réelle ou perçue, représentation de ce qui est proche ou lointain – constitue ce que l'anthropologue américain Edward T. Hall nomma en 1963 la « proxémie ». Ses expériences ont permis de dégager l'existence de quatre **distances** – ou **sphères** – chez l'humain qui sont, de la plus proche à la plus lointaine : l'**intime**, la **personnelle**, la **sociale** et la **publique**. Chacune de ces distances implique des modifications sensorielles ; par exemple, le sens du toucher appartient aux sphères intime et personnelle, et disparaît dans les situations sociales ou publiques. Outre la question des distances, des marqueurs de communication comme la direction du souffle, le mouvement des mains ou les interactions visuelles entrent dans l'étude de la proxémie. Les recherches d'Edward T. Hall portaient sur des individus de classe moyenne habitant la côte nord-est des États-Unis, mais les distances varient selon les individus et les cultures, ce qui permet d'envisager des études anthropologiques comparatives de la proxémie. Pour Hall, l'Homme se sert de l'espace de façon inconsciente : c'est une « dimension cachée » mais fondamentale pour la compréhension des besoins humains. •

Chemins neuronaux de l'empathie

CERVEAU ÉMOTIONNEL

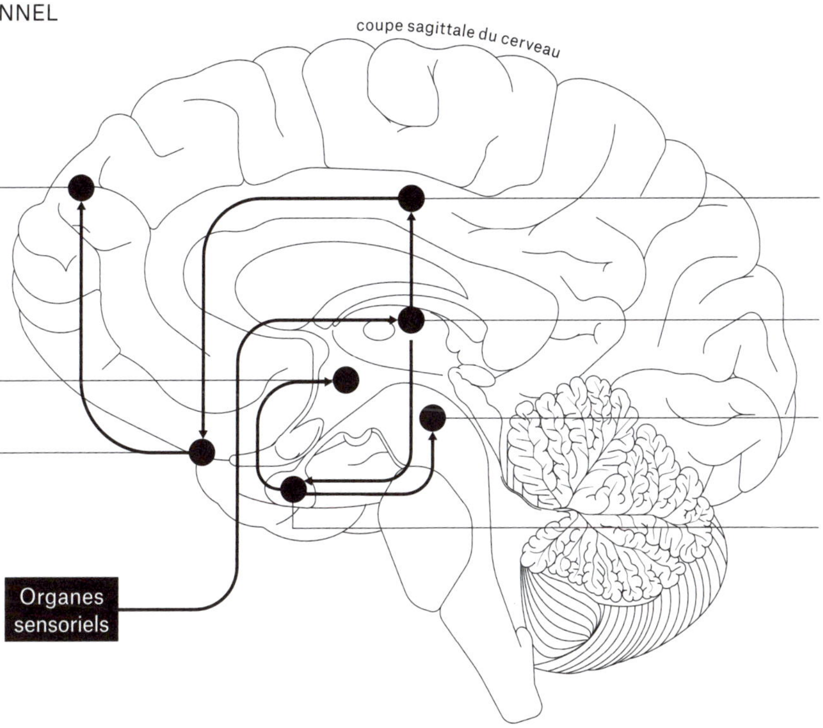

ZONES DE L'EMPATHIE

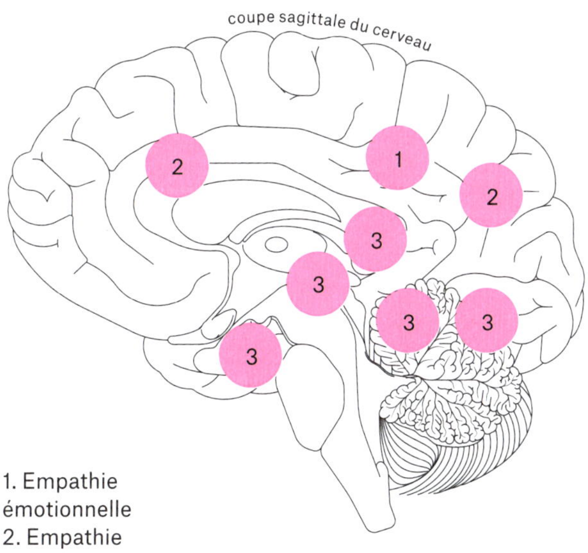

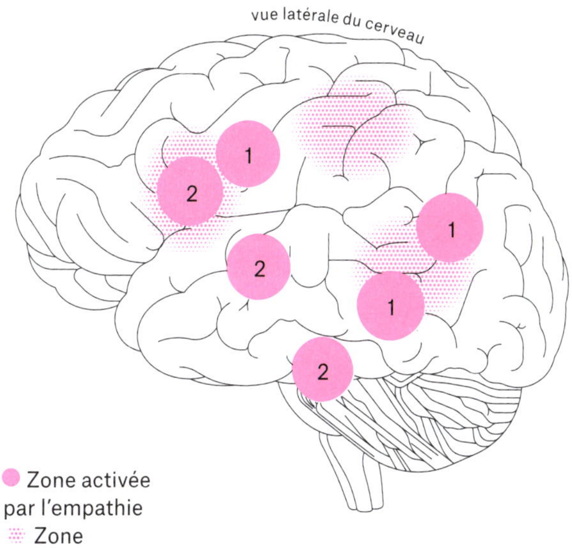

COMPRENDRE ET RESSENTIR les émotions d'autrui, c'est ce que l'on appelle l'« empathie ». Les recherches en neurophysiologie ont montré que les zones cérébrales associées à l'empathie sont partagées avec celles du cerveau cognitif et celles du cerveau émotionnel (qui module l'agressivité, la douleur, la peur, le plaisir et la mémoire), permettant d'émettre l'hypothèse que l'empathie emprunte les mêmes chemins neuronaux. On pourrait alors la définir comme une émotion spécifique. Les chercheurs décrivent quatre **formes d'empathie.** La préempathie, ou contagion émotionnelle, repose sur une analyse rapide et automatique de la situation ; elle se traduit par une synchronisation motrice (l'autre bâille, je bâille à mon tour). L'**empathie émotionnelle** est la capacité à ressentir la souffrance, la joie ou l'émotion de l'autre (**1**). L'**empathie cognitive** est la capacité à se représenter l'ensemble des états mentaux de l'autre, ses motivations et les raisons de ses actions (**2**). La **compassion** permet d'agir pour autrui (**3**).

Les neurones miroirs jouent un rôle important dans l'imitation motrice : les mêmes neurones sont activés lorsque nous exécutons une action et lorsque nous observons un autre individu effectuer la même action. •

N° 17

Langues sifflées

COURTE ET MOYENNE DISTANCES

Bilabial
Wayãpi
(Brésil, Guyane française)

Langue rétroflexe
Village de Kusköy (Turquie), village d'Antia (île d'Eubée, Grèce), île El Hierro (Canaries)

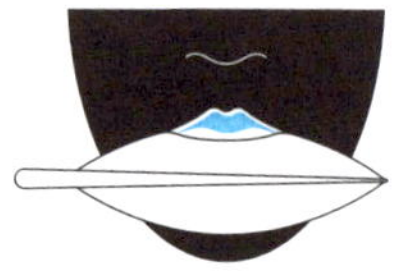

Avec une feuille
Akha (Thaïlande), H'mong (Birmanie), Yao (Laos), Lisu (Viêt Nam), Yi (Chine)

LONGUE DISTANCE

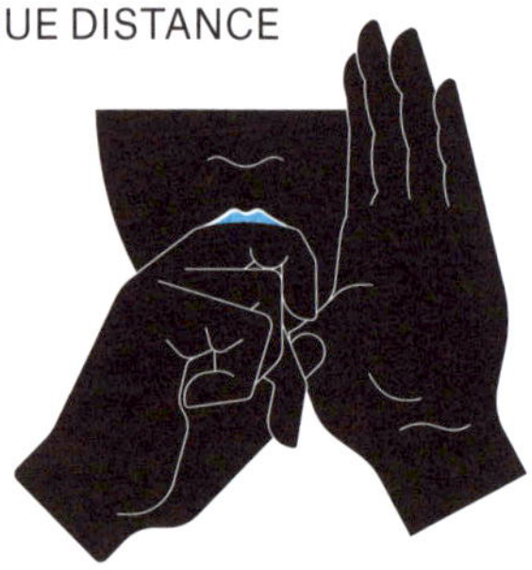

Doigt courbé inséré dans la bouche
Île de La Gomera (Canaries)

Résonance dans les mains en creux
Gavião du Rondônia (Amazonie)

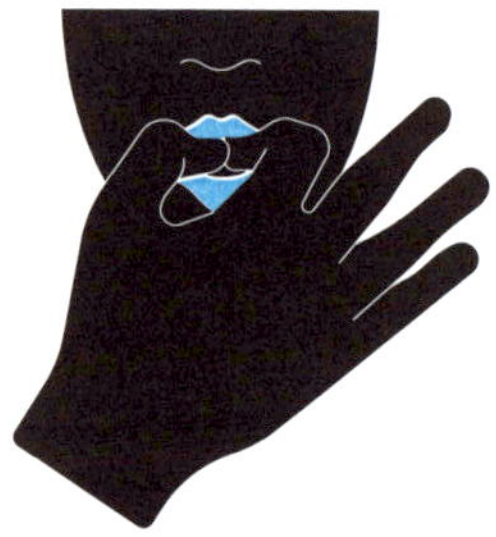

Avec deux doigts en V
Région de Kusköy (Turquie), Wayãpi (Amazonie)

Entre le majeur et l'index
Ari (Éthiopie), Banen (Cameroun), Gavião (Amazonie)

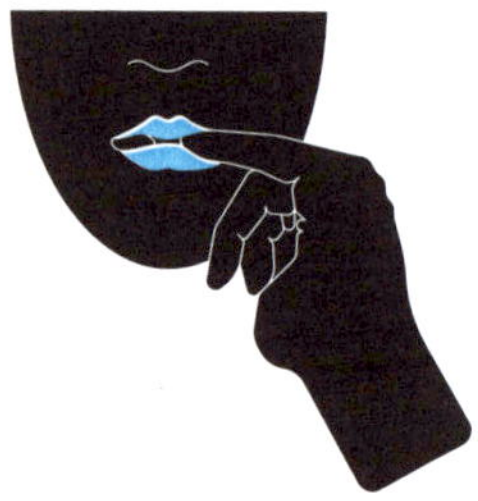

Langue rétroflexe et un doigt posé sur la langue
Tamazight (Atlas marocain), région de Kusköy (Turquie), île Grande Canarie (Canaries)

Lèvre inférieure tirée
Amérique latine

LIMITES D'INTELLIGIBILITÉ DE LA VOIX

Exemple de peuple ou de zone géographique

« ILS PARLENT COMME DES CHAUVES-SOURIS », écrivait Hérodote dans ses *Histoires* à propos de peuples éthiopiens troglodytes qui communiquaient en sifflant. Encore pratiquée par des populations vivant essentiellement dans des zones montagneuses ou dans la forêt dense, la langue sifflée est une réponse sonore efficace pour mener un dialogue court à distance : le niveau sonore d'un sifflement est supérieur à celui de la voix et peut aller jusqu'à 120 décibels. C'est le son le plus puissant qu'un humain puisse émettre avec son corps. La bande de fréquences utilisée, plus étroite, se dégrade moins avec la distance. Les sifflements échangés se font dans la langue locale, l'étendue des sons possibles étant suffisamment riche, complexe et variée pour pouvoir conserver le vocabulaire, la grammaire et la syntaxe. Dans une enquête de terrain menée entre 2003 et 2015, Julien Meyer, linguiste et bioacousticien français, a recensé plusieurs techniques : en arrondissant les lèvres (pour siffler doucement), avec les doigts dans la bouche (pour siffler plus fort), à l'aide d'une feuille ou d'une flûte. La plupart du temps, plusieurs techniques sont employées par le même groupe, en fonction de la distance à couvrir et du confort du geste. •

Force des vents

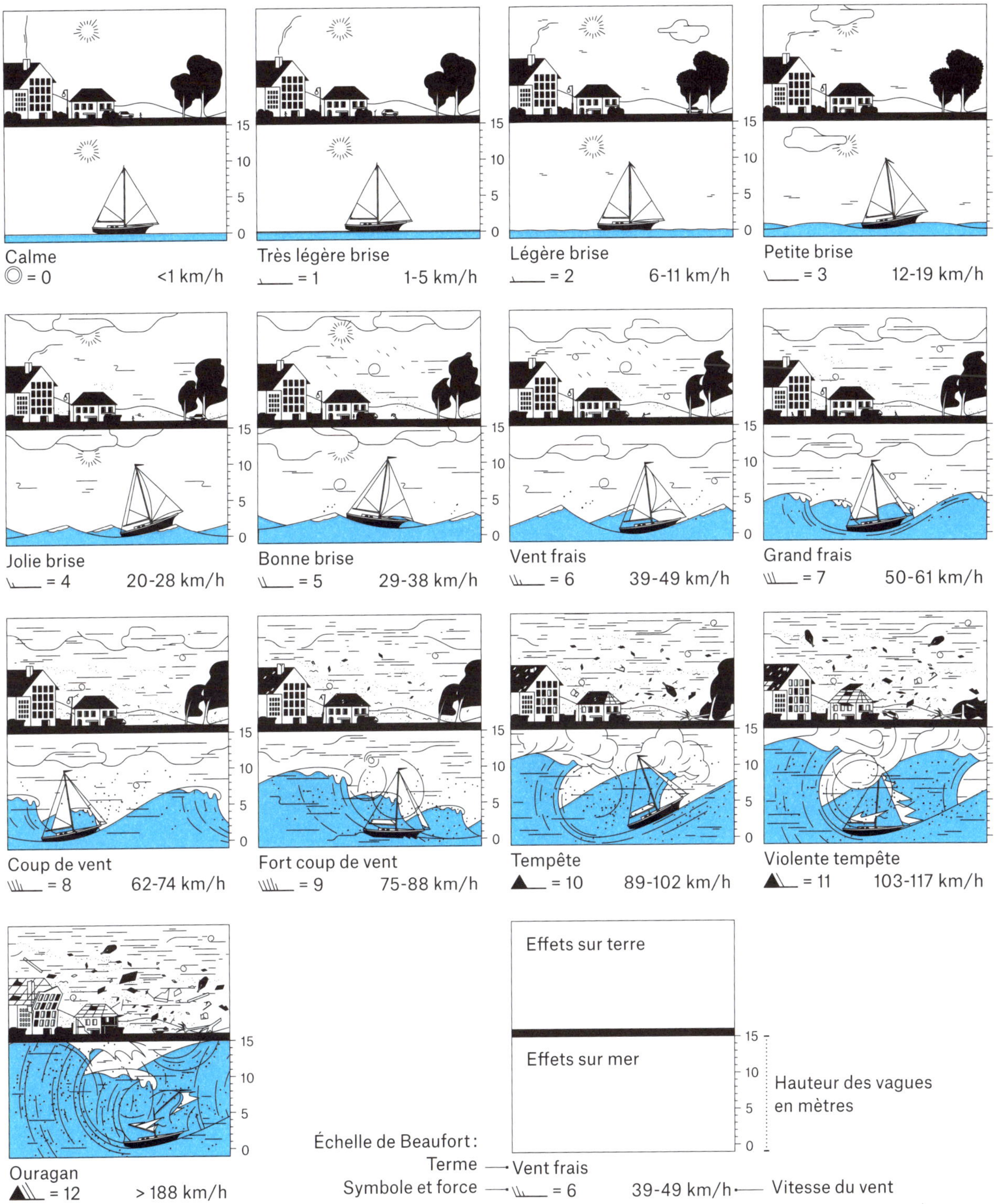

« ILS DEVAIENT TENIR [...] le "livre du phare", y noter tous les incidents qui pourraient survenir, le passage des bâtiments à voile et à vapeur [...], la hauteur des marées, la direction et la force du vent, la relève du temps, la durée des pluies, la fréquence des orages, les hausses et baisses du baromètre, l'état de la température et autres phénomènes [...]. » Dans *Le Phare du bout du monde* de Jules Verne, les gardiens de phare tiennent à jour des relevés pour la navigation, à l'image de l'amiral britannique Francis Beaufort qui, en 1805, avait imaginé une échelle empirique de la difficulté à naviguer. Celle-ci est fondée sur l'observation des déferlements associés aux vagues – la présence de « moutons », de traînées d'embruns, d'écumes ou de lames à la surface de l'eau. Ces propriétés des vagues peuvent être associées au vent qui les génère localement (→ planche n° 96). L'**échelle de Beaufort** relie donc les conditions de navigation, les vagues et le vent. Aujourd'hui, elle reste utilisée pour décrire la **force** du vent dans les bulletins météo, même si les bateaux sont souvent équipés d'anémomètres, qui permettent de mesurer le vent. Dans les postes de pilotage des bateaux français, les radios VHF diffusent à partir de force 7 le bulletin météo spécial du centre régional opérationnel de surveillance et de sauvetage. •

Réseaux trophiques

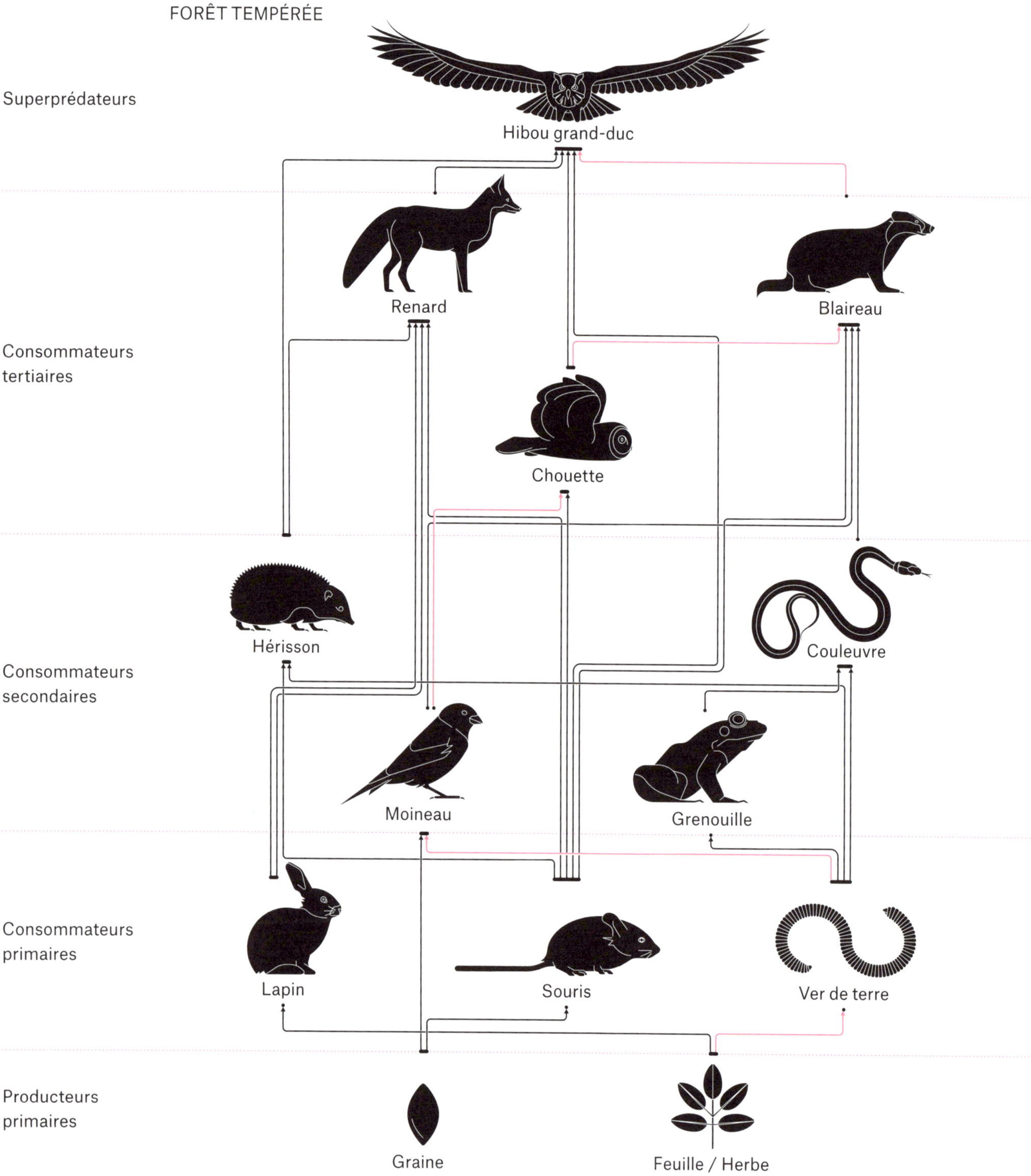

MANGER OU ÊTRE MANGÉ… L'ensemble des liens alimentaires qui existent entre proies et prédateurs constitue les réseaux trophiques. Les interactions entre les espèces d'un même réseau trophique reposent sur un équilibre instable maintenu par la disponibilité en lumière et en nutriments, couplée à la régulation des ressources par les prédateurs. Une modification au sein d'un réseau (naturelle ou due à l'Homme) peut se répercuter à d'autres **niveaux** de l'échelle. En milieu aquatique, un excès de nutriments en début de chaîne peut conduire au phénomène d'anoxie (appauvrissement du milieu en oxygène), voire de zone morte (→ planche n° 42). Les liens qui unissent les espèces au sein d'un réseau trophique sont le plus souvent d'ordre alimentaire. Une **chaîne alimentaire** est une séquence où chaque individu mange le précédent et est mangé par celui qui le suit. Le maillon le plus bas, le **producteur primaire**, est toujours un organisme autotrophe (végétal ou bactérie qui synthétise sa propre matière organique à partir des minéraux du sol ou de l'eau, en utilisant l'énergie solaire ou chimique naturelle). Le maillon le plus haut est le **superprédateur**, caractéristisé par sa grande taille, sa faible densité de population et son vaste territoire.

MILIEU OCÉANIQUE

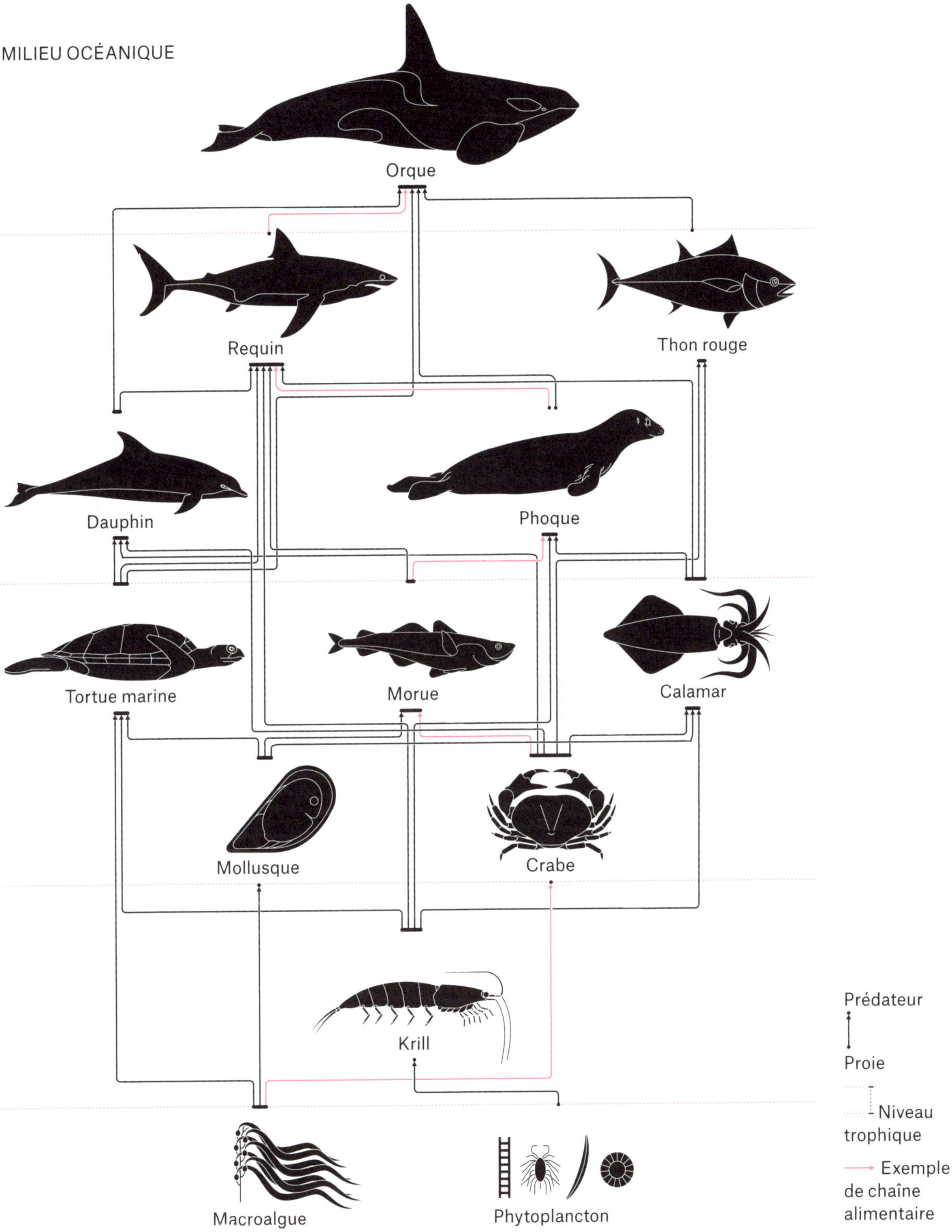

« Toutes les fois que les animaux habitent les mêmes lieux et qu'ils tirent leur vie des mêmes substances, ils se font mutuellement la guerre. Si la nourriture est par trop rare, les bêtes, même de race semblable, se battent entre elles. [...] Tous les animaux sont en guerre avec les carnivores, qui mutuellement sont, eux aussi, en guerre avec tous les autres, puisqu'ils ne peuvent vivre que d'animaux. [...] L'aigle et le serpent sont ennemis, parce que l'aigle se nourrit de serpents. »

Aristote, *Histoire des animaux* (v. 343 av. J.-C.), VI, 2. •

Humain contre machine au jeu de go

PRINCIPE DU JEU

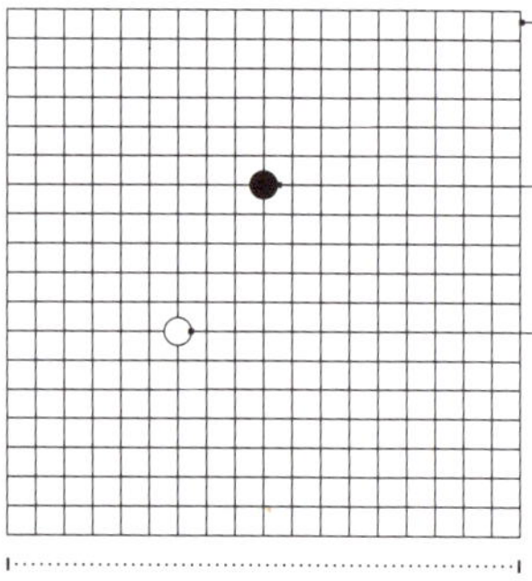

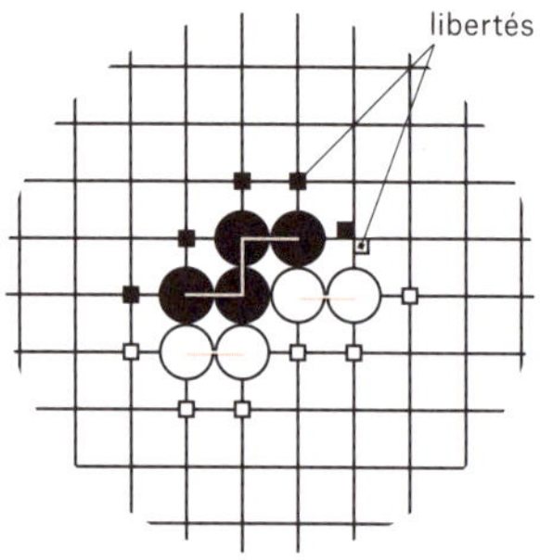

Chaînes de pierres

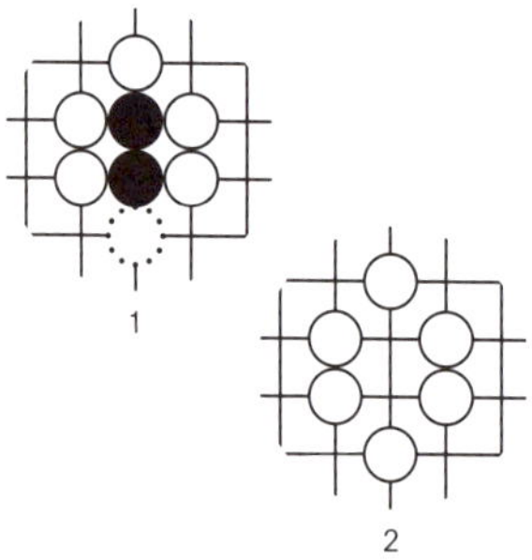

La capture

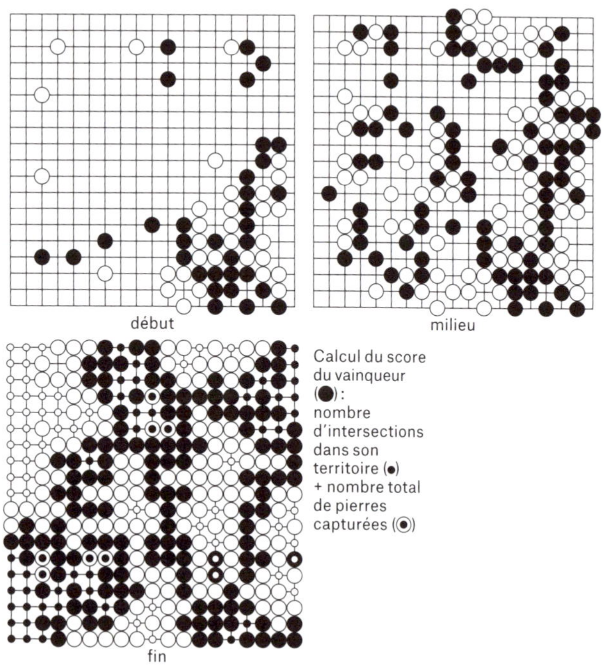

Déroulement d'une partie

MATCH : LEE SEDOL (HUMAIN) CONTRE ALPHAGO (IA)

Partie 1

Lee Sedol ●
AlphaGo ○ (vainqueur)
coup 102 ▸

Invasion très sévère du territoire noir (◉), qui semble trop profonde : le risque étant que Noir puisse capturer cette pierre et conserver son territoire. Cependant, Blanc benéficie de l'appui de pierres avoisinantes (◎) et peut donc considérer ce coup. Blanc va au moins partiellement détruire le territoire noir.

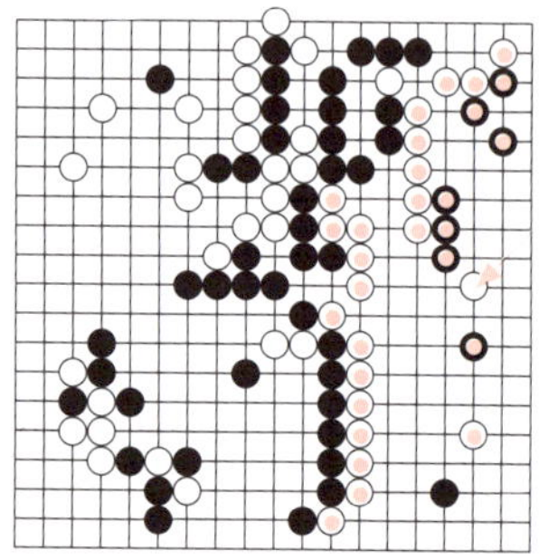

Partie 2

AlphaGo ● (vainqueur)
Lee Sedol ○
coup 37 ▸

Ce « coup à l'épaule » (coup en diagonale en direction du centre) est une manœuvre pour contenir une pierre adverse (◎) vers le bord et développer le centre.

Avant AlphaGo, il était peu recommandé de jouer un tel coup à cet endroit, car il offre trop de territoire sur le bord (•). Toutefois, AlphaGo considère que le centre est plus important, malgré la difficulté d'y construire du territoire.

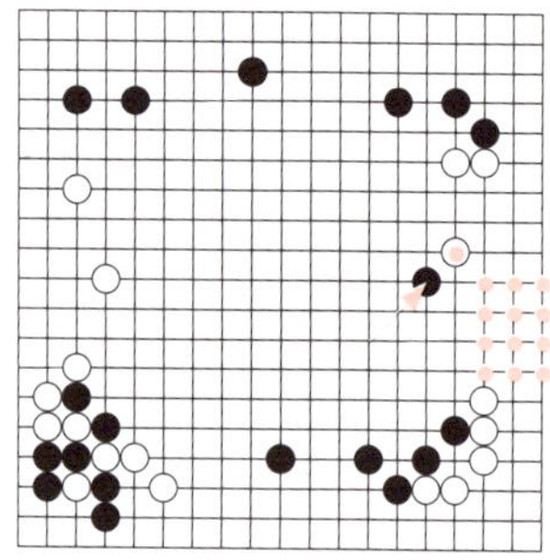

Partie 3

Lee Sedol ●
AlphaGo ○ (vainqueur)
coup 32 ▸

Noir a lancé un violent combat pour attaquer le groupe (◎). Avec son dernier coup(●), il laisse son propre groupe (◉) vulnérable.

AlphaGo contre-attaque avec 32, qui est peu académique (jouer en (•) serait une « forme » plus standard d'un point de vue humain). Lee Sedol se retrouve dans une posture défensive alors que c'est lui qui attaquait initialement.

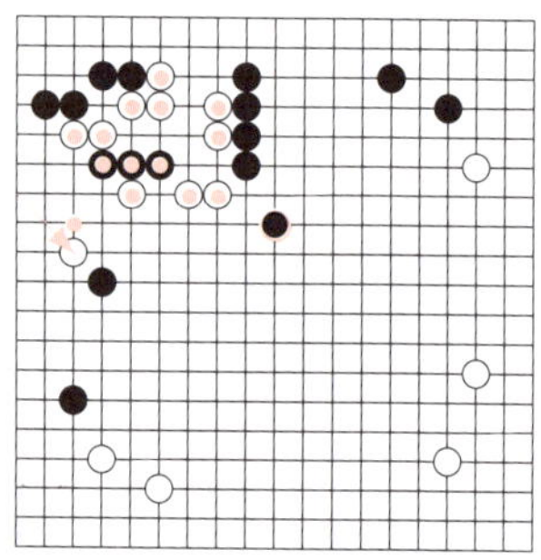

Partie 4

AlphaGo ●
Lee Sedol ○ (vainqueur)
coup 78 ▸

Blanc est en mauvaise posture, car il a moins de territoire sûr que Noir. Sa seule chance est d'exploiter la position des pierres « mortes » (◎) afin de réduire le territoire noir. Lee Sedol exploite la situation avec le coup spectaculaire 78, qu'AlphaGo peut assez facilement contrer. Cependant, l'IA se trompe, et dès lors, son jeu se détériore subitement jusqu'à devenir presque ridicule.

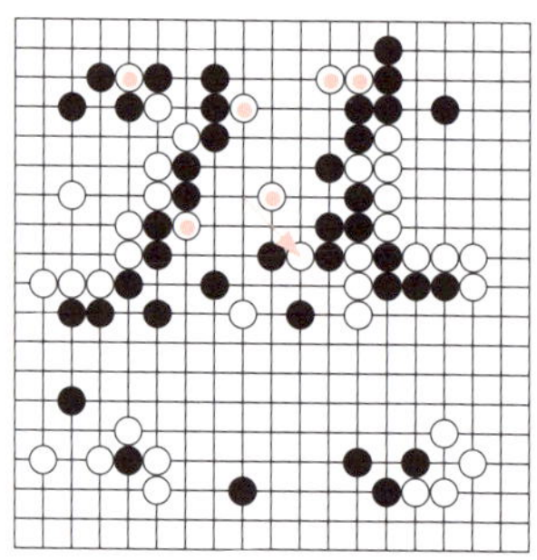

JEU DE STRATÉGIE COMBINATOIRE ABSTRAIT, l'un des plus anciens connus, le go remonterait à la dynastie des Zhou orientaux en Chine (771-453 av. J.-C.). Il oppose deux adversaires qui positionnent chacun à leur tour des **pierres blanches** et **noires** sur les **intersections** d'un plateau appelé **« goban »**. Des **chaînes** de pierres adverses peuvent être **capturées** en étant entièrement encerclées, le but du jeu étant de construire un plus grand territoire que l'adversaire. En mars 2016 se tient à Séoul le premier match opposant un humain, le Sud-Coréen et meilleur joueur des années 2000 **Lee Sedol**, à l'intelligence artificielle (IA) **AlphaGo**, développée par Google DeepMind. Les cinq **parties**, d'environ 4 heures chacune, sont suivies par 300 millions de personnes, dont 280 millions en Chine. La victoire écrasante d'AlphaGo (4 à 1) marque les avancées de l'IA en matière d'apprentissage automatique, et a un retentissement comparable à celui du match d'échecs de 1997 entre le superordinateur Deep Blue et Garry Kasparov. Ce match change même radicalement la manière de jouer à ce jeu millénaire. Les coups novateurs ou jugés « inélégants » d'AlphaGo, comme prioriser le centre plutôt que les bords du plateau, sont depuis lors exploités par les joueurs professionnels, qui s'entraînent désormais au quotidien contre des IA. ●

Système binaire

PRINCIPE

Contexte		
Logique	Faux	Vrai
	Non	Oui
Numé-rique	0	1
	↓ un bit	↓ un bit

Nombre de bits	Combinaisons / valeurs
2 bits	0 0 · 0 1 · 1 0 · 1 1
	2^2 (4) valeurs possibles
3 bits	0 0 0 · 0 0 1 · 0 1 0 · 0 1 1 · 1 0 0 · 1 0 1 · 1 1 0 · 1 1 1
	2^3 (8) valeurs possibles
4 bits	2^4 (16) valeurs possibles
5 bits	2^5 (32) valeurs possibles
6 bits	2^6 (64) valeurs possibles
7 bits	2^7 (128) valeurs possibles
8 bits	2^8 (256) valeurs possibles

↓

un octet

APPLICATIONS INFORMATIQUES

b	=	0	1	1	0	0	0	1	0
i	=	0	1	1	0	1	0	0	1
n	=	0	1	1	0	1	1	1	0
a	=	0	1	1	0	0	0	0	1
i	=	0	1	1	0	1	0	0	1
r	=	0	1	1	1	0	0	1	0
e	=	0	1	1	0	0	1	0	1

Mot — 1 caractère = 8 bits = 2^8 (256) valeurs

= une image de 64 pixels

0	1	0	0	0	0	1	0
0	0	1	0	0	1	0	0
0	1	1	1	1	1	1	0
1	1	0	1	1	0	1	1
1	1	1	1	1	1	1	1
1	0	1	1	1	1	0	1
1	0	1	0	0	1	0	1
0	0	0	1	1	0	0	0

Image en noir et blanc — 1 pixel = 1 bit = 2^1 (2) valeurs

= un pixel

R	1	1	1	1	1	1	1	1
V	0	1	1	1	1	1	1	1
B	0	0	0	0	0	0	0	0

Image en couleurs (RVB : Rouge, Vert, Bleu) — 1 pixel = 24 bits = 2^{24} (16,8 millions) valeurs

SYSTÈME DE NUMÉRATION de base 2, le système binaire repose sur une brique élémentaire, appelée « élément binaire » ou « **bit** », qui ne peut prendre que deux valeurs : **0** ou **1** (**vrai** ou **faux**, **oui** ou **non**).

Le philosophe et mathématicien allemand Gottfried Wilhelm Leibniz (1646-1716), dans un document inachevé intitulé *De Progressione Dyadica* et daté de 1679, décrit une machine à calculer en binaire. Quelques années plus tard, il laisse de côté les principes de la machine à calculer, mais présente à l'Académie royale des sciences de Paris la notation binaire et les quatre opérations sur ces nombres. Son projet préfigure les principes repris plus tard pour la « machine » imaginée par Alan Turing en 1936, modèle abstrait qui permet de calculer à l'infini, entre autres, à partir d'une base binaire de 0 et de 1, soit l'ancêtre de l'ordinateur. En ce sens, on peut considérer Leibniz comme un des pères de la programmation et de l'informatique moderne.

Le système binaire permet aujourd'hui de coder les **caractères latins**, des **images en noir et blanc** ou en **couleurs** ainsi que leurs dérivés animés les plus complexes. Sur les très grands nombres, il est d'usage d'utiliser le système hexadécimal (paquets de 4 bits) ou, plus rarement, octal (base 8). •

N° 22

Architecture des termitières cathédrales

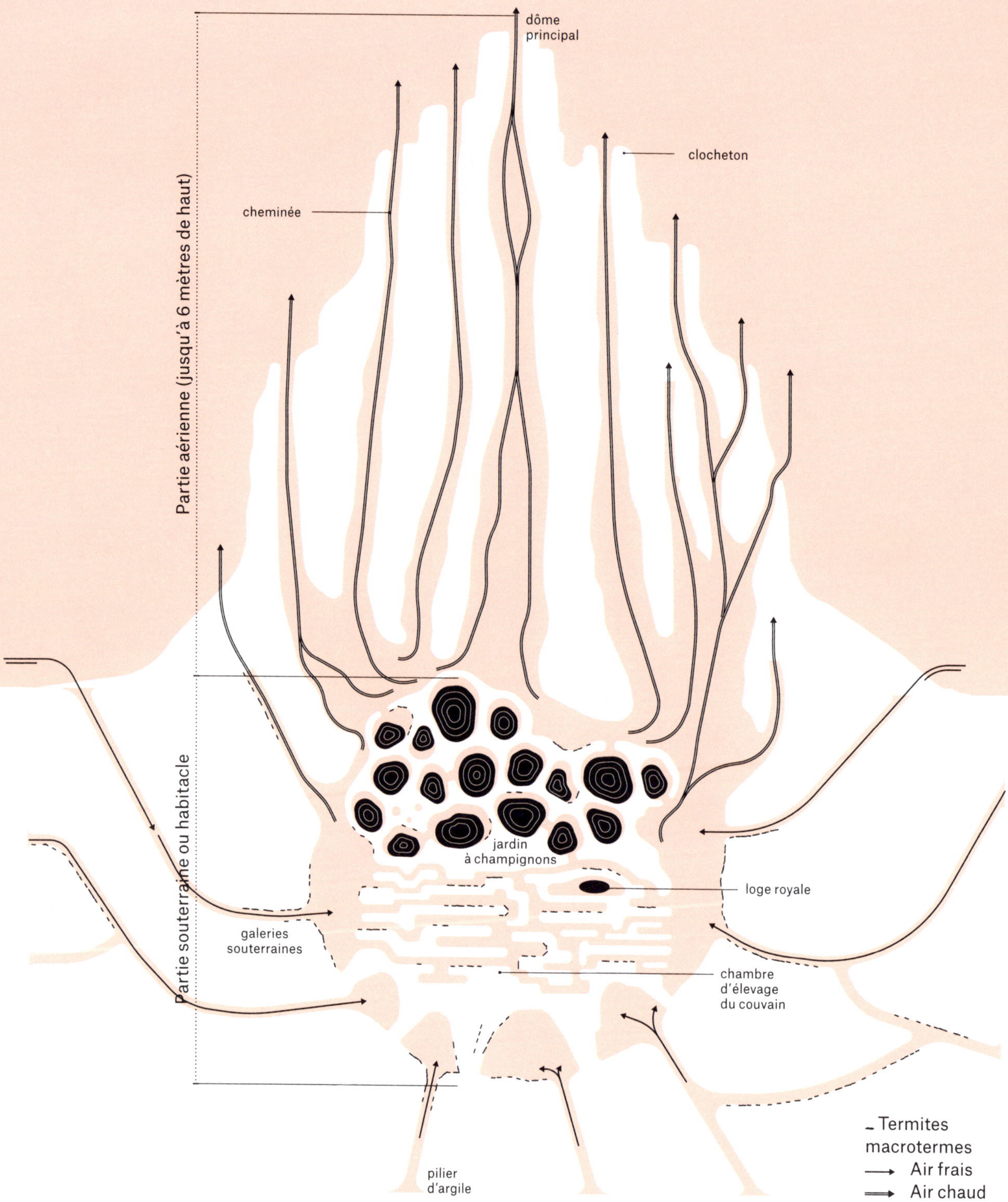

PARFOIS APPELÉS « FOURMIS BLANCHES », les termites macrotermes vivent en colonie dans de grands nids : les termitières cathédrales. Souterraines et aériennes, celles-ci sont uniquement construites dans les régions désertiques sahariennes. Chez ces termites, la **loge royale** abrite le mâle et la femelle fondateurs. Les œufs, larves et nymphes sont surveillés par des couveuses au sein des **chambres d'élevage**. La société des termites est structurée en individus « ouvriers », qui réalisent les tâches nécessaires à la survie de la colonie, et en individus soldats, qui la défendent. Les termites cultivent pour se nourrir des **jardins à champignons** où des fibres végétales sont partiellement digérées par le mycélium. Les ouvriers, accompagnés de soldats, vont chercher les matériaux nécessaires à la culture des champignons par les **galeries souterraines**. La température et l'humidité restent constantes dans la termitière. L'œuvre des ouvriers permet de réguler les **flux d'air**, qui entrent par les galeries au niveau du sol et sortent par des **cheminées** ouvertes sur l'extérieur. L'alimentation en eau se fait par les nappes phréatiques (jusqu'à 20 mètres de profondeur sont nécessaires). Ces techniques inspirent l'architecture de certains bâtiments pour envisager des climatisations écologiques. •

Chambres de la pyramide de Khéops

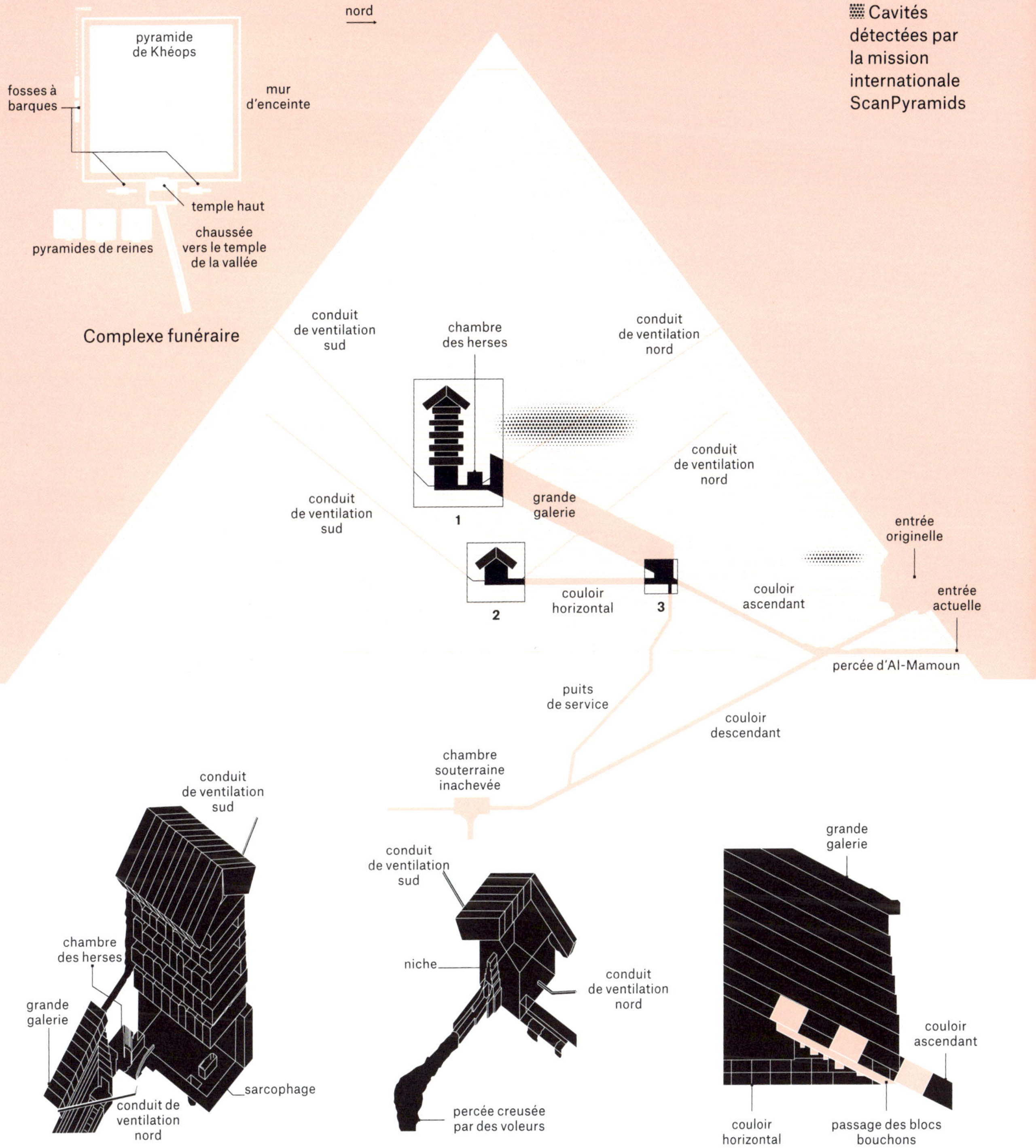

1. Chambre du roi

2. Chambre de la reine

3. Palier de la grande galerie

IL NE RESTE PRESQUE RIEN de Khéops. Contrairement à d'autres pharaons, sa dépouille momifiée (→ planche n° 116) n'a jamais été retrouvée. De son passage sur terre, le pharaon n'a laissé qu'un tombeau : la mythique pyramide de Khéops, un bâtiment monumental originellement haut de 146 mètres et construit au cœur d'un complexe funéraire qui compte deux autres pyramides de rois (Kephren et Mykérinos), des temples et des cimetières. Amputée de son sommet par les carriers du Moyen Âge, la pyramide renferme encore de nombreux mystères. Par exemple, la présence de trois chambres pour un seul défunt intrigue. Si, pour certains égyptologues, ces constructions ne doivent rien au hasard, d'autres estiment que le projet a été modifié au moment de la construction. La **chambre souterraine** et la **chambre de la reine** auraient ainsi pu être pensées pour abriter la momie de Khéops, avant que les bâtisseurs ne se ravisent et en imaginent une troisième (la **chambre du roi**). Trois roches ont été utilisées : du granit rose très solide pour les chambres (carrière d'Assouan, à plus de 800 km) ; de la roche calcaire de moins bonne qualité pour le cœur (carrière située près de la pyramide) ; une couche de calcaire blanc de haute qualité pour les parements extérieurs lisses (carrière de Tourah, de l'autre côté du Nil). •

N° 24

Trafic des opiacés

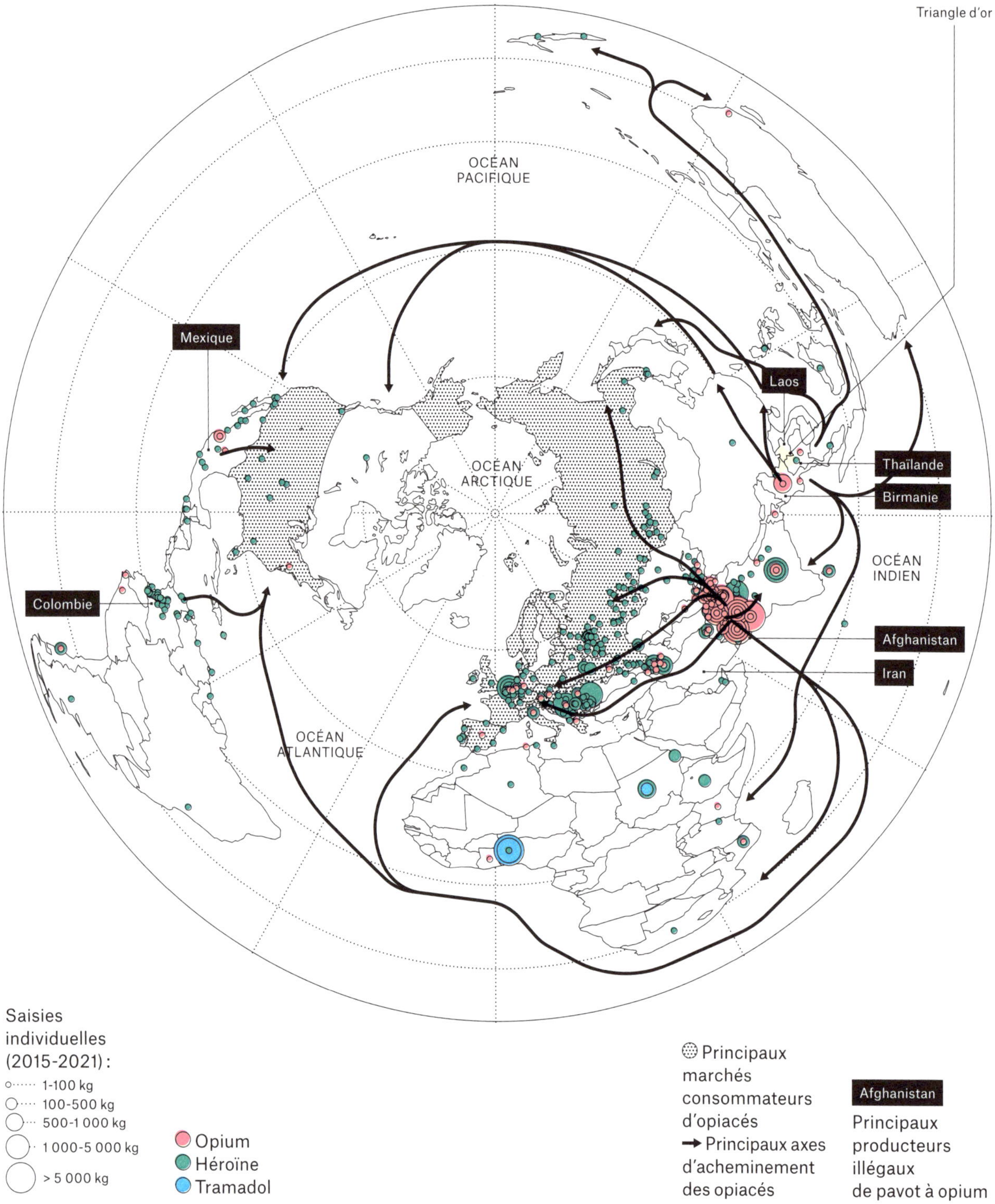

APRÈS LA CHUTE DES PÉTALES, les capsules de pavot somnifère – ou **pavot à opium** – incisées, exsudent de l'**opium** sous forme de latex blanc et laiteux, qui sèche ensuite en une résine brune. De celle-ci, on extrait la morphine, qui sert de base à l'**héroïne**. Le terme « opiacés » regroupe l'ensemble des alcaloïdes analgésiques de l'opium naturel. Les produits de synthèse que sont l'héroïne, le **tramadol**, la méthadone ou le fentanyl sont appelés « opioïdes ». Au XIXe siècle, l'opium devient l'objet d'un trafic international. Deux conflits confrontent en 1839 et 1856 l'Empire chinois, qui souhaite interdire son commerce sur son territoire, et l'Empire britannique, qui veut imposer le commerce de la ressource venue d'Inde. La Chine perd ces guerres et le commerce de drogues se déplace. L'héroïne se diffuse dans les années 1970 sous la houlette de la French Connection et de la Mafia sicilienne, à partir des importations du **Triangle d'or**. L'**Afghanistan** est le principal producteur de pavot à opium depuis les années 1990. Le nombre de surdoses dans les pays consommateurs – en particulier les États-Unis, où les prescriptions médicamenteuses ont créé de fortes dépendances, notamment au fentanyl – a atteint, depuis les années 1990, un niveau parfois qualifié d'épidémique. •

Champ des odeurs

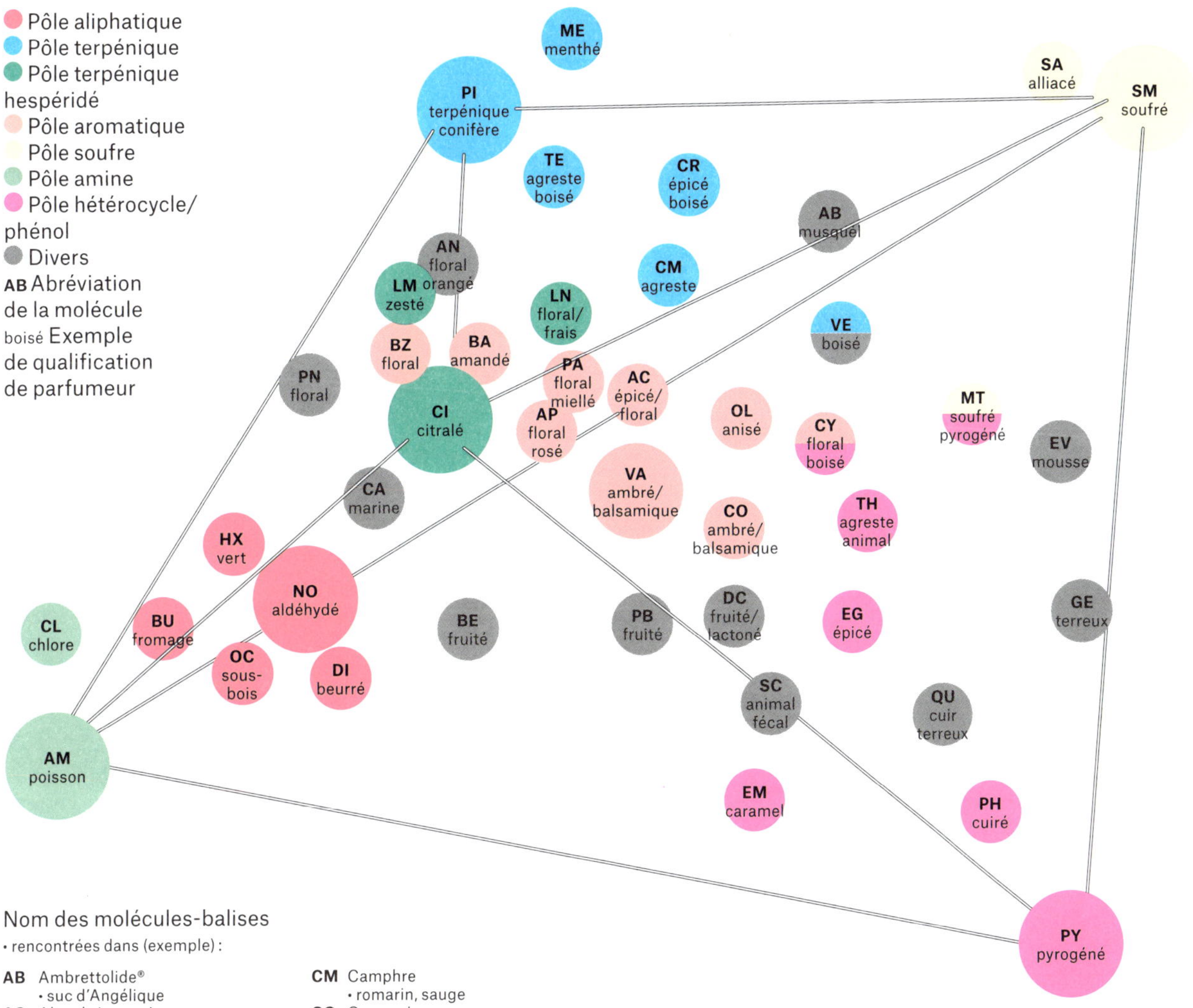

Nom des molécules-balises
• rencontrées dans (exemple) :

AB Ambrettolide®
• suc d'Angélique
AC Alcool cinammique
• canelle, baume Pérou
AM Isobutylamine
• fromages, poissons
AN Anthranilate de méthyle
• néroli, raisin, agrume
AP Alcool phényléthylique
• roses, géranium
AX Ambroxide (Ambroxan)®
• ambre gris
BA Benzaldéhyde
• amande, noyaux
BE Isobutyrate d'éthyle
• pomme, kiwi, fraise
BU Acide butyrique
• produits laitiers
BZ Acétate de benzyle
• jasmin, narcisse
CA Calone®
• synthèse
CI Citral
• citron, citronnelle, verveine
CL Hypochlorite
• eau de Javel
CM Camphre
• romarin, sauge
CO Coumarine
• fève tonka, absolue de foin
CR Bêta-caryophyllène
• poivre noir, clou de girofle
CY Salicylate de méthyle
• gaulthérie couchée
DC gamma-Undécalactone
• pêche, fruit de la passion
DI Diacétyl
• beurre, vin
EG Eugénol
• clou de girofle
EM Éthyl-maltol
• synthèse
EV Evernyl
• mousse de chêne
GE Géosmine
• moisissure, betterave
HX Cis-3-hexènol
• herbe, feuilles
LM Limonène-D
• orange douce, agrumes
LN Linalol
• bois de rose, coriandre
ME Menthone
• menthe
MT Méthional
• fromages, pomme de terre
NO Nonanal
• bergamote, orange, concombre
OC 1,3-octènol
• champignon
OL Trans-anéthole
• badiane, anis, fenouil
PA Phénylacétate d'éthyle
• miel, ananas
PB p-Hydroxyphénylbutanone
• synthèse, fruits rouges
PH Phénol
• poivre, chocolat
PI Alpha-pinène
• térébenthine, armoise
PN Cyclopentanone
• café, farine
PY 2-acétylpyrazine
• cacahuète, café, pop-corn
QU Isobutyl quinoléine
• synthèse
SA Disulfure de diallyle
• ail, oignon, ciboulette
SC Skatole
• fromage, civette, café
SM Disulfure de disulfure
• chou, radis
TE Acétate de terpényle
• cardamome, laurier
TH Thymol
• thym, origan
VA Vanilline
• vanille, styrax
VE Acétate de vétiveryle
• vétiver (par acétylation)

LES CARACTÈRES ODORANTS DES MOLÉCULES sont portés par leur composition chimique. En 1983, une étude de Jean-Noël Jaubert, chercheur au CNRS, a pu établir des probabilités de relations entre quelques caractéristiques chimiques et des caractères odorants de 1 396 molécules. Celle-ci a mis en évidence 44 **molécules-balises** et une structure 3D ancrée sur 7 **pôles dominants**, permettant de se repérer dans l'espace odorant. Dès lors, il est possible de positionner une odeur dans cette structure pour la décrire objectivement. L'expression habituelle des odeurs par le truchement de souvenirs associés, généralement personnels, laisse la place à des faux-amis et des malentendus : « Et tout d'un coup le souvenir m'est apparu. Ce goût, c'était celui du petit morceau de madeleine que le dimanche matin, à Combray [...] ma tante Léonie m'offrait après l'avoir trempé dans son infusion de thé ou de tilleul. La vue de la petite madeleine ne m'avait rien rappelé avant que je n'y eusse goûté [...]. Mais, quand d'un passé ancien rien ne subsiste, après la mort des êtres, après la destruction des choses, seules, plus frêles mais plus vivaces, plus immatérielles, plus persistantes, plus fidèles, l'odeur et la saveur restent encore longtemps [...] » (Marcel Proust, *Du côté de chez Swann*, 1913.) •

N° 26

Physique de l'arc-en-ciel

FORMATION
D'UN ARC-EN-CIEL

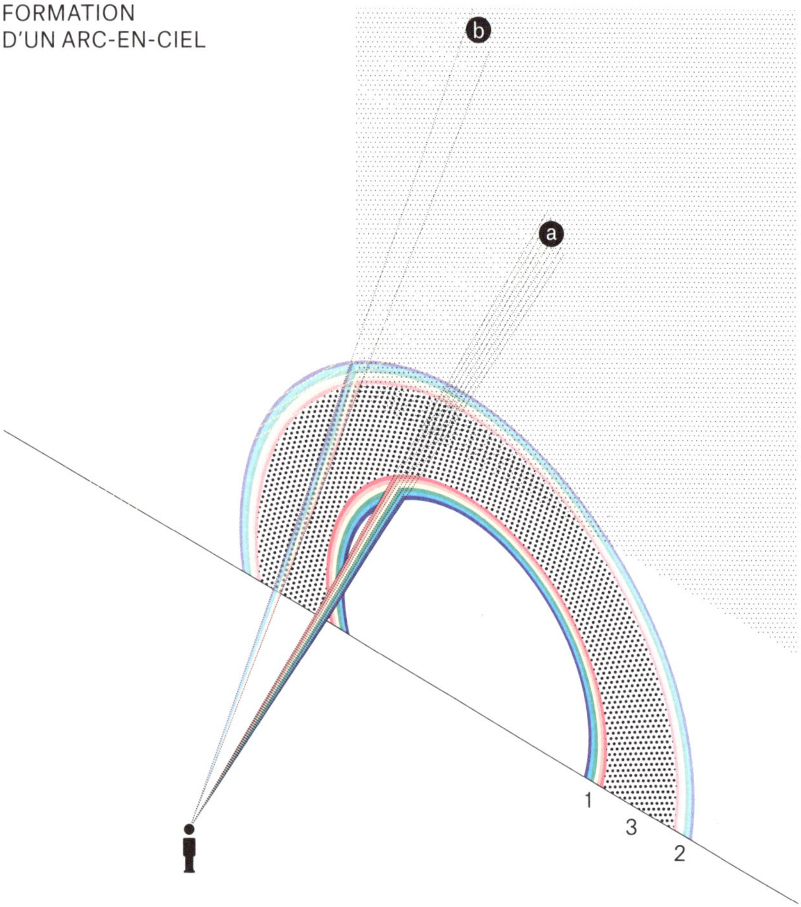

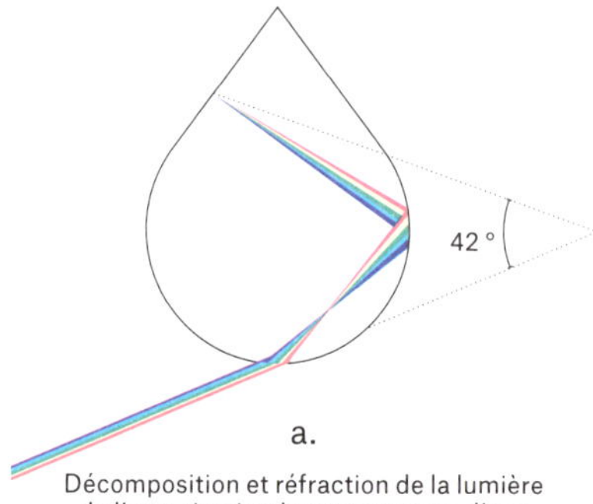

a.
Décomposition et réfraction de la lumière de l'arc primaire dans une goutte d'eau

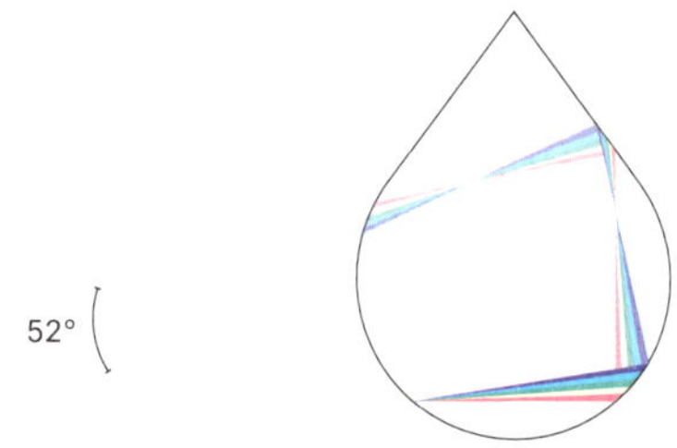

b.
Décomposition et réfraction de la lumière de l'arc secondaire dans une goutte d'eau

Pluie
Rayons du soleil
Lumière renvoyée par la pluie

1. Arc primaire
2. Arc secondaire
3. Bande sombre d'Alexandre

AUTRES ARCS-EN-CIEL

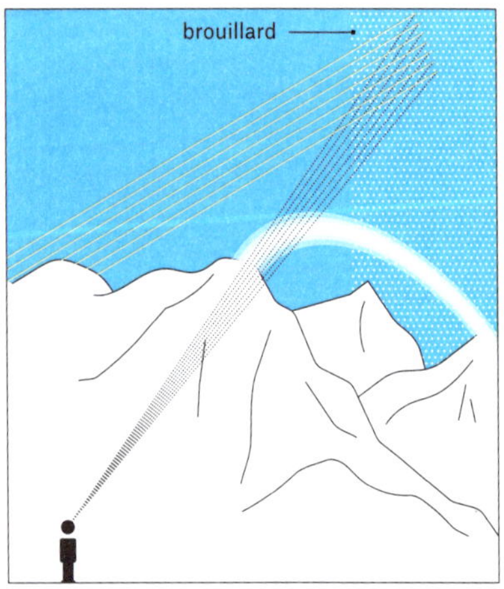

Arc-en-ciel blanc

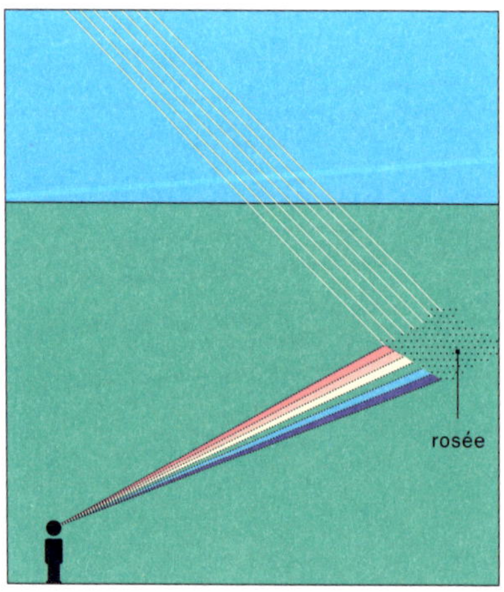

Arc-en-ciel de rosée

Arc-en-ciel lunaire

UN ARC-EN-CIEL EST VISIBLE quand le **soleil** brille et que la **pluie** tombe. L'**arc primaire** (**1**), le plus proche du centre et le plus lumineux, provient des réflexions et réfractions de la lumière du soleil à l'intérieur des gouttes d'eau. L'**arc secondaire** (**2**) est moins lumineux, et pas toujours visible, car les rayons lumineux sont réfléchis deux fois à l'intérieur des gouttes. L'ordre des couleurs (violet, indigo, bleu, vert, jaune, orangé, rouge) est toujours le même (inversé pour un arc secondaire) et correspond à une dispersion de la lumière blanche par effet de prisme. Ces arcs contrastent avec la **bande sombre d'Alexandre** (**3**), qui est due à l'angle de pénétration des rayons, lequel ne permet pas de réfraction de la lumière.

Des arcs-en-ciel plus rares peuvent être observés, comme l'**arc-en-ciel blanc**, dû à de très petites gouttes de brume ou de brouillard ; l'**arc-en-ciel rouge**, lorsque le soleil se couche à l'horizon ; l'**arc-en-ciel lunaire**, la nuit, grâce à la lumière de la lune ; l'**arc-en-ciel de rosée** ; ou encore ceux dus à des embruns marins ou produits par un jet d'eau.

Un grand nombre de mythes et de légendes font intervenir ce photométéore. Dans la mythologie nordique, il est le pont entre le ciel (Asgard), cité des dieux, et la Terre (Midgard). •

Parade du jardinier satiné

N° 27

BERCEAU NUPTIAL

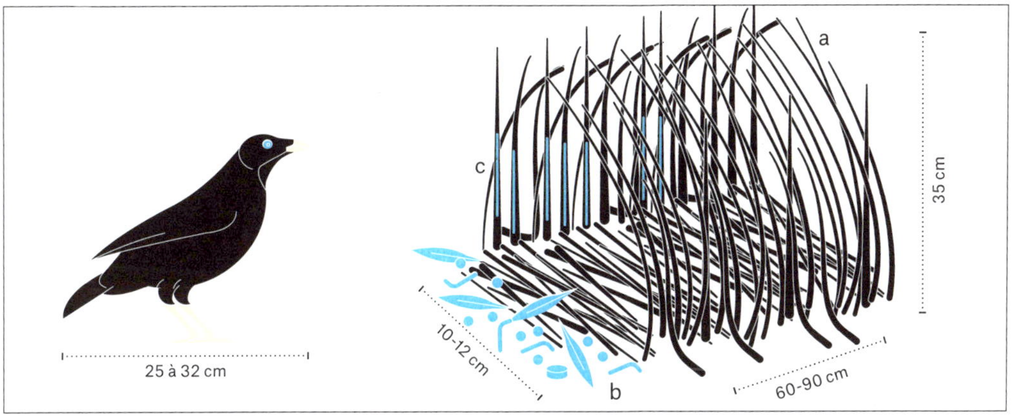

● Mâle
● Femelle

a. Structure : brindilles

b. Décoration : fruits, fleurs, plumes, plastique, jouets, etc.

c. Peinture : baie bleue ou noire, poussière de charbon, salive

PARADE NUPTIALE

Vocalises d'appel — Invitation à entrer dans le berceau — Parade une fois la femelle dans le berceau

Présentation face à la femelle — Accouplement — Nidification

LE JARDINIER SATINÉ est un passereau endémique des zones boisées d'Australie, connu pour la complexité de sa parade amoureuse. Pour la construction du **berceau nuptial**, le mâle tapisse le sol de brindilles et fabrique une allée de rameaux entrelacés. Fin décorateur, il dispose autour de l'entrée des éléments de couleur bleue : fleurs, fruits, plumes de perroquet, champignons gris, ailes de scarabée… mais aussi bouchons en plastique, papiers de bonbons, jouets, éclats de verre, stylos ou briquets, toujours bleus. La préparation du berceau se termine par une étape de coloration des brindilles grâce à une sorte de peinture qu'il confectionne lui-même et qu'il étale grâce à un morceau d'écorce. C'est un des exemples les plus remarquables d'utilisation d'outils chez les oiseaux. Une fois le berceau prêt, le mâle commence la **parade nuptiale** avec des vocalises afin d'amener la femelle à s'approcher. Dans son bec, il prend une plume, une fleur ou une baie, et produit des sons mécaniques en sautillant autour de la femelle, les ailes ouvertes. Après avoir évalué la parade, cette dernière peut entrer dans l'allée ; le mâle continue une danse spasmodique avec un nouveau chant, se présente face à la femelle en se grandissant, puis la rejoint pour l'accouplement. La femelle construira leur nid à proximité, dans les arbres. ●

Gestation et incubation

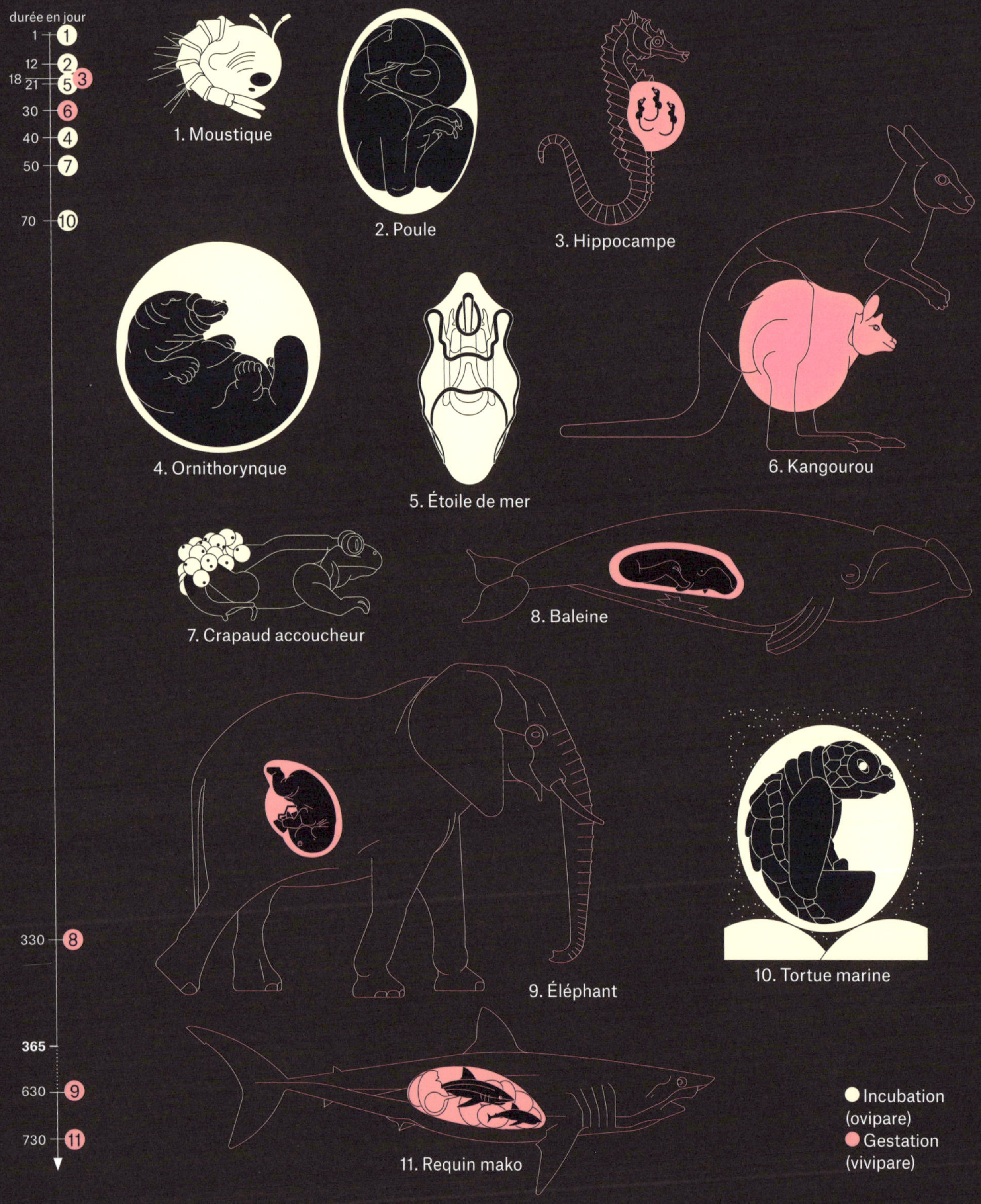

CHARLES DARWIN évoqua dès 1859 la sélection sexuelle, qui, avec la « lutte pour la survie », constitue la sélection naturelle. De la parade nuptiale à la fécondation, l'ensemble des mécanismes d'adaptation sont destinés à préserver l'espèce et à faire naître le plus grand nombre de petits viables.

1. 20 à 200 œufs de **moustiques** par ponte éclosent en larves **2.** Le **poussin** est autonome dès sa sortie de la coquille. **3.** À la fin de la parade nuptiale, la femelle **hippocampe** introduit ses œufs dans le ventre du mâle. **4.** Une fois sortis de l'œuf, les petits **ornithorynques** sont allaités pendant 3 à 4 mois. **5.** Les œufs d'**étoile de mer**, fécondés dans l'eau, dérivent parmi le plancton. **6.** À la naissance, le petit **kangourou** pèse 1 g, puis il se développe dans la poche marsupiale pendant 240 jours. **7.** Le **crapaud accoucheur** mâle prélève les œufs, qu'il place sur son dos ; il peut porter simultanément les pontes de plusieurs femelles. **8.** La **baleine** porte un baleineau une fois tous les trois ans, puis elle l'allaite pendant quatre ans. **9.** L'**éléphante** peut, jusqu'à l'âge de cinquante ans, porter un éléphanteau de 120 kg. **10.** Les **tortues marines** retournent pondre de nuit sur leur plage de naissance. **11.** Les embryons du **requin mako**, éclos à l'intérieur de la réserve vitelline, se dévorent entre eux •

Naissance d'une étoile

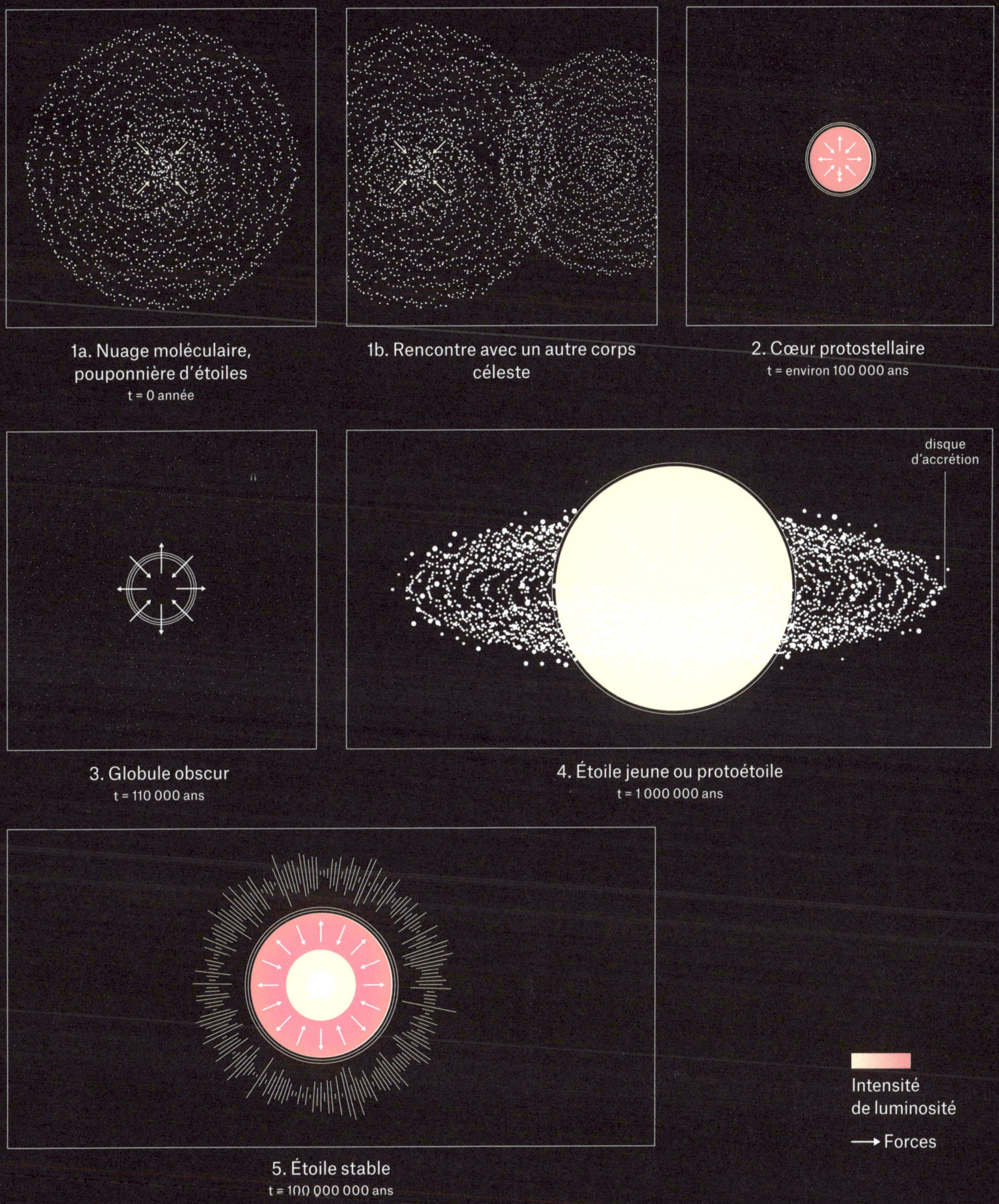

LES PLUS ANCIENNES ÉTOILES sont nées peu après le Big Bang (→ planche n° 124), il y a 13,7 milliards d'années. Mais comment ces astres viennent-ils au monde ?

1a. Un **nuage moléculaire** a une température très basse, mais une densité et une taille suffisamment élevées pour permettre l'effondrement de fragments du nuage sous sa propre gravité. **1b.** La rencontre avec un autre nuage, l'explosion d'une autre étoile ou le passage à travers un bras de galaxie peuvent entraîner une augmentation de densité et de température du nuage. **2.** Le nuage se divise en petits fragments. Après un certain temps, la fragmentation s'arrête mais la contraction continue, formant des **cœurs protostellaires.** Le gaz, très comprimé, s'échauffe et ces « cœurs » se mettent à briller. **3.** Le gaz continue de s'effondrer et de se densifier sous l'effet de sa gravité, devenant de plus en plus lumineux. Un cocon de poussières opaques s'agrège par gravité autour du **globule** formé. **4.** La **protoétoile**, ou étoile jeune, s'étend. Elle est très lumineuse, mais sa température ne permet pas encore la fusion nucléaire. **5.** Elle devient une **étoile stable** lorsque ce sont les réactions nucléaires, et non plus les chocs de matière, qui l'illuminent. •

N° 30

Migrations marines

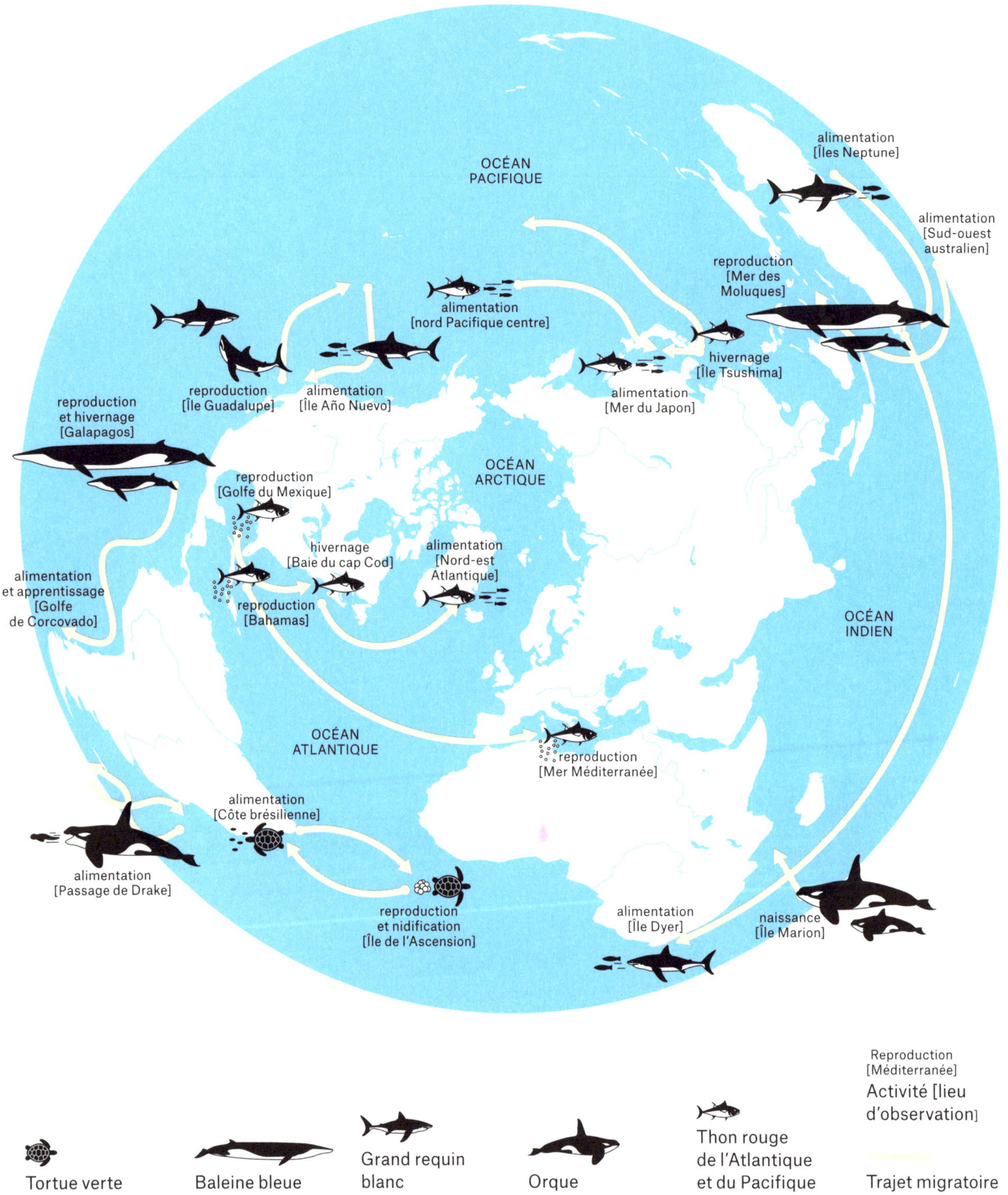

PEU D'ESPÈCES MARINES SONT SÉDENTAIRES, hormis quelques-unes qui vivent dans des récifs coralliens ou des eaux fermées. La plupart se déplacent, individuellement ou en groupe, selon des chemins migratoires saisonniers, afin de subvenir à leurs besoins alimentaires ou de reproduction. Les **tortues marines** femelles reviennent tous les 2 à 4 ans pour pondre sur le rivage où elles sont nées. Le reste du temps, elles évoluent dans des zones de nourrissage situées jusqu'à 2 000 km de leur zone de ponte. Les **baleines bleues** mémorisent leurs zones d'alimentation les plus stables, qui ne sont pas nécessairement les plus productives. Chez les grands **requins blancs**, il semblerait que les femelles soient celles qui parcourent les plus grandes distances. Les raisons de leurs déplacements sont encore mystérieuses. Certaines **orques** voyageraient 6 à 8 semaines sur 11 000 km pour régénérer leur épiderme. Le **thon rouge** est remarquable pour ses migrations transatlantiques, effectuées en plusieurs étapes.

Divers facteurs humains perturbent ces chemins migratoires : la pollution aquatique, la pêche, mais aussi la pollution lumineuse (→ planche n° 58). En effet, les animaux marins effectuent majoritairement leurs déplacements la nuit, de nombreuses espèces étant sensibles aux cycles de la Lune. •

Trafic maritime

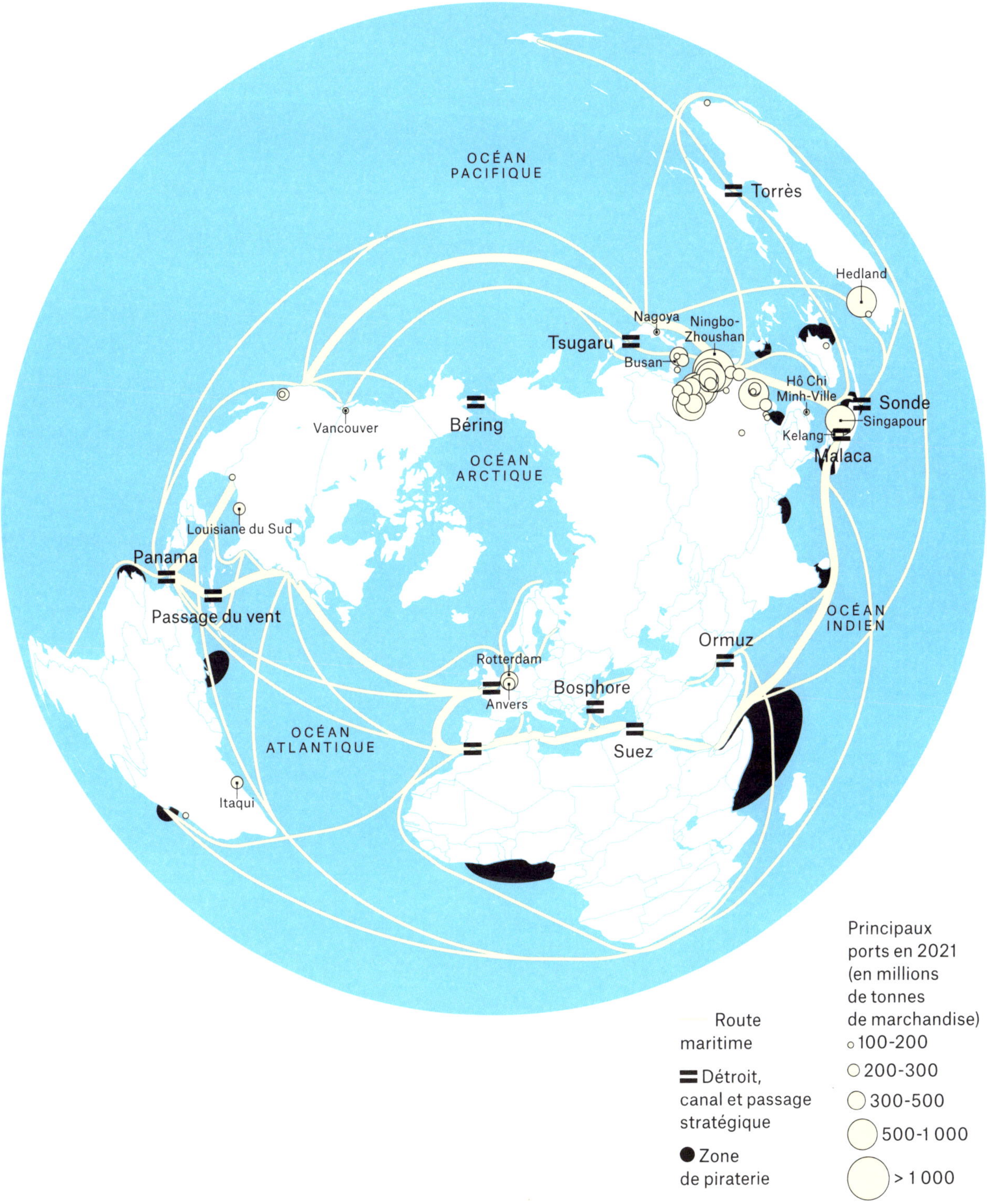

L'ENSEMBLE DES DÉPLACEMENTS de personnes et de marchandises sur les mers et les océans constitue le trafic maritime. Si le développement du transport aérien a drastiquement fait chuter le nombre de passagers voyageant par bateau, il n'en est pas allé de même pour les marchandises, puisque 90 % du commerce mondial en volume – 70 % en valeur – dépend des voies maritimes. Plus de 11 millions de tonnes de marchandises – pétrole, gaz, minerais, charbon, céréales ou autres produits solides – sont ainsi acheminées chaque année sur plus de 90 000 navires. Le développement dans les années 1960 des conteneurs, des boîtes standardisées ultrasimples à manipuler, a participé à l'explosion du trafic. Des porte-conteneurs de plus en plus grands – certains atteignant aujourd'hui près de 400 mètres de long –, dont les cales sont aménagées telles des alvéoles reliées par des rails, sillonnent désormais les mers. 50 % du trafic concerne les matières premières ou produits alimentaires, 33 % les hydrocarbures, et 12,5 % les conteneurs. L'impact environnemental du transport maritime est très important. Il est responsable de 4 à 5 % des émissions mondiales de gaz à effet de serre et participe à la pollution de la faune et de la flore marines à cause des rejets des eaux de ballast. •

Chant des oiseaux

FORMULE

Tourterelle des bois

CONTEXTE | PHRASE

PHRASE : mot (son) — mot (son, son)

{G3T} rrrouh rou.RRROUH

Hauteur de son :
Grave (0-2 kHz)
Aigu (2-15 kHz)
Étendu
(0-15 kHZ)

Nombre de sons :
1
2
3
4
5
x (multiple)

Type de son :
Trille : r roulé ou itération rapide

Glissando : variation de hauteur de son

Vibrato : petite variation continue de hauteur de son

Silence :
silence court : caractère blanc

silence long : « - », « -- », « --- »

Interson :
frontière entre deux sons sans rupture de son

EXEMPLES

Loriot d'Europe

{E4G} wit.wit.i.ooo

Mésange bleue

{AxT} (tsi)*.(di)*

Chouette hulotte

{G5V} ouh.ouhhh --- hou hou ouh@

SON :
rrr normal
RRR accentué

VARIATIONS
(modifient le type de son) :
@ Vibrato
( )* Itération
Glissando :
/ ascendant continu
// ascendant granulaire
\ descendant continu
\\ descendant granulaire

CHEZ LA PLUPART DES ESPÈCES D'OISEAUX, seuls les mâles chantent, et ce, pour deux raisons : la défense du territoire et la séduction des femelles. Dans d'autres cas – pour envoyer un signal de présence, d'alarme ou de détresse –, mâle et femelle poussent chacun des cris spécifiques. En ornithologie, le chant des mâles est un bon moyen d'identification de l'espèce quand ils ne sont pas visibles. Dès les années 1950, les vocalises ont commencé à être étudiées grâce à des enregistrements sur magnétophone qui ont permis d'isoler les chants. Depuis, des techniques de codage permettent de modéliser les chants des oiseaux. Comme dans le langage parlé, le **son** (rouh, wit, tsi, di, ouh, etc.) est un phonème caractérisé selon un **contexte** : la **hauteur**, le **nombre** (défini ou multiple) et le **type**. La combinaison de ces sons, répétés dans le chant, constitue une **phrase**, délimitée par des **silences**. À partir de cette formule, caractéristique de l'espèce, des variations saisonnières peuvent se produire : le chant du canari se compose de 20 à 40 types de sons pendant la saison des amours, s'appauvrit l'été puis se restructure l'hiver. Certains oiseaux produisent des chants par imitation : les perruches, les perroquets ou les colibris reproduisent le chant d'un autre oiseau, la voix humaine, le bruit d'une tronçonneuse ou d'un moteur. •

Carnavals

Du 2 au 7 janvier

Colombie

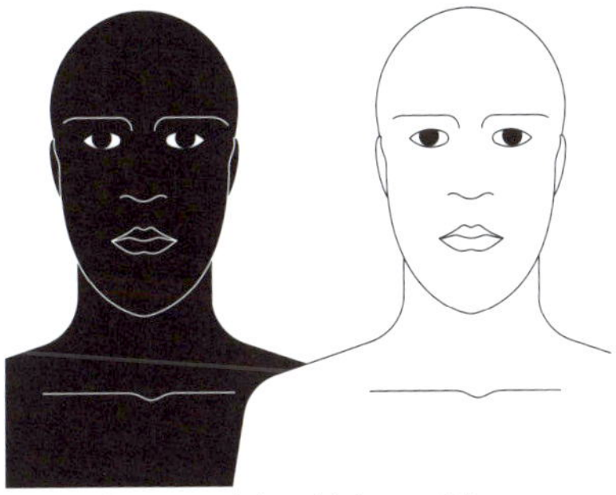

1. Carnaval des Noirs et Blancs

Entre février et mars

Belgique

2. Carnaval de Binche

De décembre à avril

France

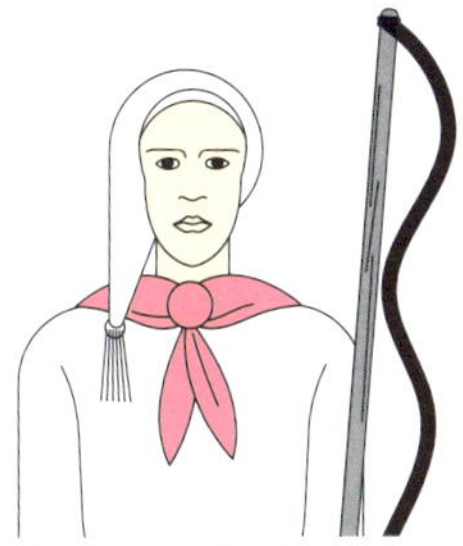

3. Carnaval de Limoux

2 jours en février-mars

Inde

4. La Holi

Le 24 juillet

Tunisie

5. Carnaval d'Aoussou

6 jours en février

Bolivie

6. Carnaval d'Oruro

Entre février et mars

Colombie

7. Carnaval de Barranquilla

Dernier week-end d'août

Royaume-Uni

8. Carnaval de Notting Hill

Courant février

France

9. Carnaval de Manthelan

LES CARNAVALS SONT DES FÊTES DÉGUISÉES dont les rites varient fortement selon les populations. **1.** Le **carnaval des Noirs et Blancs** est rythmé par le jour des Noirs, où les participants se barbouillent le visage de noir, et le jour des Blancs, où ils se couvrent de talc et de farine. **2.** Cuivres et tambours accompagnent les Gilles du carnaval de **Binche**. **3.** Le plus long carnaval du monde est célébré à **Limoux**, où des musiciens déguisés en meuniers passent de café en café. **4.** Pendant l'Antiquité, lors de la **Holi**, un feu était allumé en hommage à Vishnou. Les pigments de couleur ont remplacé les cendres dont on se couvrait le visage. **5.** L'origine du carnaval d'**Aoussou** serait une fête païenne de l'époque romaine célébrant Neptune. **6.** Issu des invocations autour de la Pachamama (Terre-Mère), le carnaval d'**Oruro** est ponctué de danses qui content la période de l'évangélisation par les Espagnols. **7.** À **Barranquilla**, la fête s'ouvre sur une bataille de fleurs et se clôt par l'enterrement de Joselito, symbole de la fête. **8.** Initié par les immigrés des Caraïbes, le carnaval de **Notting Hill** résonne de sonorités soca, reggae et ragga. **9.** À **Manthelan**, d'immenses chars où trônent des personnages articulés parcourent la ville. Monsieur Carnaval, le « roi des plaisirs », est brûlé dans un feu de joie. •

Modèles de l'atome

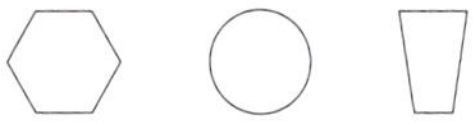

1. Modèle de Démocrite

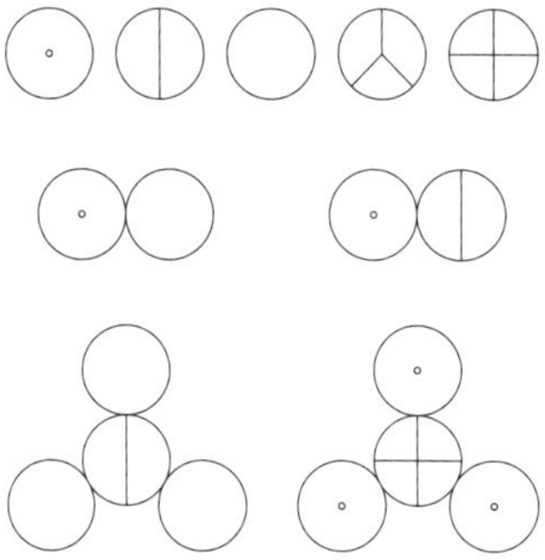

2. Modèle de Dalton

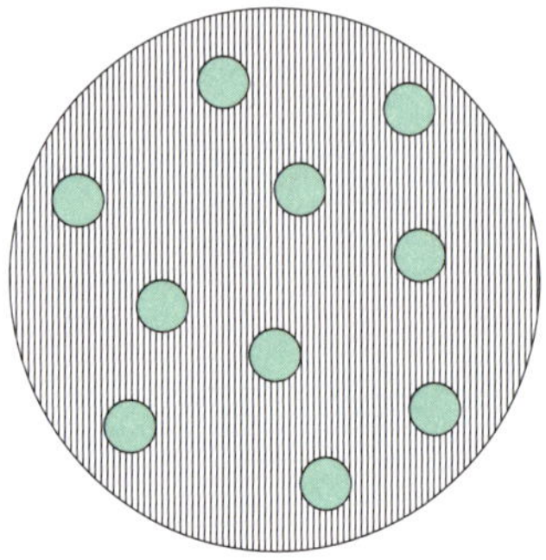

3. Modèle de Thomson

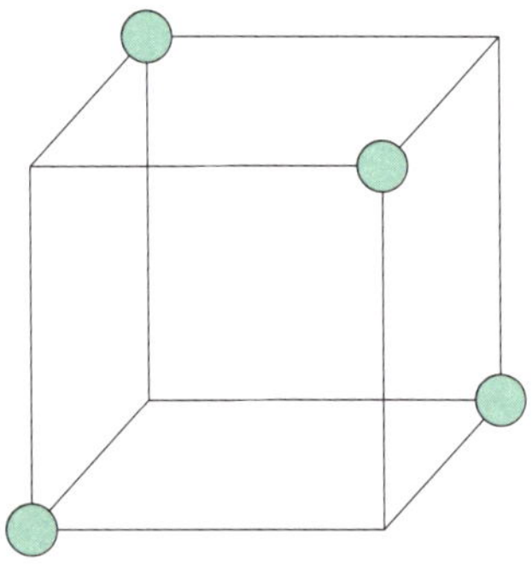

4. Modèle de Lewis

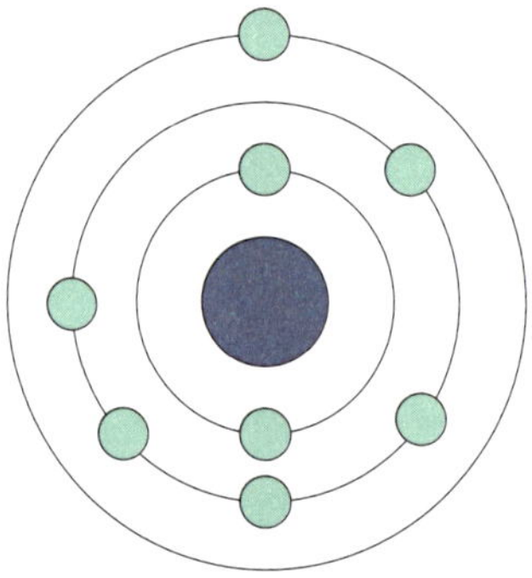

5. Modèle de Rutherford

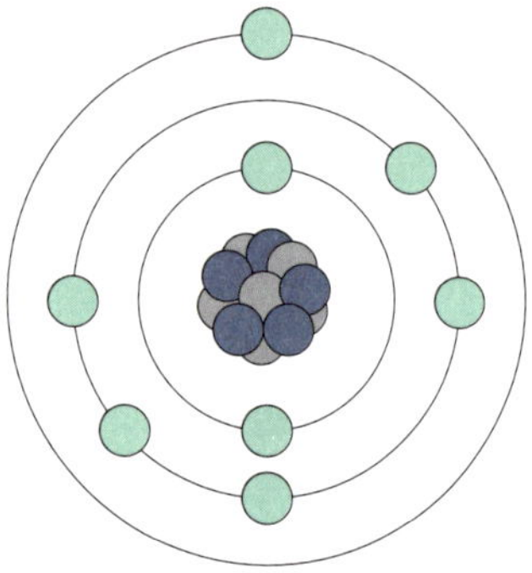

6. Modèle de Chadwick

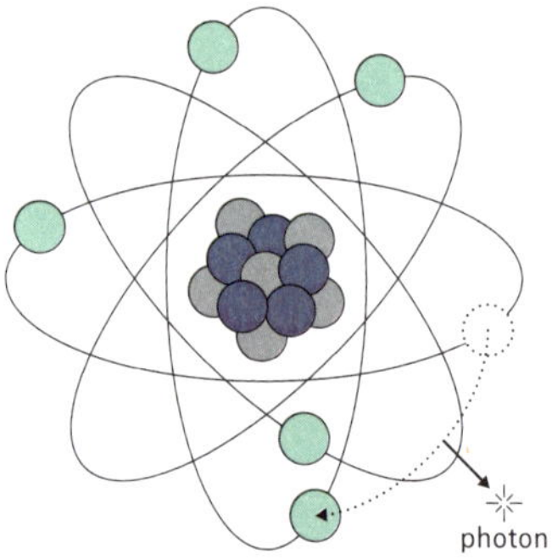

7. Modèle de Bohr

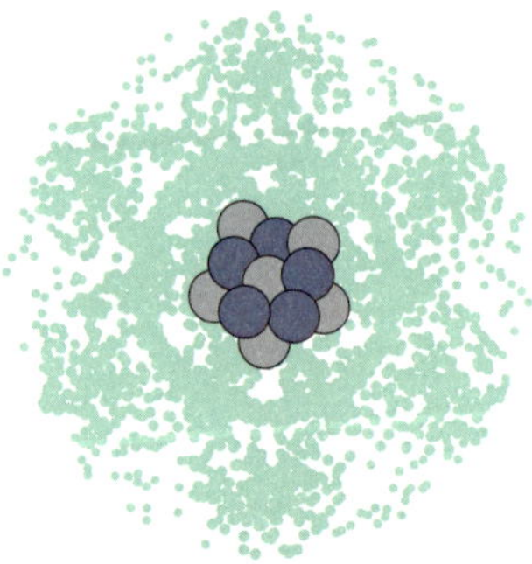

8. Modèle de Schrödinger

Électron, charge négative

Neutron, charge nulle

Proton, charge positive

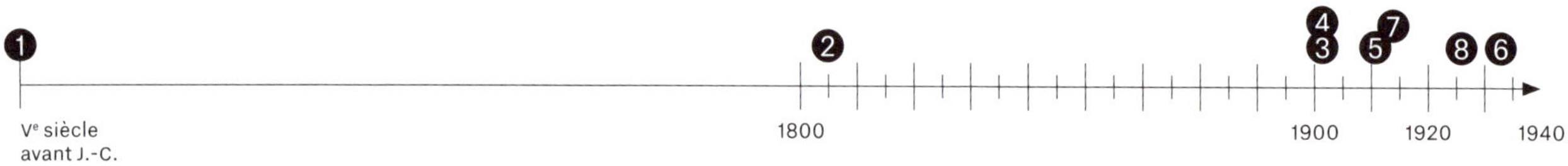

L'INFINIMENT PETIT ne cesse de fasciner les philosophes et les scientifiques depuis l'Antiquité. **1.** Pour **Démocrite**, la matière est constituée de petites particules appelées *atomos* (« indivisible » en grec ancien). **2.** Dans le modèle de **Dalton**, la matière est la combinaison de 20 atomes élémentaires, représentés par des symboles dans des sphères. **3. Thomson** prouve l'existence des électrons qui, selon lui, se répartissent au sein d'un « clafoutis » (*plum pudding*), formant l'atome. **4.** Dans le modèle de **Lewis**, des liaisons chimiques s'établissent entre les électrons et sont représentées par l'arête d'un cube **5.** Pour **Rutherford**, les électrons tournent autour d'un noyau chargé positivement, comme des planètes autour d'une étoile. C'est le modèle « planétaire ». **6. Chadwick** découvre les neutrons, particules de charge nulle qui, avec les protons, constituent le noyau. **7.** Le modèle de Rutherford est adapté par **Bohr** : les électrons sont en mouvement sur des orbitales. En changeant d'orbite, ils émettent des photons, « particules» de lumière. **8.** Dans le modèle quantique de **Schrödinger**, les électrons ont le comportement d'une particule et d'une onde. Ils sont alors représentés sous la forme d'un nuage qui modélise leur probabilité de présence. Il s'agit de la représentation la plus actuelle. •

Rond de sorcière

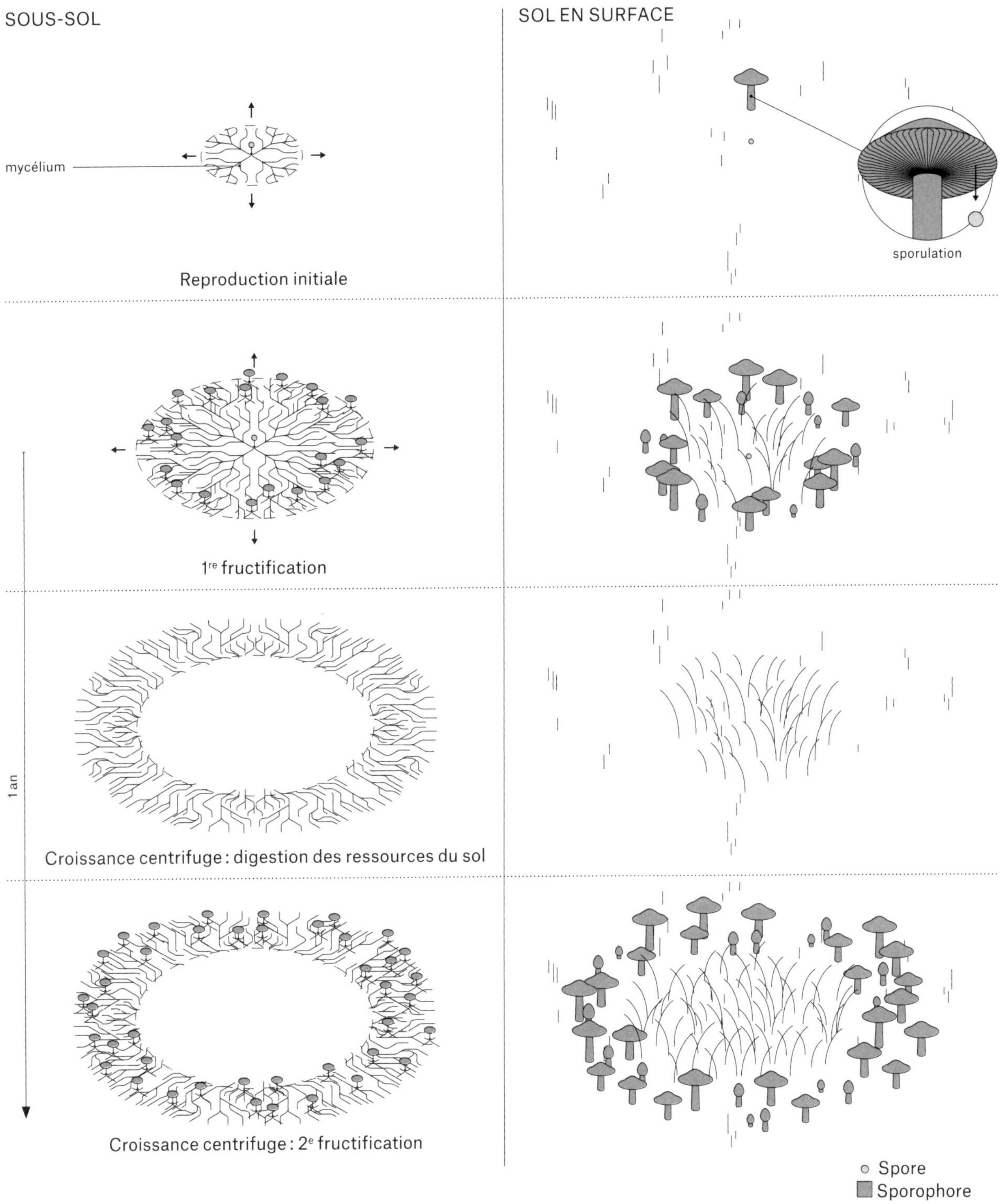

DANS LES PRAIRIES OU EN FORÊT, on peut observer au sol des cercles où l'herbe ne pousse pas ou, au contraire, pousse beaucoup mieux qu'ailleurs. Quelques mois plus tard y apparaissent des champignons. Au Moyen Âge, ces curiosités ont nourri le mythe des danses de sorcières, de fées ou de farfadets, les soirs de pleine lune.

Ce phénomène naturel est en réalité une manifestation du **mycélium**, réseau souterrain de filaments ramifiés qui assure l'exploration, la nutrition, la croissance et la défense des champignons, par échange de nutriments et sécrétions d'enzymes. La partie productrice de **spores**, le **sporophore**, est visible à l'œil nu – à la différence des champignons microscopiques comme les levures ou les moisissures – et se forme lors de la fructification. Les ronds de sorcière mettent en évidence l'extraordinaire **croissance centrifuge** du mycélium dans des conditions optimales de sol (humidité, température, présence de nutriments). Le diamètre des « ronds de sorcière » croît de 5 à 40 cm (voire 1 m) par an. Quand il a épuisé les ressources du sol, le mycélium colonise une nouvelle bande circulaire, consommant les ressources du sous-sol. Selon les cas, l'herbe y pousse mieux ou moins bien. •

N° 36

Hermaphrodisme

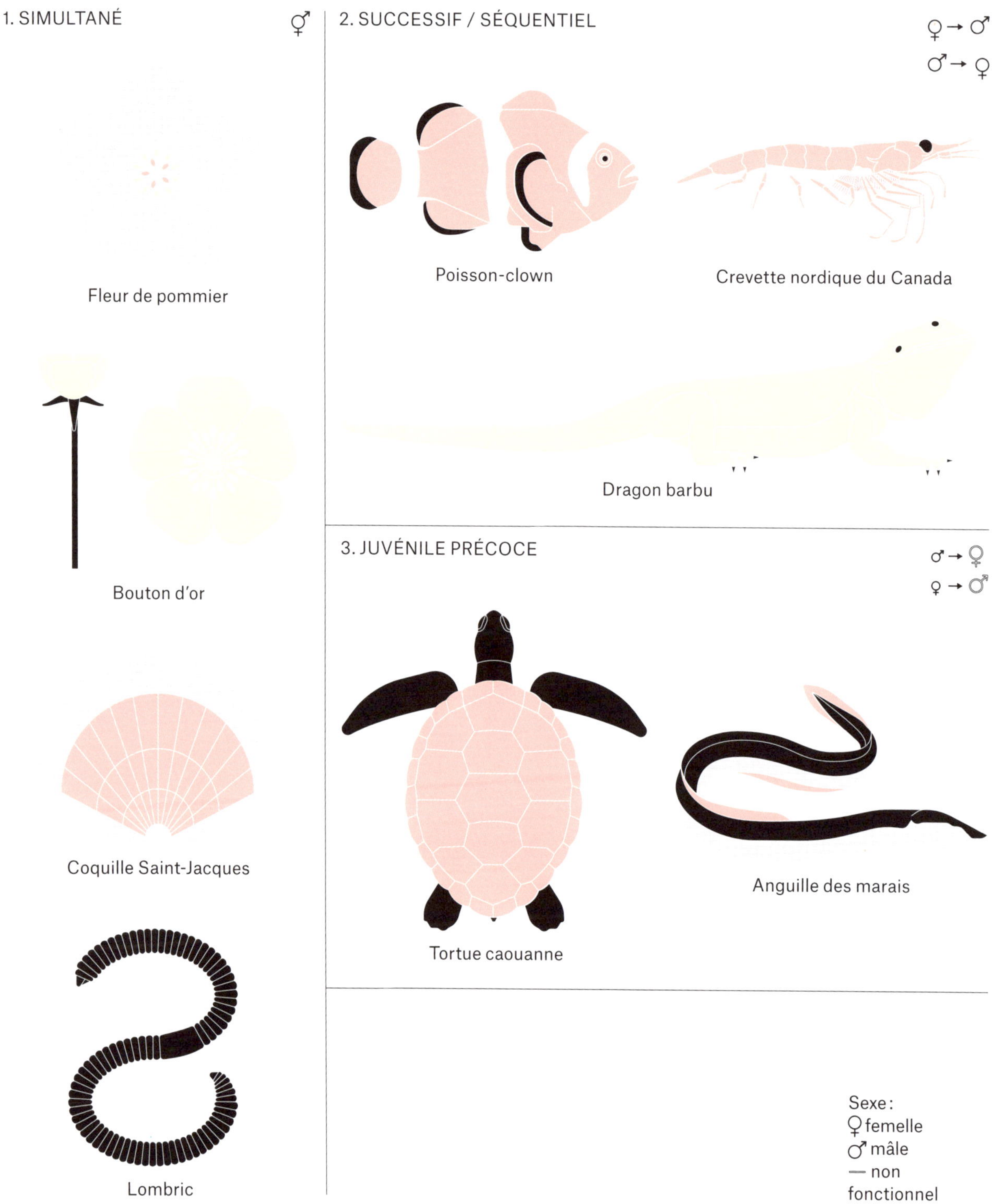

LA PRÉSENCE SIMULTANÉE OU ALTERNATIVE, chez un individu, d'organes sexuels mâles et femelles s'appelle l'« hermaphrodisme ». Le plupart des fleurs portent à la fois les organes reproducteurs mâles – les étamines – et femelles – le pistil. Les étamines libèrent le pollen, qui va féconder les ovules du pistil d'une fleur voisine grâce à un pollinisateur (→ planche n° 78). Cet **hermaphrodisme simultané** (**1**) concerne aussi la faune, comme la coquille Saint-Jacques dont le corail sécrète les gamètes (cellules reproductrices) mâles et femelles puis les diffuse dans l'eau, ou encore le lombric, qui doit néanmoins s'accoupler avec un autre individu. Certaines espèces peuvent changer de sexe au cours de leur vie. On parle d'**hermaphrodisme successif** ou **séquentiel**, non réversible (**2**). Les poissons-clowns, par exemple, naissent tous mâles ; seul l'individu dominant devient femelle. Le dragon barbu devient femelle lorsque la température dépasse 32 °C. Les **hermaphrodites juvéniles précoces** (**3**) changent de sexe au cours de leur vie, mais ne produisent plus de gamètes : les anguilles des marais naissent femelles et deviennent mâles au cours de leur quatrième année. Certaines tortues changent de sexe selon la température, phénomène accentué par le réchauffement climatique. •

Métamorphoses d'Ovide

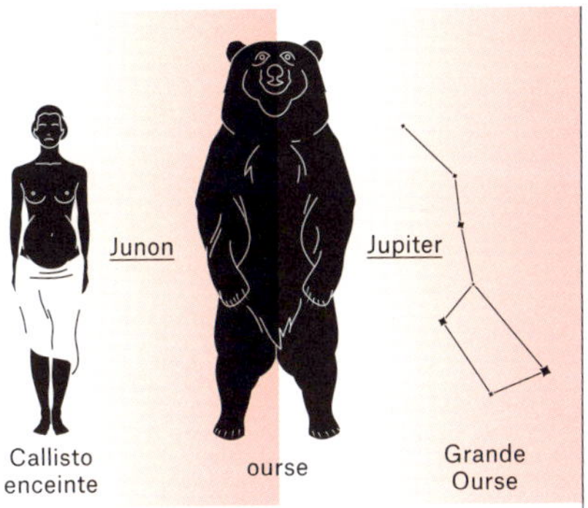

1. *Jupiter et Callisto, métamorphosée en ourse / Catastérisme de l'ourse Callisto et de son fils Arcas*
Livre 2, 401-530

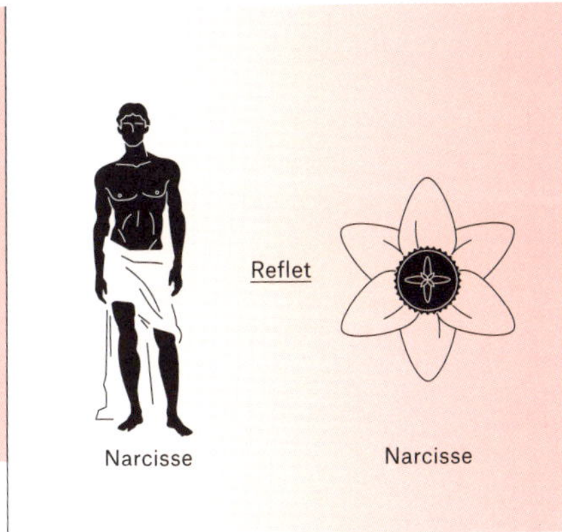

2. *Métamorphose de Narcisse*
Livre 3, 402-510

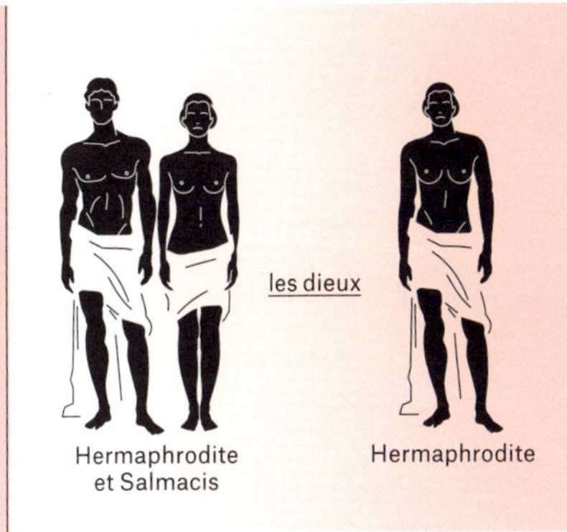

3. *Troisième récit : Salmacis et Hermaphrodite*
Livre 4, 337-379

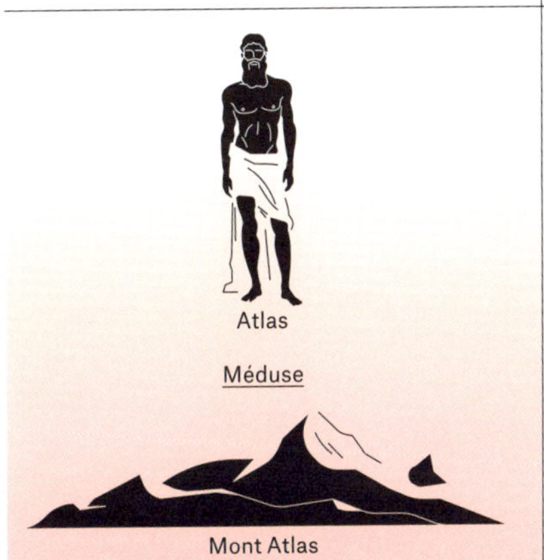

4. *Persée et Atlas, métamorphosé en montagne*
Livre 4, 627-662

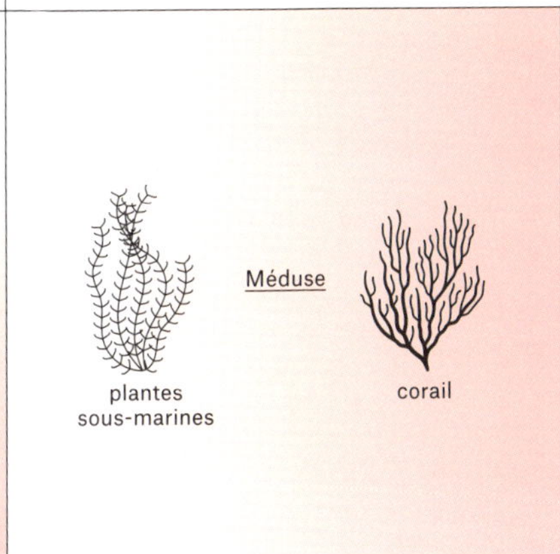

5. *Persée et Andromède – Métamorphose des coraux*
Livre 4, 740-752

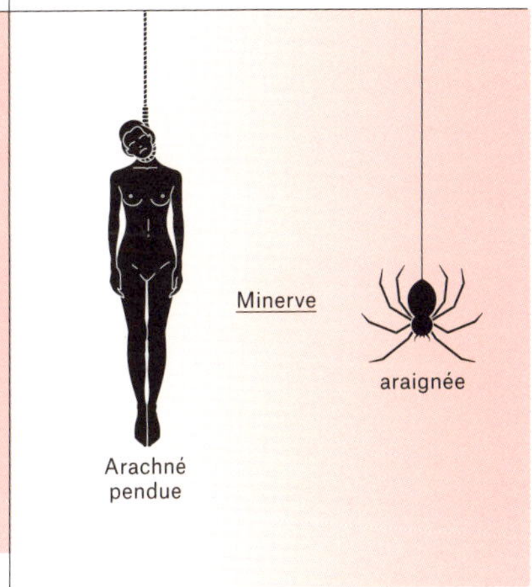

6. *La métamorphose d'Arachné*
Livre 6, 129-145

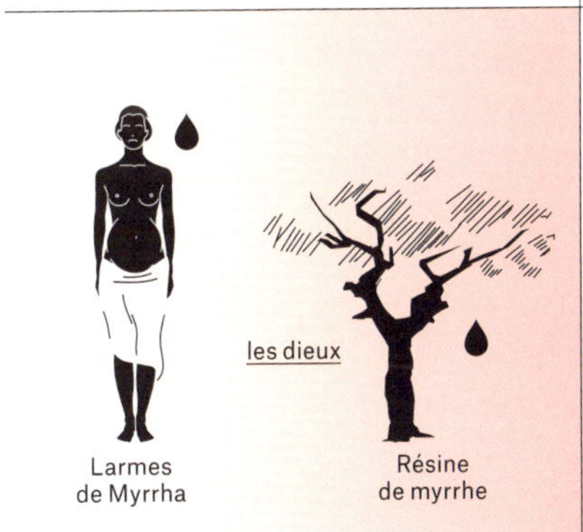

7. *Fuite et métamorphose de Myrrhra – Naissance d'Adonis*
Livre 10, 504-518

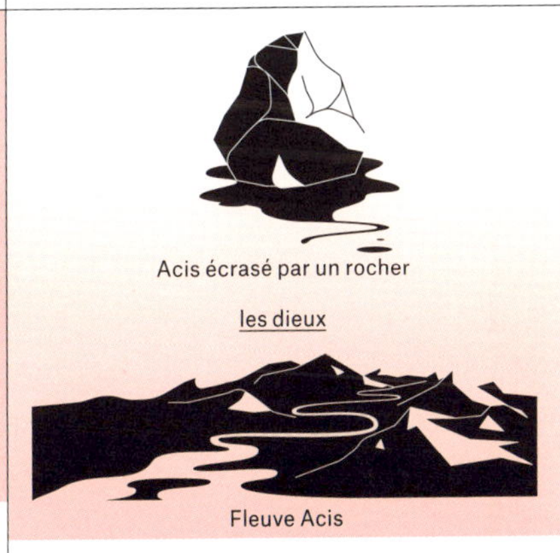

8. *Mort et métamorphose d'Acis*
Livre 13, 885-897

Métamorphose

Méduse
Ce qui provoque les métamorphoses

LONG POÈME EN 15 LIVRES, *Les Métamorphoses* ont été écrites au Ier siècle de notre ère par le poète latin Ovide. L'ouvrage contient plusieurs centaines de récits autour du thème de la métamorphose. **1. Jupiter** viole **Callisto**, qui tombe enceinte d'Arcas. Jalouse, Junon la transforme en **ourse**. Plus tard, alors qu'Arcas retrouve sa mère, Jupiter les métamorphose en astres. **2. Narcisse** tombe amoureux de son reflet et meurt de ne pouvoir le posséder. Une **fleur blanche** pousse là où il reposait. **3.** La nymphe **Salmacis**, amoureuse d'**Hermaphrodite**, implore les dieux d'unir leurs corps pour toujours. Elle est exaucée : ils ne forment plus qu'un seul être bisexué. **4.** Grâce à la tête de Méduse, Persée transforme le Titan **Atlas** en une **montagne**. **5.** Persée dépose la tête de Méduse sur un lit de **plantes sous-marines**, qui se pétrifient en **coraux**. **6.** Par jalousie, Minerve détruit le tissage d'**Arachné** qui, désespérée, se pend. Minerve, apitoyée, la transforme en **araignée**. **7. Myrrha**, porteuse d'un enfant incestueux, est transformée en **arbre à myrrhe** dont les fruits rappellent ses larmes. **8.** Le Cyclope Polyphème, jaloux de l'amant de la nymphe marine Galatée, **Acis**, le tue avec un rocher de l'Etna. Galatée prie les dieux de transformer le sang de son amant en fleuve, pour qu'il se jette dans la mer et qu'elle puisse ainsi le retrouver. •

Influence sociale

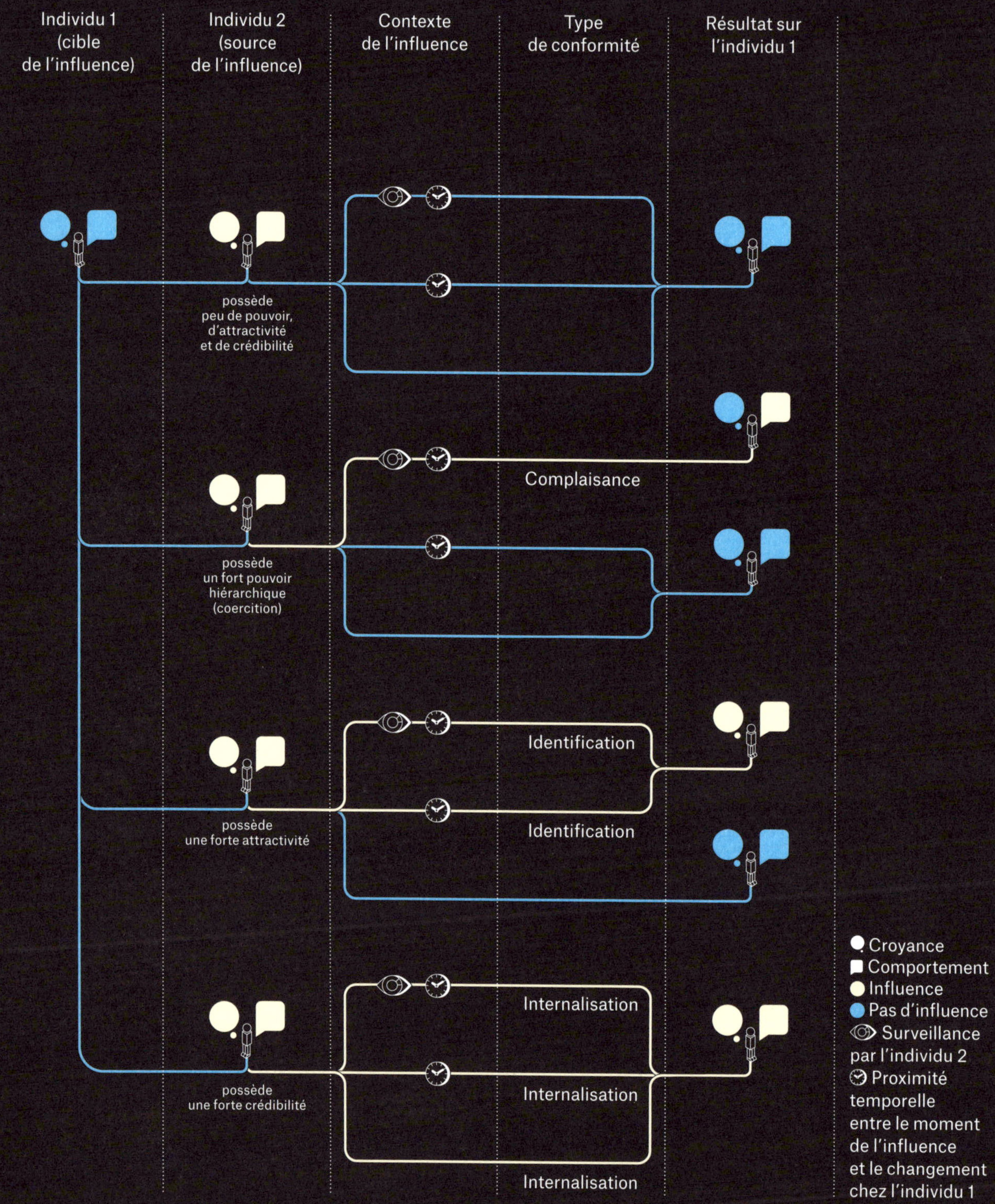

LES CROYANCES ET COMPORTEMENTS de tout individu peuvent être soumis à différents types d'influences sociales – aussi appelées pressions sociales – et alors se transformer. Herbert Chanoch Kelman (1927-2022) est un psychologue américain reconnu pour ses travaux sur les processus perceptifs des individus et des groupes. En 1958, dans le *Journal of Resolution Conflicts*, revue scientifique qu'il a créée, il identifie trois grands types de changements d'attitude soumis à une influence sociale (nommés « conformités ») : la **complaisance**, l'**identification** et l'**internalisation**. Il peut s'agir d'une influence **coercitive** (dans le cadre professionnel ou administratif, par exemple) ; d'une influence **affective**, quand elle est exercée par des personnalités admirées; ou encore d'une influence portée par la **crédibilité** d'un individu dont l'expérience, les connaissances ou la réputation font autorité. Le contexte joue un rôle dans le type de conformité observé, en fonction de la **surveillance** (en particulier dans la coercition), de la **proximité temporelle** (en particulier dans l'identification) ou des aspirations personnelles de l'individu cible. •

Influence de la Lune sur les marées

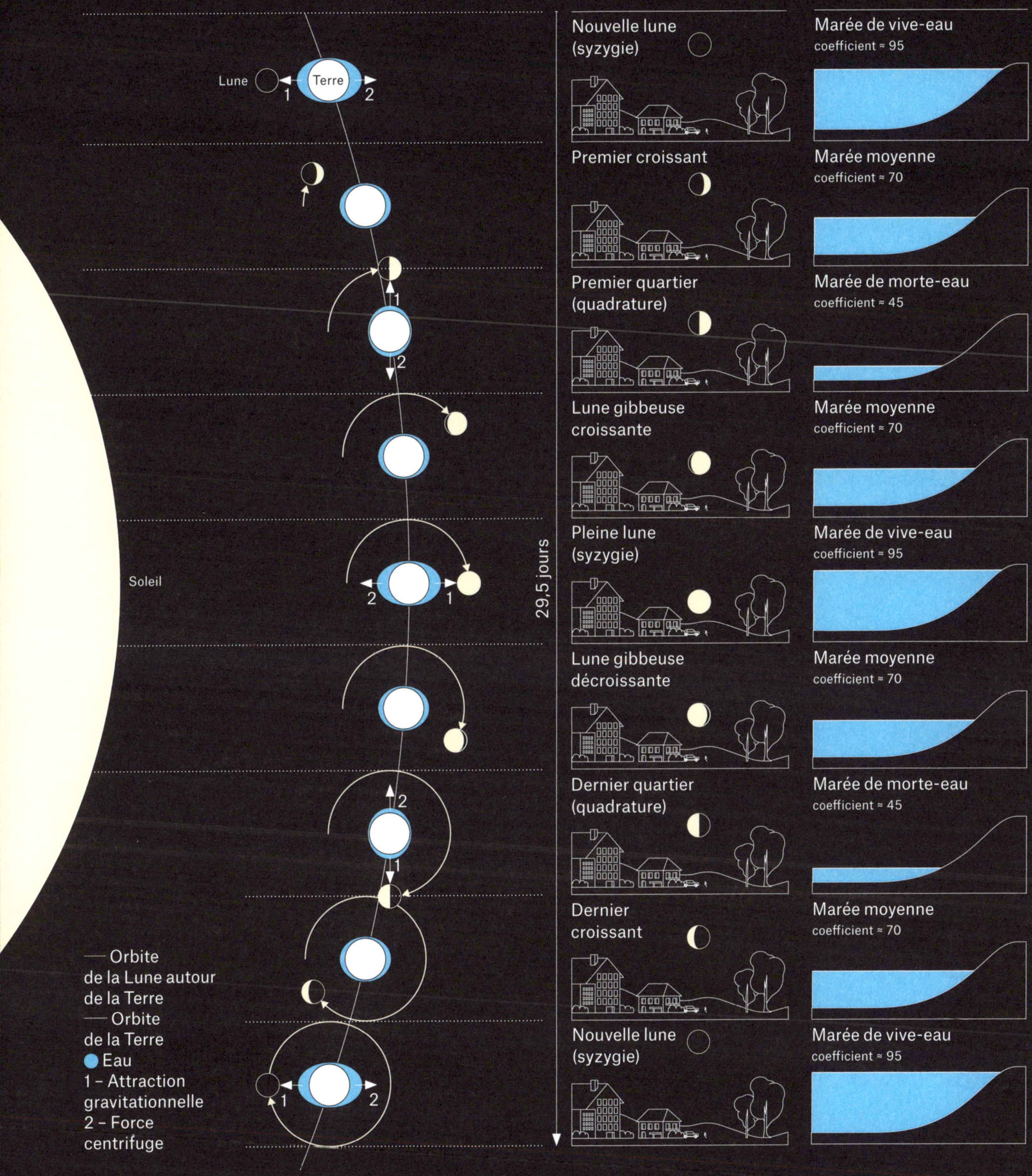

LES MARÉES OCÉANIQUES désignent la variation du niveau des mers et des océans, due à la combinaison de plusieurs forces : d'une part l'attraction gravitationnelle exercée par la Lune et le Soleil ; d'autre part la force centrifuge due à la rotation de la Lune autour de la Terre, de la Terre autour du Soleil et sur elle-même. Ainsi, lors d'un cycle lunaire, dont la durée est d'environ **29,5 jours**, la position de la Lune par rapport au Soleil et à la Terre influence les marées océaniques. Lors de la **nouvelle lune** – quand notre satellite n'apparaît pas dans le ciel nocturne – et de la **pleine lune** – lorsque sa face visible est entièrement éclairée – la Terre, la Lune et le Soleil sont sur le même axe : on parle de **syzygie**. L'influence de ces astres s'additionne et les marées sont de forte amplitude (**vives-eaux**). Lors des **premier et dernier quartiers**, les trois astres sont en **quadrature** et les forces de la Lune et du Soleil ne s'additionnent pas. L'amplitude des marées est alors la plus faible (**mortes-eaux**).

Si les marées océaniques sont les plus visibles, il existe aussi des marées terrestres, perceptibles par les variations des activités volcanique et sismique, ou des marées atmosphériques, qui se manifestent par des fluctuations régulières du vent, de la température, de la densité et de la pression de l'air. •

N° 40

Masques rituels

1. Yup'ik
Sitka (Alaska)

2. Chewa
Malawi

3. Tapu Anu,
Îles Mortlock (Micronésie)

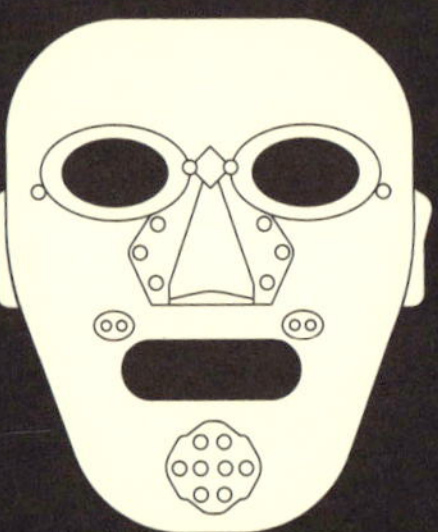

4. Menpō
Japon

5. Nô
Japon

6. Lucha libre
Mexique

7. Galuxwadzuwus
Colombie-Britannique (Canada)

8. Baoulé
Côte d'Ivoire

9. Masque de la honte
Europe

10. Busójárás
Šokci (Hongrie)

11. Lambayeque
Pérou

À TRAVERS LE MONDE, les masques sont portés lors de rites, de cérémonies, à la guerre et dans les arts. **1.** Les masques cérémoniels **Yup'ik**, fabriqués à l'initiative des chamans, représentent un esprit aperçu en rêve. **2.** Au sein de la société Nyau de l'ethnie des **Chewas**, les masques prennent les traits d'humains, d'esprits ou d'animaux. **3.** Les **Tapu Anu** étaient portés par des sociétés secrètes lors de cérémonies rituelles. **4.** Les samouraïs portaient des **menpō**, armures faciales démoniaques, pour effrayer leurs ennemis. **5.** Dans le théâtre **nô**, créé à la fin du XIVe siècle, l'acteur principal joue masqué. **6.** Porté par les *luchadores* (lutteurs) lors des matchs de catch mexicain (***lucha libre***), le masque peut être l'enjeu de certains combats particulièrement violents. **7.** Dans la mythologie amérindienne, le masque de **Galuxwadzuwus** représente une divinité cannibale. **8.** Chez les Baoulé, les masques sont à l'image d'un esprit de la nature. **9.** En Europe, du Moyen Âge au XIXe siècle, les auteurs de larcins étaient exhibés parés d'un **masque** dit « **de la honte** ». **10.** Les masques du peuple slave Šokci sont portés lors du défilé de la **Busójárás**, une fête populaire célébrant la fin de l'hiver. **11.** La richesse des masques funéraires **Lambayeque** dépendait du rang social du défunt. •

Figures impossibles

Nº 41

1. Anneaux borroméens
IIe siècle

2. Cube impossible
1958

3. Triangle de Penrose
1958

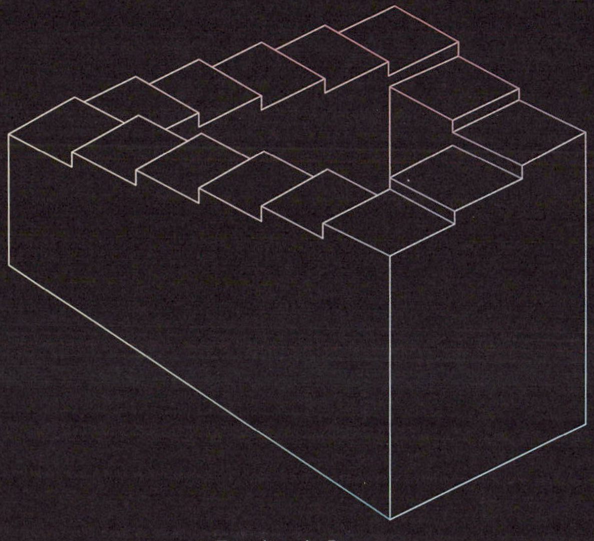

4. Escalier de Penrose
1958

5. Rampe à chute d'eau d'Escher
1961

6. Blivet
1964

CONSTRUCTIONS FICTIVES, contraires aux lois de la physique, les figures impossibles créent un paradoxe, fruit d'une mauvaise interprétation cognitive par le cerveau. Celui qui les regarde les « simplifie » pour les rendre acceptables. L'une des explications proposées par les chercheurs est qu'un observateur cherche à comprendre rapidement une situation banale, même si elle comporte quelques erreurs.

1. Les **anneaux borroméens** sont un entrelacs de trois cercles qui ne peuvent être détachés les uns des autres, même en les déformant. **2.** Le **cube impossible,** dont les arêtes se croisent devant et derrière, a été inventé en 1958 par l'artiste néerlandais Maurits Cornelis Escher. **3.** Décrit en 1958 par le mathématicien Roger **Penrose**, le triangle qui porte son nom représente un objet solide dont les trois côtés sont construits d'un seul tenant. **4.** Conçu par le père de Roger Penrose, l'**escalier de Penrose** fait quatre virages à angle droit et revient à son point de départ. **5.** La **rampe à chute d'eau** a été dessinée par Escher, qui s'est inspiré du triangle de Penrose. **6.** Le **blivet,** aussi appelé « trident à deux dents » ou « fourche du diable », semble être constitué de trois dents cylindriques d'un côté et de deux dents rectangulaires de l'autre. •

Zones mortes

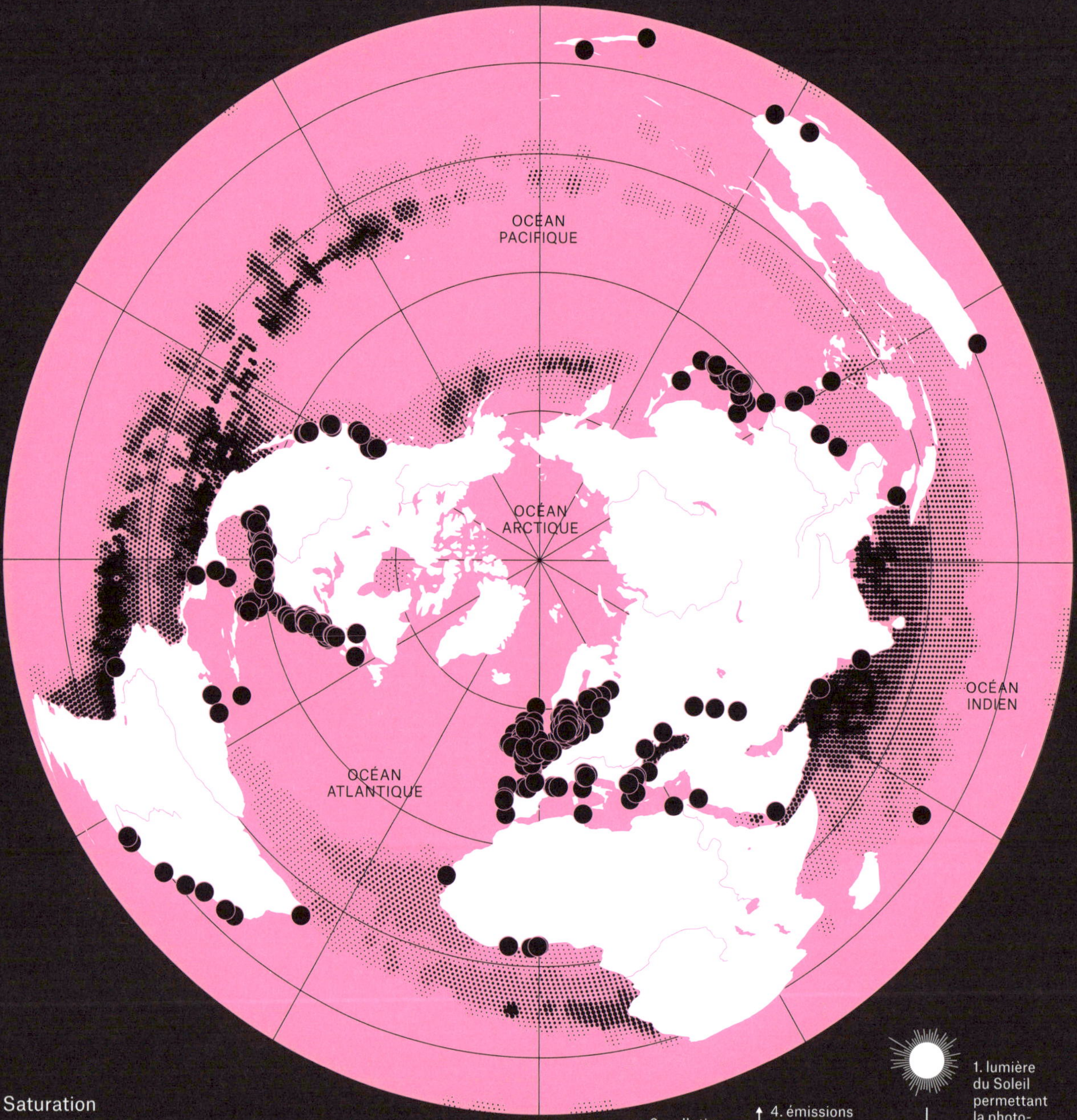

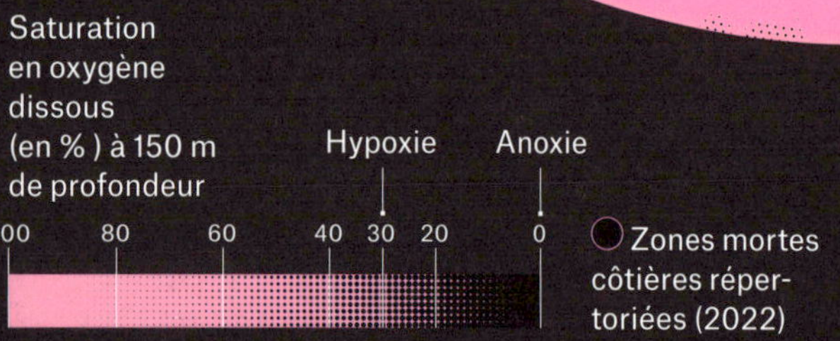

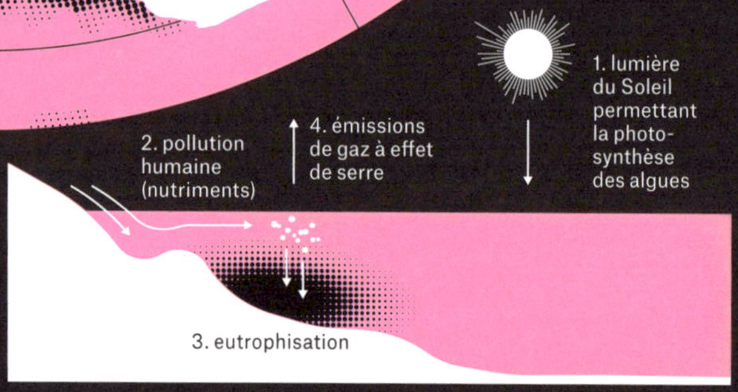

LES EAUX DANS LESQUELLES le taux d'oxygène est si bas que la vie y est rendue impossible sont nommées « **zones mortes** » ou « **hypoxiques** ». La superficie des mers, des océans, des lacs, des estuaires et des mares concernés varie de moins de 1 à plusieurs dizaines de milliers de kilomètres carrés. Privées d'oxygène, la flore et la faune aquatiques sont prises au piège et meurent asphyxiées. Si elles peuvent être naturelles, comme les profondeurs de la mer Noire, la plupart des zones mortes résultent de l'activité humaine, par l'apport excessif en nutriments issu des **pollutions** industrielles ou de l'agriculture intensive. L'azote et le phosphore, par exemple, sont responsables de la prolifération des algues (phénomène d'**eutrophisation**), qui participe à la désoxygénation. Aggravé par le réchauffement climatique, le phénomène s'étend sur les côtes et dans les profondeurs océaniques.

En 2006, un robot sous-marin filme au sud de Newport (États-Unis) un cimetière de crabes morts. Les pêcheurs de la région avaient noté un nombre important de sébastes, de concombres de mer et d'anémones dans des secteurs inhabituels ; ces animaux marins semblaient avoir fui la zone filmée, où la teneur en oxygène avait drastiquement baissé. ●

Radiotélescopes SKAO

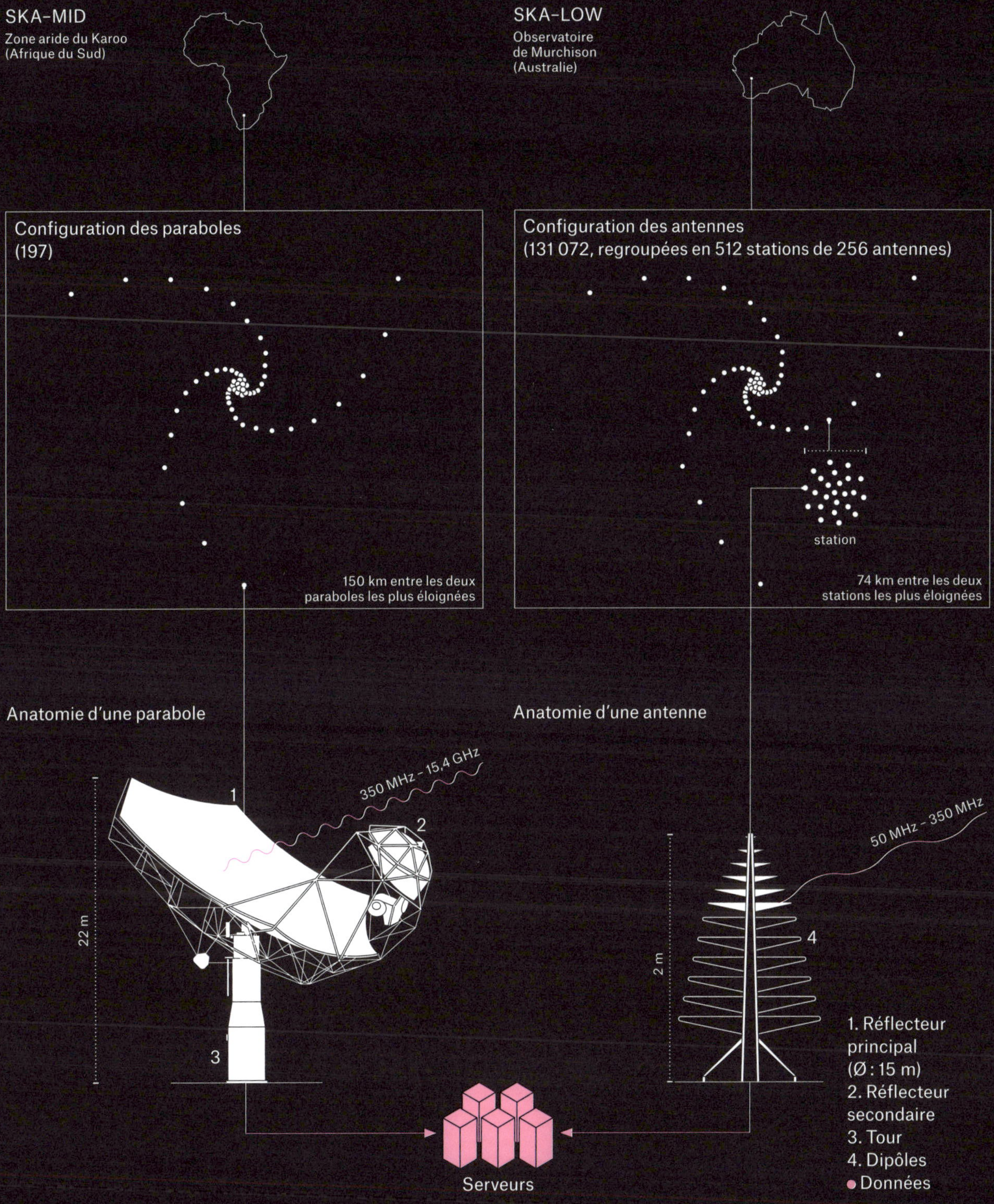

DÈS LES ANNÉES 1980, les scientifiques estiment qu'une surface de 1 km² est nécessaire pour déployer un radiotélescope capable de détecter des rayonnements issus de l'Univers profond ou de rechercher des signaux extraterrestres (→ planche n° 121). Quarante ans plus tard, la nouvelle organisation intergouvernementale pour l'astronomie au sol (SKAO, pour *Square Kilometer Array Observatory*) a la charge de construire les deux plus grands radiotélescopes au monde. L'ensemble gigantesque, réparti sur deux sites, est constitué de près de 200 **paraboles** pour **SKA-MID** en Afrique du Sud, et de 130 000 **antennes** sur 512 stations pour **SKA-LOW** en Australie. Une fois opérationnel, SKAO observera des ondes radio dont la fréquence va de 50 MHz à plus de 15 GHz. Il permettra d'observer des moments très anciens de l'Univers, comme l'aube cosmique – le moment où les premières étoiles et galaxies ont commencé à se former –, dont on estime qu'elle a débuté quelques centaines de millions d'années après le Big Bang (→ planche n° 124). Il s'intéressera aussi aux pulsars, des étoiles à neutrons émettant un rayonnement électromagnétique puissant, et qui peuvent transformer notre galaxie en un détecteur géant d'ondes gravitationnelles. •

Métrologie des poussières

COMPARAISON, EN COUPE, DES TAILLES DE MATIÈRES PARTICULAIRES (PM)

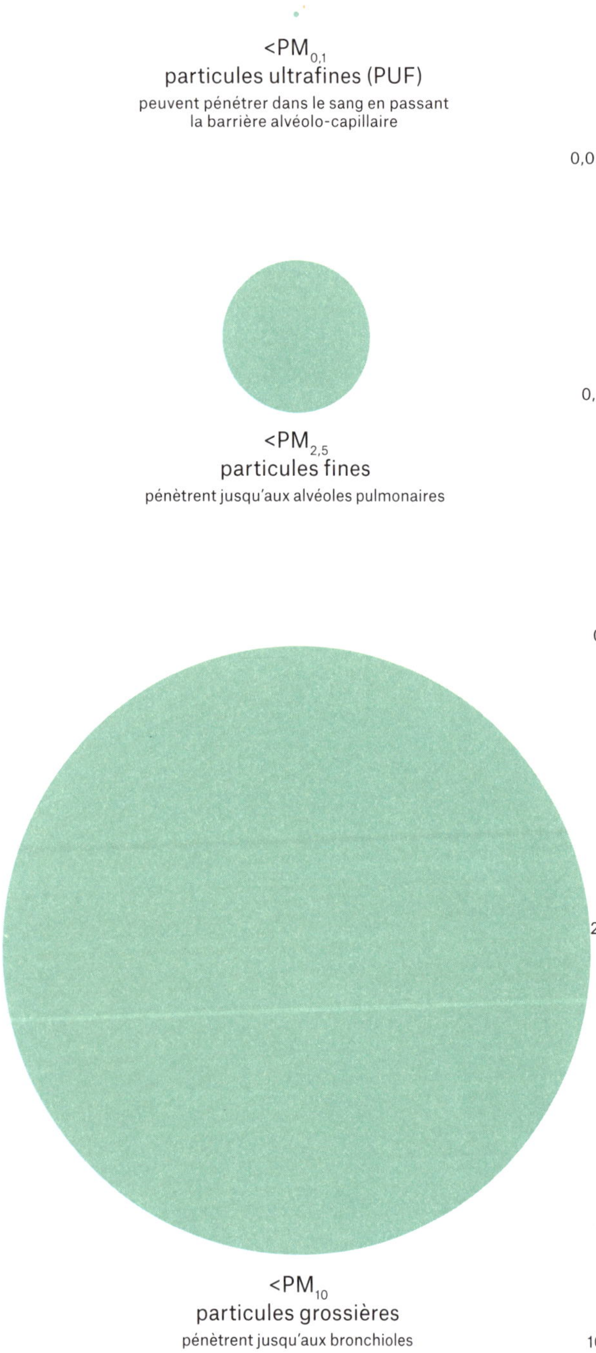

CLASSIFICATION DES MATIÈRES PARTICULAIRES SELON LEURS TAILLES (en micron)

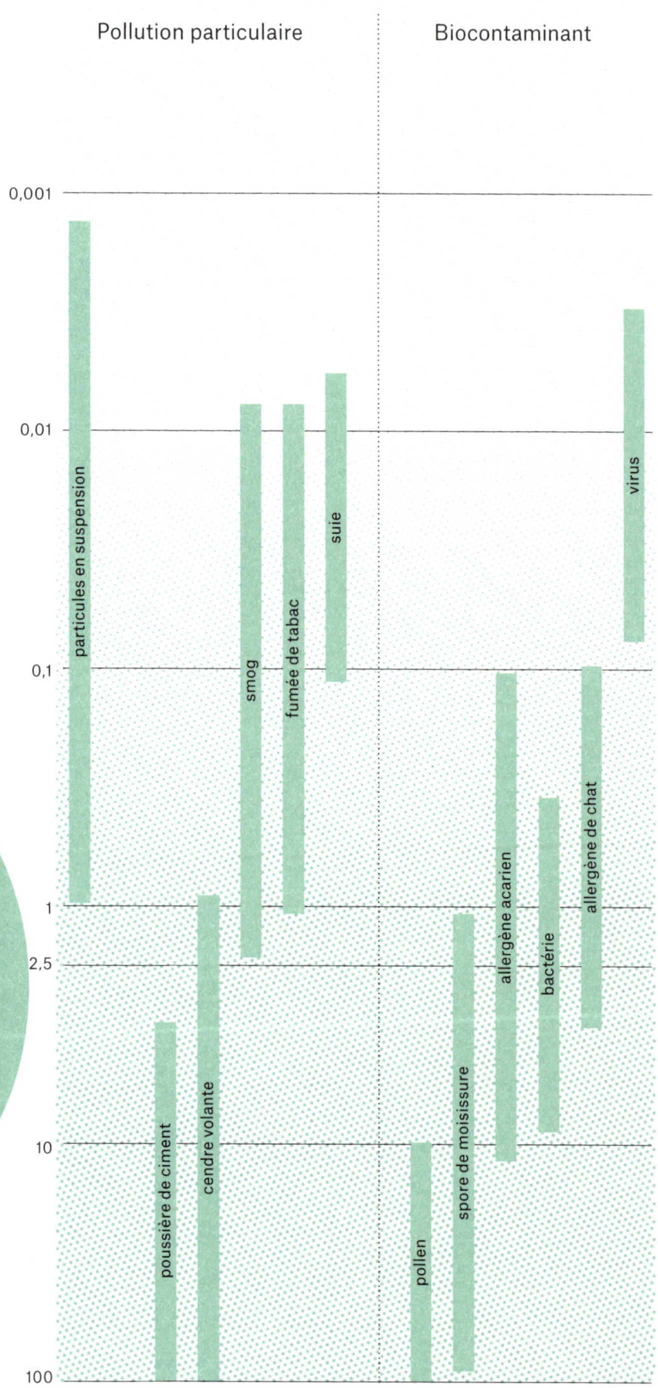

LE TERME TECHNIQUE pour désigner les poussières est « **matières particulaires** » (**PM**) ou « aérosols atmosphériques ». Elles peuvent provenir de phénomènes naturels, comme les éruptions volcaniques, l'érosion des sols, les feux de forêt (→ planche n° 4) ou les tempêtes de sable. La calima, par exemple, nuage chaud venu du Sahara et s'élevant jusqu'à 6 000 mètres d'altitude, transporte du sable et de la poussière du désert jusqu'en Europe, colorant le ciel d'impressionnantes teintes orangées. Elles peuvent aussi être le fruit d'activités humaines, telles que la pollution associée au trafic routier ou la combustion industrielle (le **smog**, ce brouillard mêlé de poussière de charbon, dont les plus grands pics ont engagé les premières recherches étudiant leurs conséquences sur la santé). Classées selon leur **taille**, les poussières affectent l'environnement, et la santé dès lors qu'elles peuvent atteindre les voies respiratoires, jusqu'aux bronchioles pour les **PM_{10}** ou aux alvéoles pulmonaires pour les **$PM_{2,5}$**. L'OMS ayant établi que les $PM_{2,5}$ causent plus de 4 millions de morts par an en provoquant des maladies cardiovasculaires, des cancers, etc., des politiques sont déployées pour réduire les sources humaines de poussières. ●

Stockage des déchets radioactifs

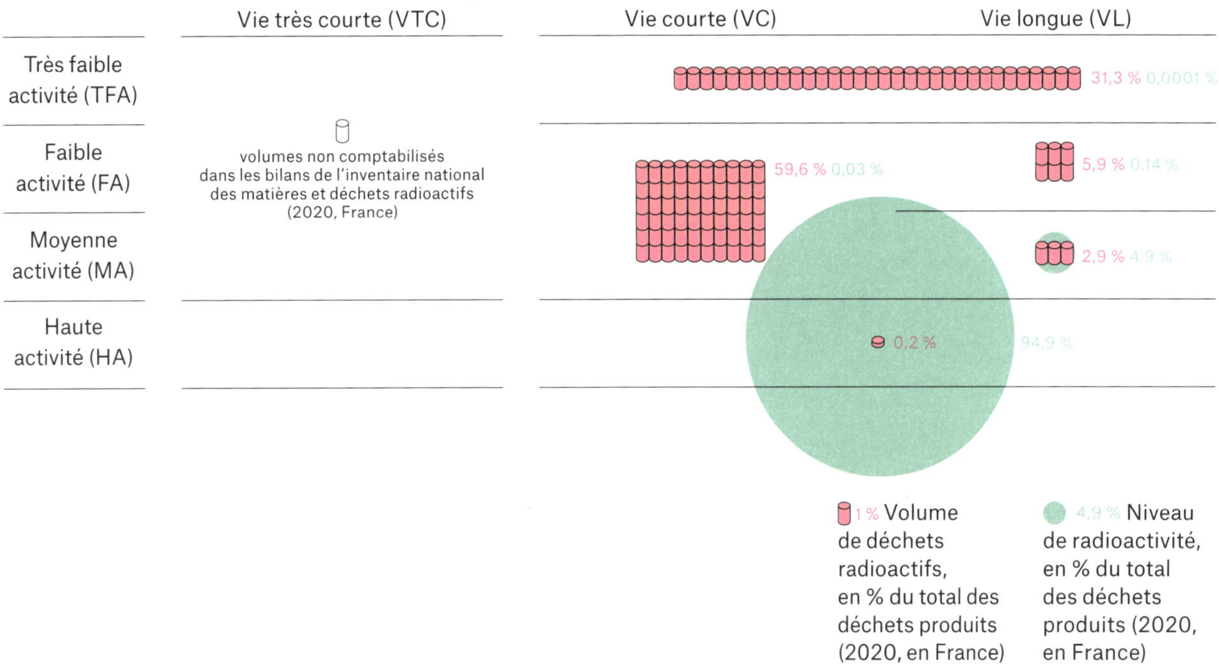

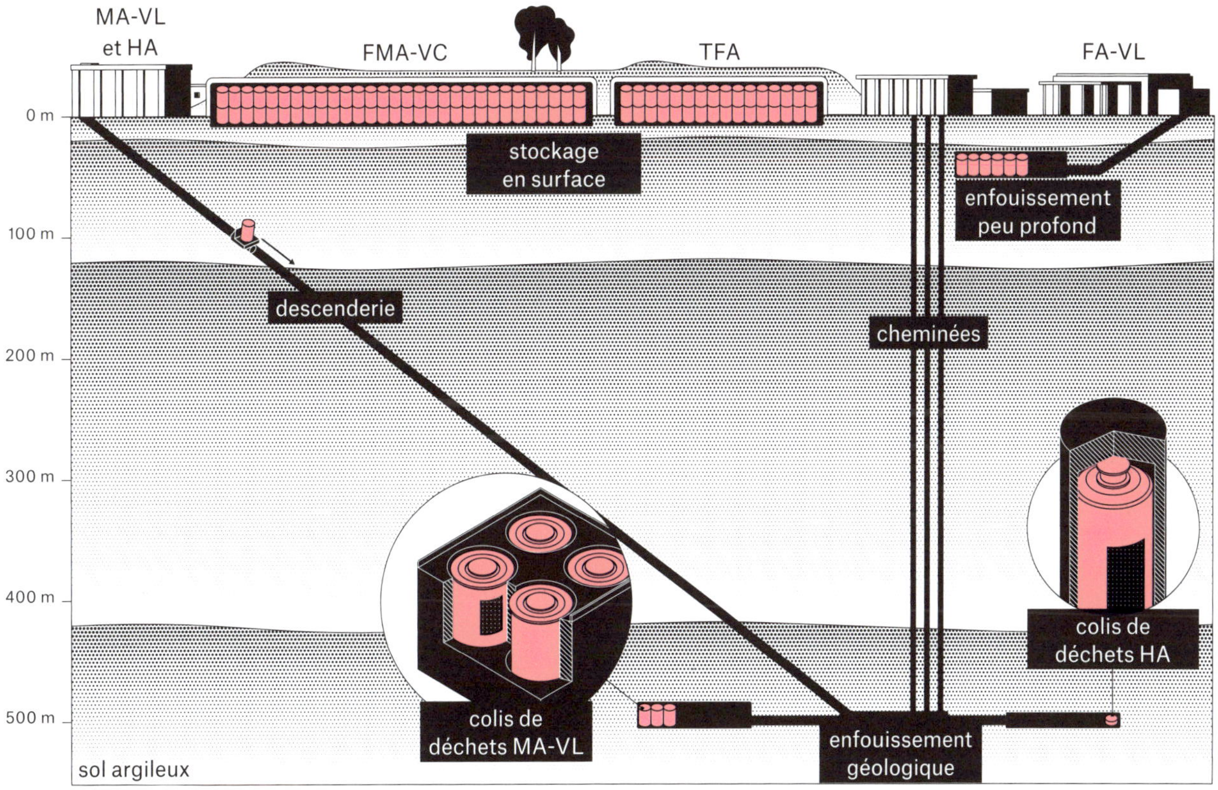

MAJORITAIREMENT PRODUITS par l'industrie nucléaire, les déchets radioactifs sont classés selon la durée (vie) et l'intensité (activité) de leur radioactivité. Les déchets de très faible activité (**TFA**) sont stockés sous une couche d'argile (**stockage de surface**). Ceux de faible et moyenne activité à vie courte (**FMA-VC**) sont incinérés, fondus, enrobés ou compactés, puis placés dans des conteneurs en métal ou en béton, stockés également en surface. En revanche, les déchets de haute activité à vie longue (**HA-VL**), dangereux pendant plusieurs centaines de milliers d'années, nécessitent des mesures de protection à long terme. L'**enfouissement** dans des couches **géologiques** très profondes s'est peu à peu imposé, étant considéré comme plus « sûr ». Néanmoins, cette solution soulève de nombreuses questions logistiques, environnementales et éthiques. Par exemple, comment signaler l'existence et la dangerosité de ces lieux de stockage aux générations futures ? Si différents moyens ont été trouvés pour maintenir la mémoire de ces enfouissements, le risque demeure. Dans 100 000 ans, qu'en sera-t-il de la compréhension des pictogrammes, des notices, des avertissements ou de l'état des supports (papiers, métaux, etc.) servant à signaler la présence de tels déchets ? •

Objets célestes

GALAXIES

Irrégulière

Petit Nuage de Magellan
(Ø : 3 500 années-lumière)

Elliptique

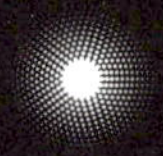

M87
(Ø : 60 000 années-lumière)

Lenticulaire

M104 (galaxie du Sombrero)
(Ø : 94 900 années-lumière)

Spirale

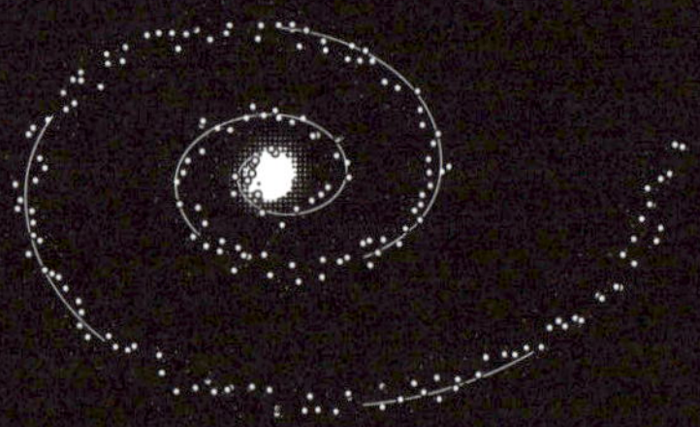

Andromède
(Ø : 110 000 années-lumière)

Spirale barrée

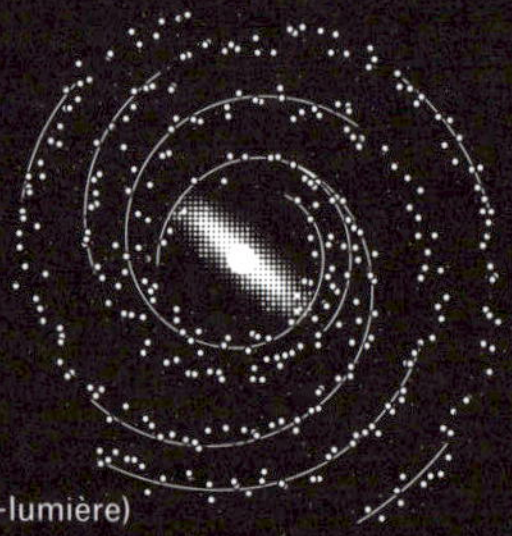

Voie lactée
(Ø : 52 850 années-lumière)

ÉTOILES

Évolution de l'étoile

Étoile naine

Soleil (Ø : 696 340 km)

Étoile géante

Bellatrix (Ø : 4 millions de km)

Étoile supergéante

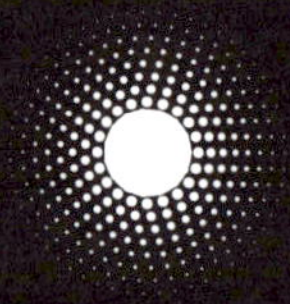

Rigel (Ø : 54,89 millions de km)

Étoile hypergéante

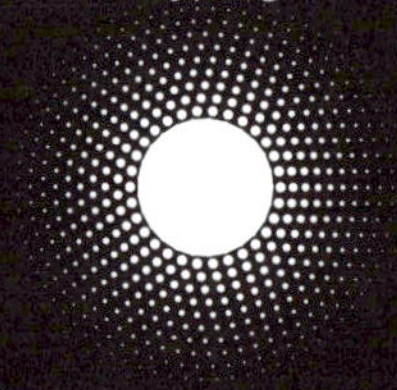

VY Canis Majoris
(Ø : 987,89 millions de km)

Mort de l'étoile

Trou noir

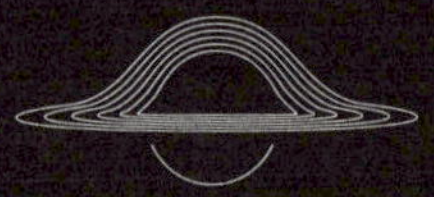

Sagittarius A*
(Ø : 22 millions de km)

Naine blanche

Sirius B
(Ø : 5 843,9 km)

Pulsar

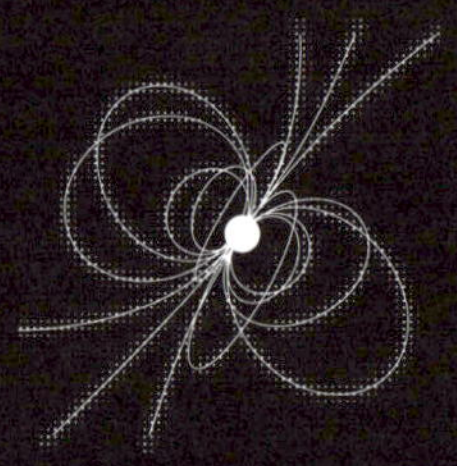

Pulsar du Crabe
(Ø : 20 km)

Reste stellaire

Naine brune

Gliese 229 B
(Ø : 83 484 km)

Nébuleuse planétaire

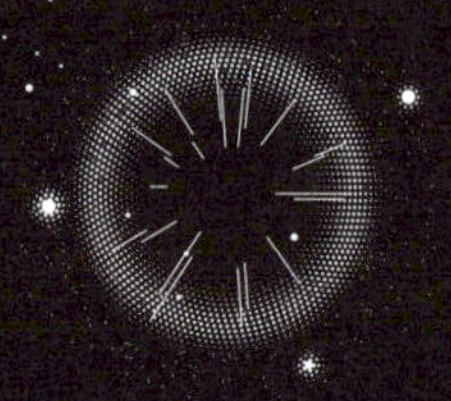

Nébuleuse de l'Hélice
(Ø : 2,87 années-lumière)

« HORIZON COSMOLOGIQUE », c'est l'expression pour définir la frontière de l'Univers observable. Composé d'objets célestes nombreux et variés, ce dernier mesure 100 milliards d'années-lumière. Au-delà, on ne peut qu'émettre des hypothèses quant à sa finitude. Au sein de cet Univers connu s'organisent 2 000 milliards de **galaxies**. Formées de nombreuses **étoiles** (70 000 milliards de milliards en tout dans l'Univers) et de **planètes**, et contenant souvent un trou noir en leur centre, elles peuvent prendre différentes formes – spirale, lenticulaire, elliptique, irrégulière. Les étoiles y naissent, grossissent et meurent, laissant derrière elles des restes stellaires. Autour de ces étoiles peuvent se former des planètes, qui tournent en orbite – 5 069 confirmées en 2022 : telluriques si elles sont faites de roches et de métal ; gazeuses et plus grosses lorsqu'elles sont composées d'hélium et d'hydrogène ; glacées quand elles contiennent du méthane et de l'ammoniac. En dehors du Système solaire, on les appelle « exoplanètes ». Mais le bestiaire d'objets célestes, plus petits ou non rattachés à un système planétaire ou stellaire, est encore vaste : ils sont caractérisés selon leur localisation – « transneptuniens » si leur orbite est au-delà de celle de Neptune – ou leur taille – planètes naines ou mineures, centaures…

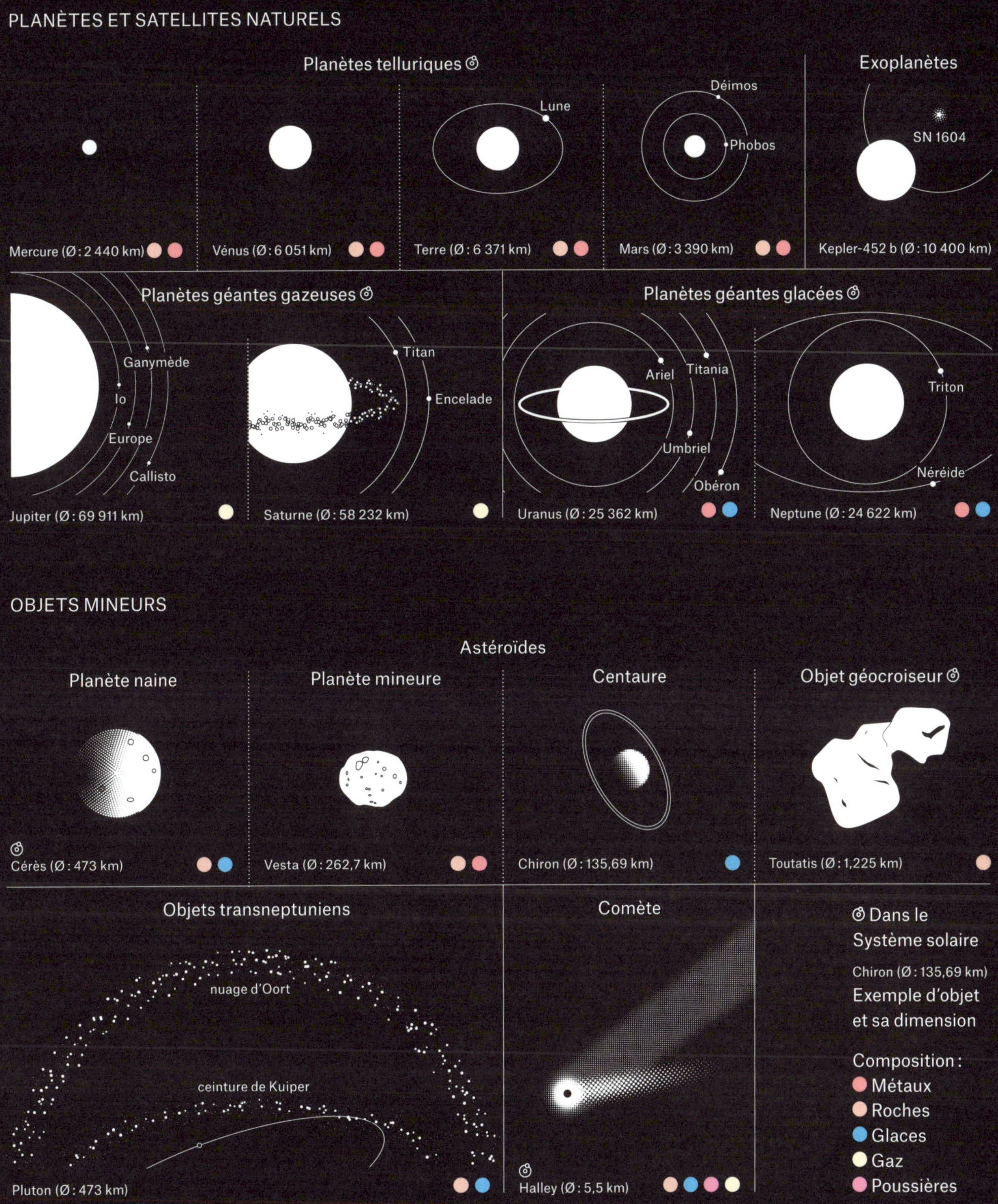

« L'espace infini est peuplé d'étoiles sans nombre ; notre Soleil en est une. Des mondes obscurs circulent autour de ces étoiles ; notre Terre est l'un de ces mondes innombrables. Ainsi s'altèrent les grandeurs qui nous surpassent le plus ; lorsque nous le regardons en face de l'infini, bientôt notre monde, avec tout ce qui lui appartient, s'efface et disparaît. Mais un fait opposé se manifeste et se développe en même temps : c'est que l'infini, qui tout à l'heure nous paraissait parsemé de points brillants insaisissables, devient une demeure immense, spacieuse et sans bornes, où mille soleils planent. »

Camille Flammarion, *Études et lectures sur l'astronomie,* tome 1, 1867-1880 •

Révolutions scientifiques

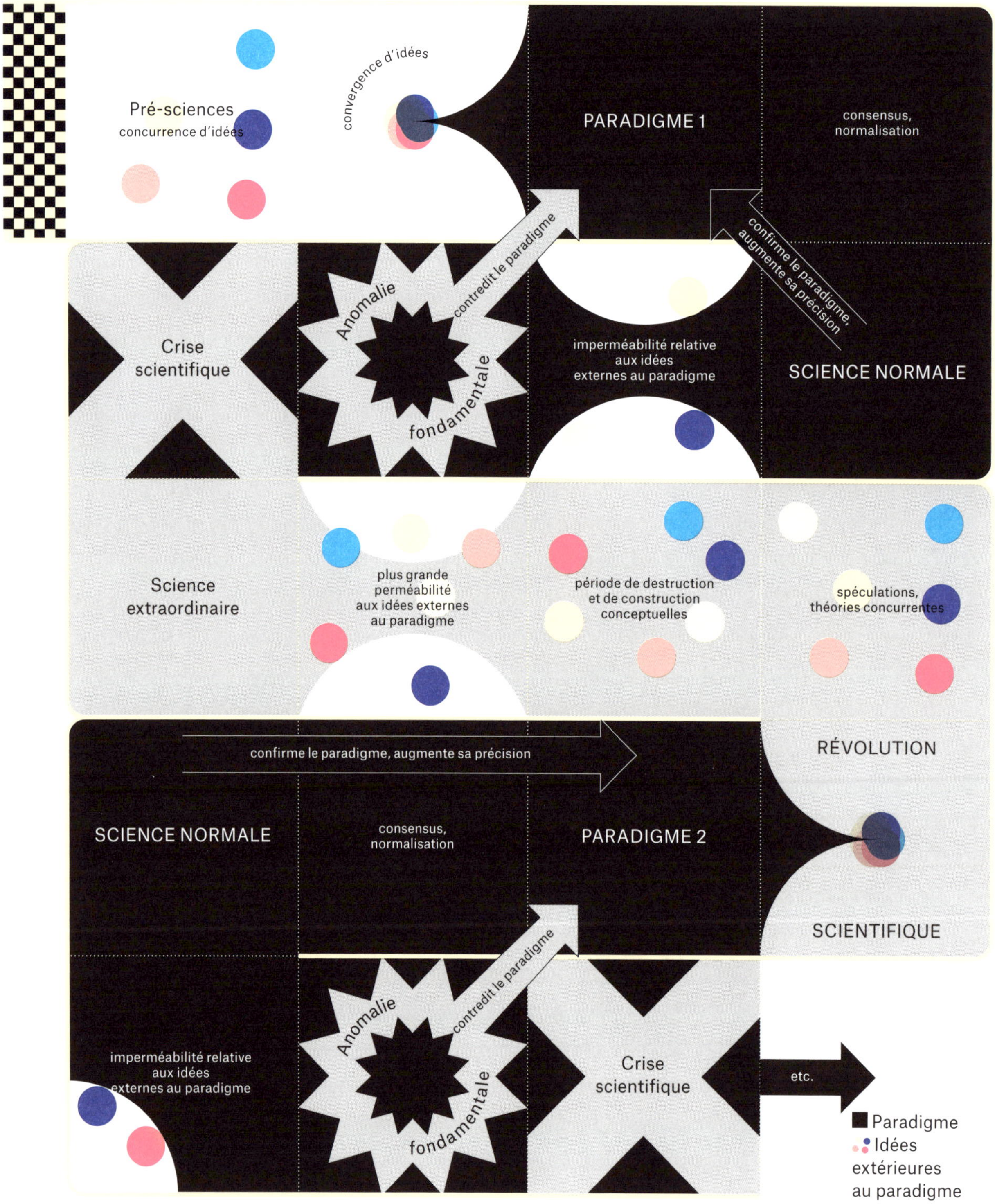

LE PHILOSOPHE DES SCIENCES américain Thomas Kuhn postule, dans *La Structure des révolutions scientifiques* (1962), que l'évolution des théories scientifiques est le produit d'une dynamique discontinue organisée en deux grandes phases alternatives : la **science normale** et la **science extraordinaire**. Il définit le **paradigme** comme le cadre de pensée qui permet aux scientifiques de tester, de renforcer ou d'infirmer des **idées**. Lorsque sont mises au jour un trop grand nombre d'**anomalies** – défaut des applications du paradigme initial ou théories concurrentes –, la science bascule dans une **révolution** qui amène à un nouveau paradigme. Par exemple, l'observation par les télescopes a permis d'adopter la théorie d'un Univers en expansion, consacrant ainsi le terme de Big Bang (→ planche n° 124). Celui-ci avait été employé ironiquement par Fred Hoyle, physicien britannique, qui préférait le modèle de l'état stationnaire, c'est-à-dire un Univers éternel et immuable. Autre révolution, au XVIe siècle, Copernic défendait l'idée selon laquelle la Terre tourne autour du Soleil, contre l'opinion alors admise que la Terre était immobile au centre de l'Univers. Selon Thomas Kuhn, un changement de paradigme ne correspond pas seulement à une évolution de la science, mais aussi à un changement de vision du monde. •

Entropie

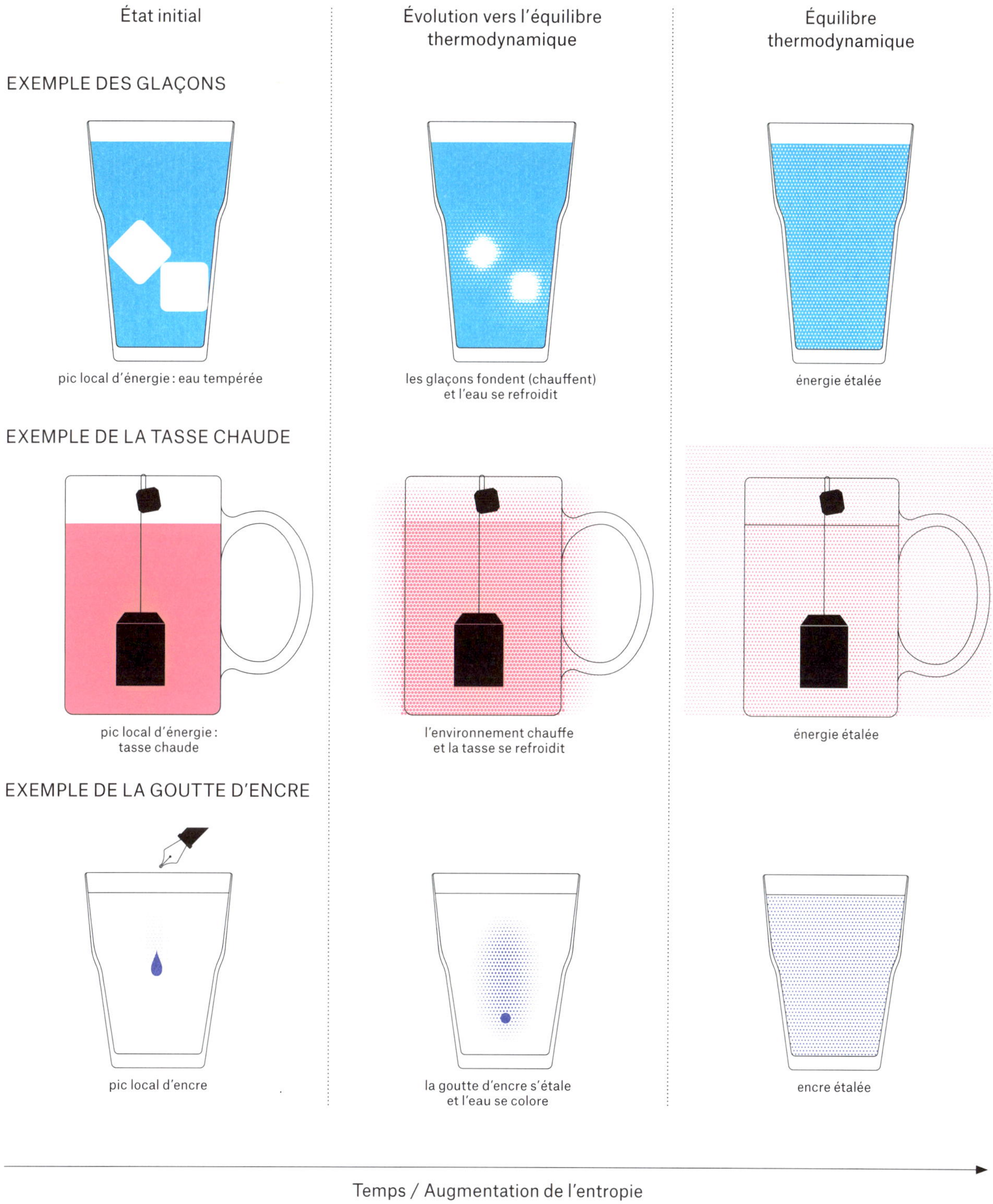

« C'EST À DESSEIN QUE J'AI FORMÉ CE MOT "entropie", de manière qu'il se rapproche autant que possible du mot "énergie" ; car ces deux quantités ont une telle analogie dans leur signification physique qu'une analogie de dénomination m'a paru utile. » Cette citation du physicien allemand Rudolf Clausius (1822-1888), l'un des pères de la **thermodynamique**, montre les enjeux liés à ce domaine de la physique qui s'intéresse aux transferts d'**énergie** et à ses impacts sur les propriétés de la matière. L'entropie est une grandeur qui rend compte du degré de désorganisation d'un système, c'est-à-dire de « dispersion » de l'énergie. Clausius a introduit cette grandeur dans le cadre de la deuxième loi de la thermodynamique : l'entropie d'un système fermé ne peut jamais diminuer. Ainsi, dans l'Univers – qui peut être considéré comme un système fermé –, l'entropie augmente. Cela signifie aussi que la chaleur ne peut jamais passer de façon spontanée d'un corps **froid** à un corps **chaud** et que les phénomènes physiques sont irréversibles. L'augmentation de l'entropie est donc liée à la **flèche du temps**. Si l'on filme un objet qui se brise ou un œuf qui cuit, la vidéo, quand elle est vue « à l'envers », perd son sens physique. ●

N° 49

Orientation au compas magnétique

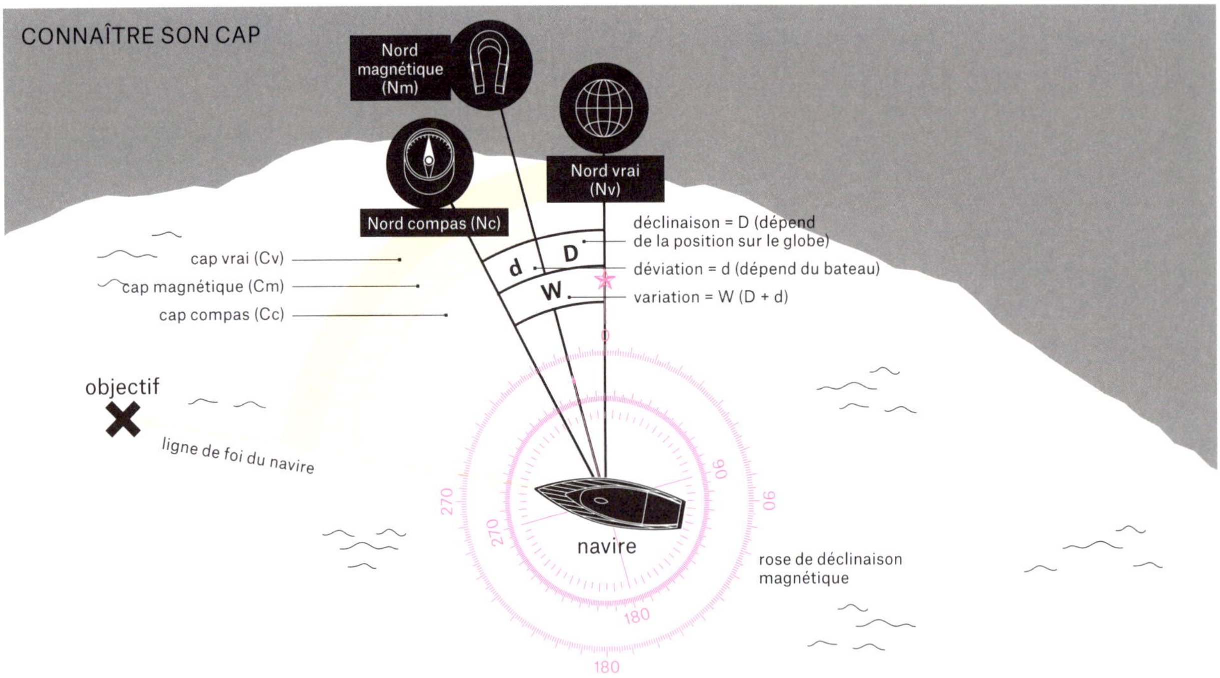

Cap vrai (Cv) = Cap compas (Cc) + Déclinaison (**D**) + Déviation (**d**)

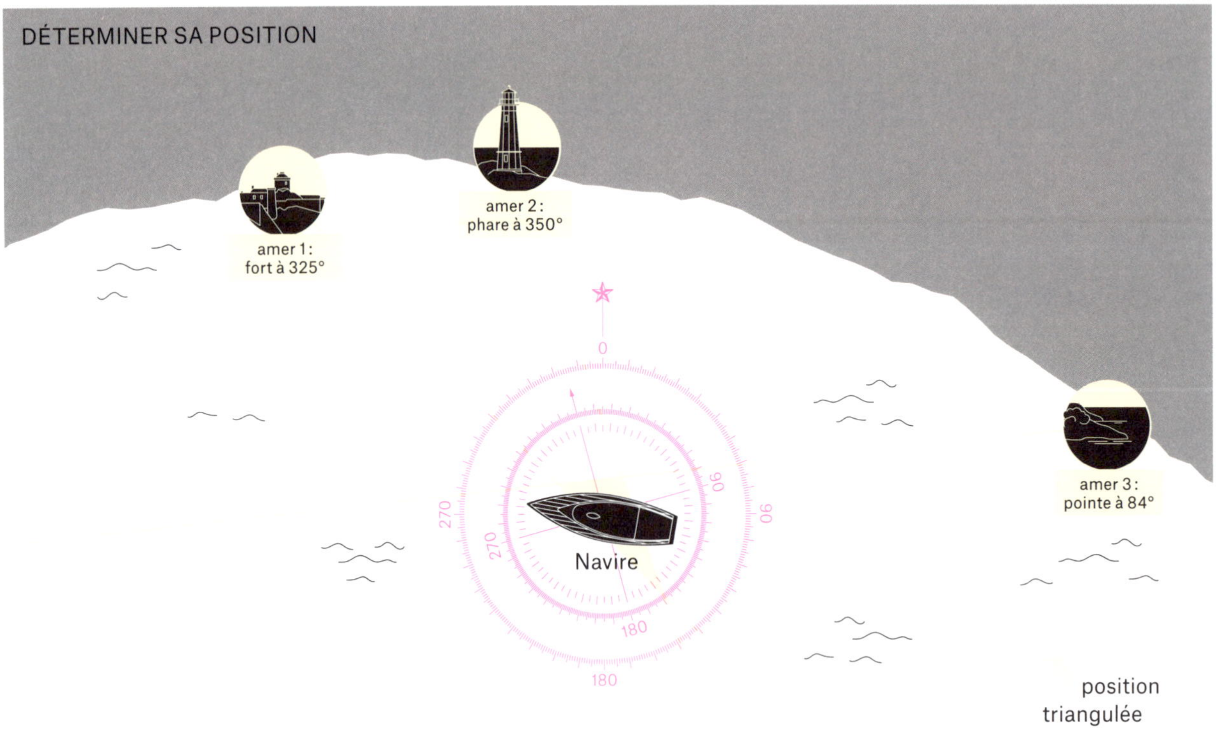

INDISPENSABLE À LA NAVIGATION, le compas magnétique a pour principale fonction d'indiquer le nord grâce à une aiguille aimantée, attirée par le champ magnétique terrestre. Sur une carte marine, plusieurs « nords » coexistent. Le **nord compas** (Nc) est décalé du **nord magnétique** (Nm) (→ planche n° 97), donné par une boussole, lui-même décalé du **nord vrai** (Nv) – ou nord géographique –, correspondant à l'axe de rotation de la Terre. Pour **déterminer un cap**, les marins doivent tenir compte de la « **déclinaison** » – écart entre le nord vrai et le nord magnétique –, indiquée sur les documents nautiques et qui dépend de la position du bateau sur le globe. Faible en Bretagne – 1 à 2° vers l'ouest –, elle atteint 14° vers l'ouest en Guadeloupe et jusqu'à 50° vers l'ouest dans le sud de l'océan Indien. Les marins doivent également utiliser la « **déviation** », une donnée induite par les masses métalliques du bateau lui-même, mesurée par une « régulation du compas ». La somme de la déclinaison et de la déviation donne alors la « **variation** », nécessaire pour corriger les données du compas magnétique et déterminer son **cap vrai** (Cv). Le relevé de l'angle de trois **amers** – repères fixes sur la côte – par rapport au nord vrai permet de **connaître sa position** sur une carte. ●

Organe de l'équilibre

OREILLE INTERNE

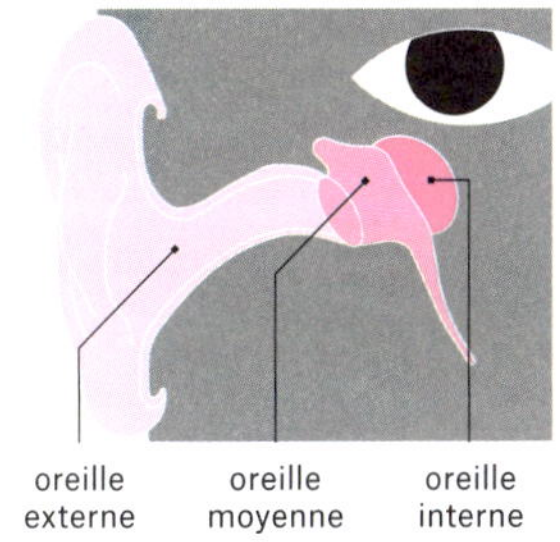

Localisation

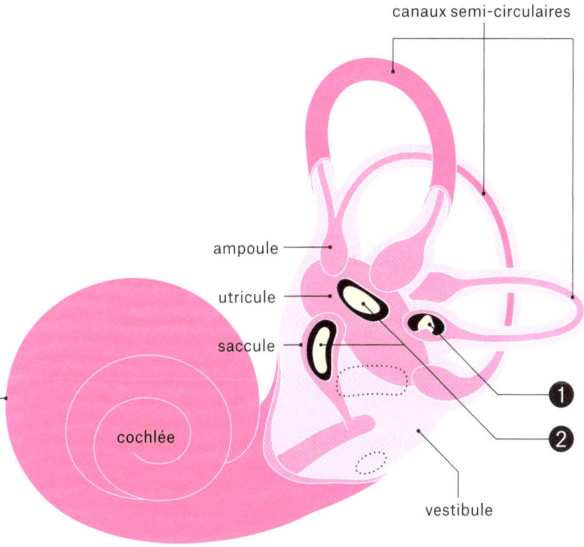

Anatomie

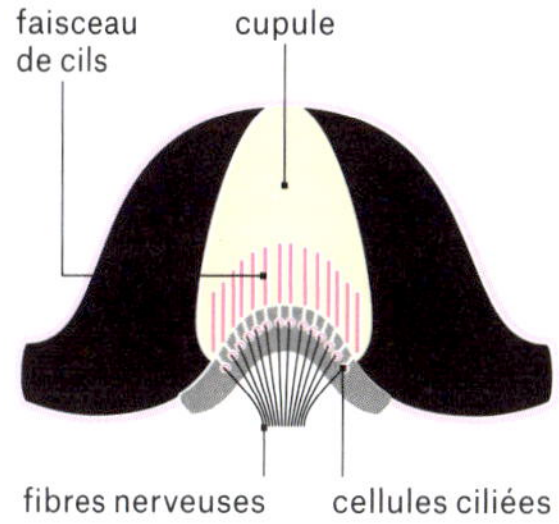

1. Crête

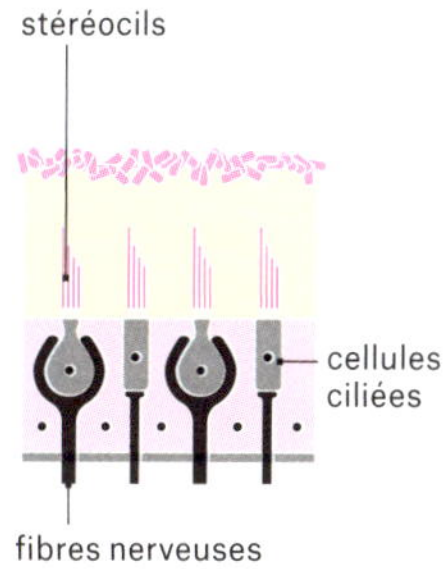

2. Macule

SYSTÈME VESTIBULAIRE (orientation spatiale)

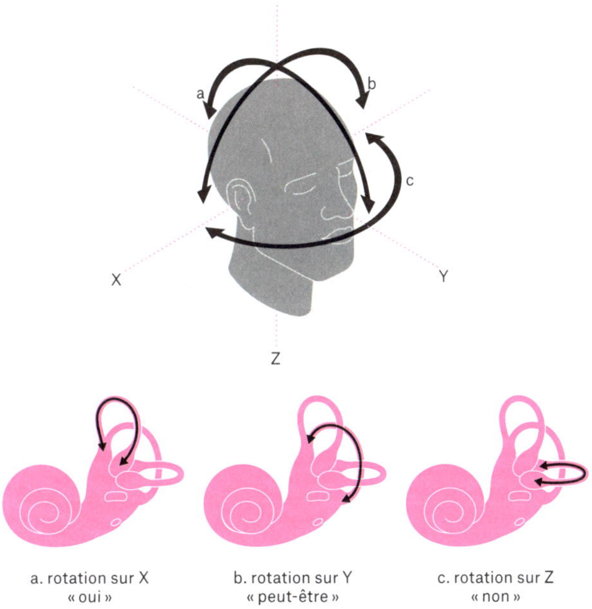

Perception des mouvements de rotation de la tête

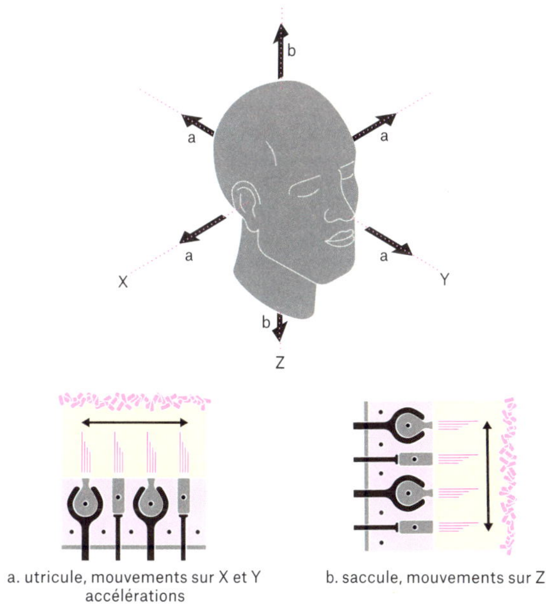

Perception des mouvements linéaires de la tête

ORGANE SENSORIEL, le **système vestibulaire** de l'**oreille interne** permet de stabiliser l'image de ce qui nous entoure lors d'un mouvement de la tête ou du corps. Sorte de GPS interne, on l'appelle « appareil » ou « organe de l'équilibre », complémentaire de l'action des yeux, de la peau, des muscles ou des capteurs nerveux des articulations. Il est constitué des cavités vestibulaires – l'**utricule** et le **saccule** – ainsi que de trois **canaux semi-circulaires**. Au sein de ces canaux, un fluide – l'endolymphe – se déplace en fonction des **mouvements de rotation de la tête**. Il transmet ce mouvement aux **cils** sensoriels situés dans les **crêtes**. Les cils des cavités vestibulaires, situés dans les **macules**, perçoivent et transmettent les **mouvements linéaires**. Pour réguler l'équilibre et la posture du corps, le cerveau reçoit les informations de façon redondante de la part des différents organes sensoriels. Si les signaux sont discordants, il choisira l'information la plus fiable. Il peut cependant arriver que l'écart soit trop important, comme dans le cas du mal des transports où la vision et l'oreille interne font remonter des informations contradictoires. Certaines maladies, un accident ou l'âge peuvent endommager cet organe fragile, provoquant étourdissements, vertiges et vision floue. •

Cycles solaires

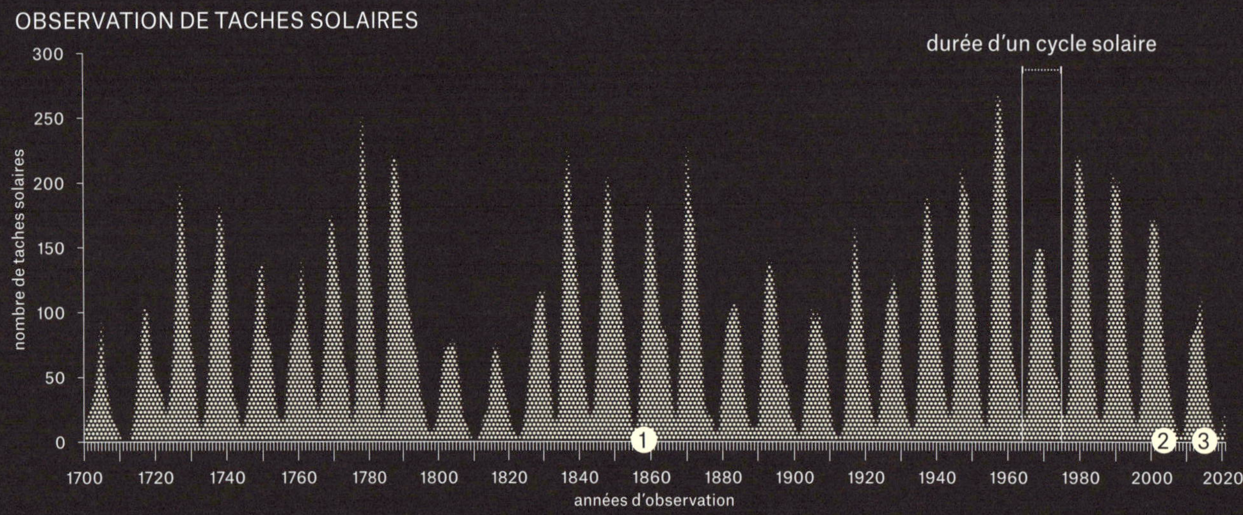

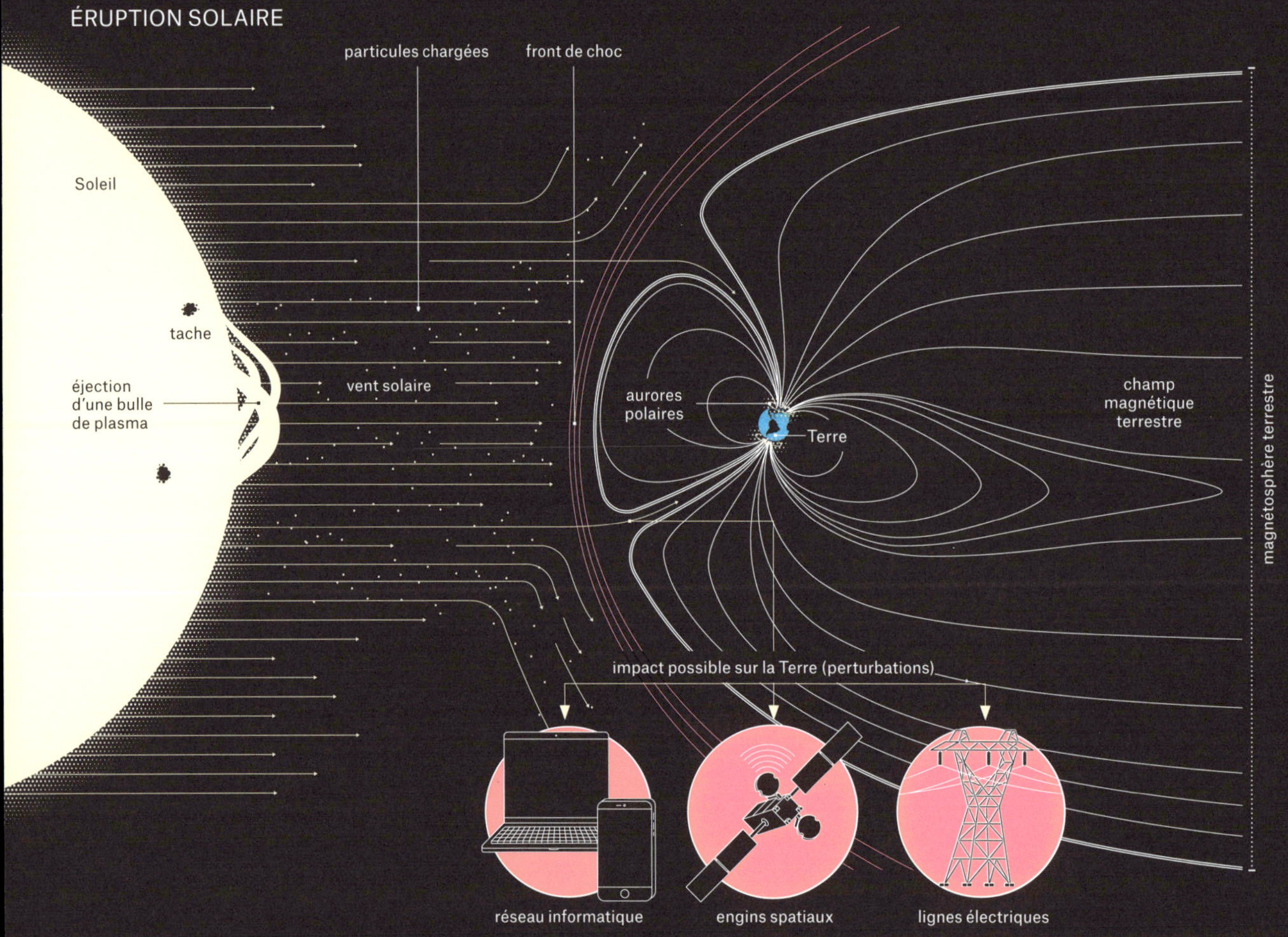

LES ÉVÉNEMENTS OBSERVÉS à la surface du Soleil se reproduisent régulièrement : la variation en nombre et en surface des **taches solaires** ainsi que la fréquence des **éruptions solaires** ont permis de mettre en évidence l'existence de **cycles solaires**, d'une durée moyenne de 11,2 ans. Les taches solaires – zones de température plus basse mais de forte activité magnétique – sont facilement observables, car elles forment des zones sombres à la surface de l'astre. En Europe, des statistiques les concernant sont enregistrées depuis le XVIIe siècle. Les éruptions, quant à elles, sont dues à l'éjection d'une immense bulle de plasma solaire, qui engendre une accélération du **vent solaire**. Lors d'un tel événement, la vitesse de ce flux de particules chargées, qui frappe la Terre à 450 km/s en moyenne, augmente jusqu'à 2 500 km/s. Si la présence de la **magnétosphère** (→ planche nº 97), bulle de protection créée par le champ magnétique terrestre, dévie fortement les particules au niveau du **front de choc**, les effets de ces éruptions se font parfois sentir – aurores polaires visibles jusqu'à Hawaï et Singapour **(1)** ; orages magnétiques intenses capables de perturber le trafic aérien **(2)**. La NASA évoque même une « gigantesque tempête solaire » à laquelle la Terre aurait échappé de peu en 2012 **(3)**. •

Éruptions volcaniques

TYPES D'ÉRUPTIONS

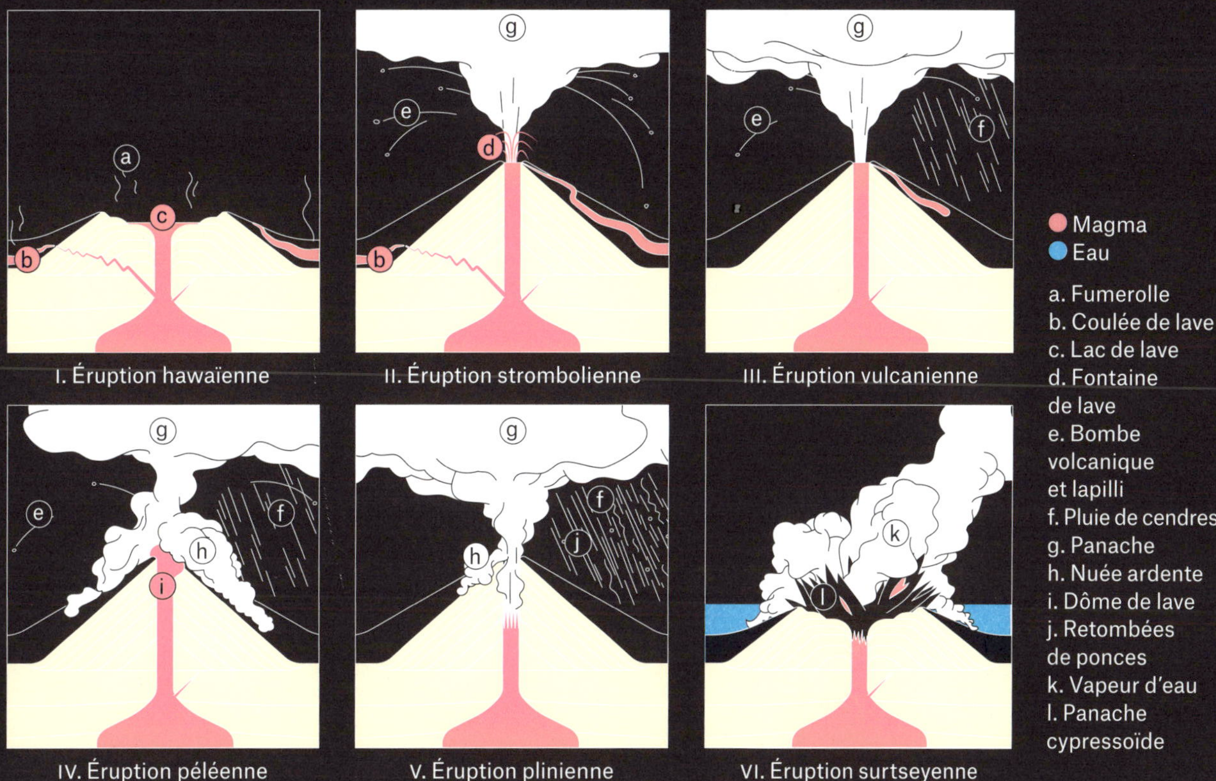

INDICE D'EXPLOSIVITÉ VOLCANIQUE

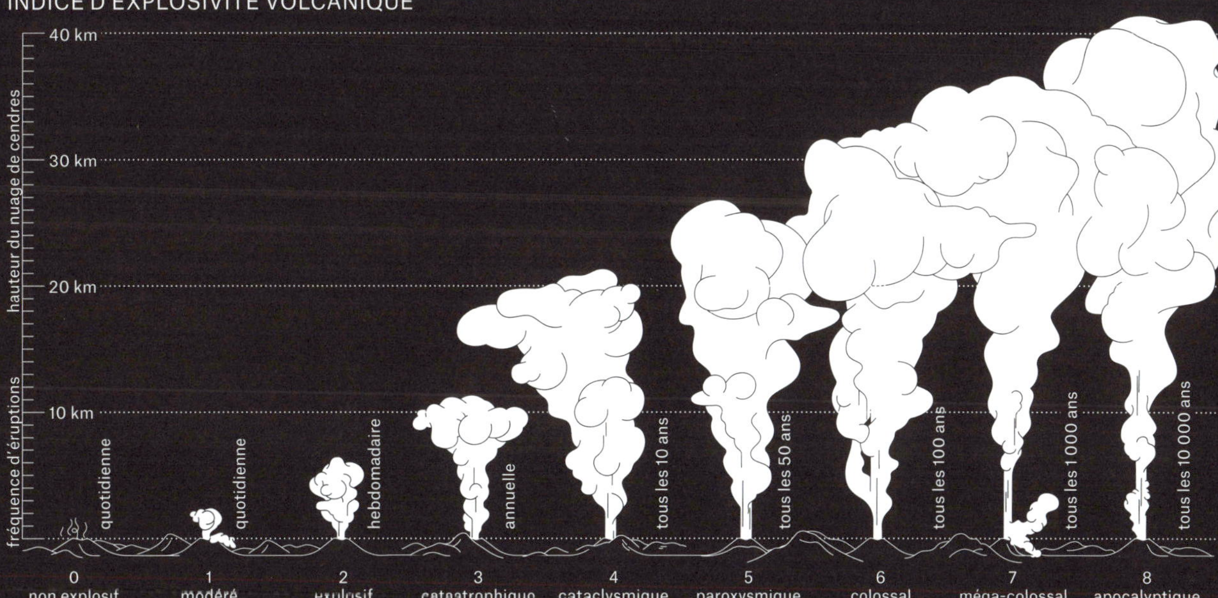

DEPUIS DES MILLIARDS D'ANNÉES, les éruptions volcaniques façonnent les paysages de la surface de la Terre et de ses fonds marins. Pour comprendre leur fonctionnement et en prévoir les conséquences sur l'environnement ou les sociétés humaines, la volcanologie propose un premier type de classification des **activités éruptives**, selon qu'elles sont **effusives** – émission de lave fluide en coulée (**I** et **II**) – ou **explosives** (**II** à **VI**) – émissions de particules (cendres, blocs, bombes) dans l'atmosphère. D'autres catégories plus fines, nommées pour la plupart selon des zones géographiques volcaniques, servent à décrire un **type d'éruption**. Elles ne caractérisent pas le comportement d'un volcan en particulier, car les volcans évoluent et chacune de leurs activités éruptives est unique.

Les différentes éruptions peuvent également être classées selon leur **explosivité**, qui dépend du volume de matériaux éjectés et de la hauteur du nuage de cendres. L'éruption en 1991 du Pinatubo (Philippines) avait un indice d'explosivité volcanique de 6, ce qui en fait l'éruption la plus violente des cent dernières années. Cet événement a d'ailleurs eu des répercussions sur le climat mondial pendant plusieurs années. •

HYPOTHÈSE EXOGÈNE

1. Composition du noyau d'une comète de type 103P/Hartley

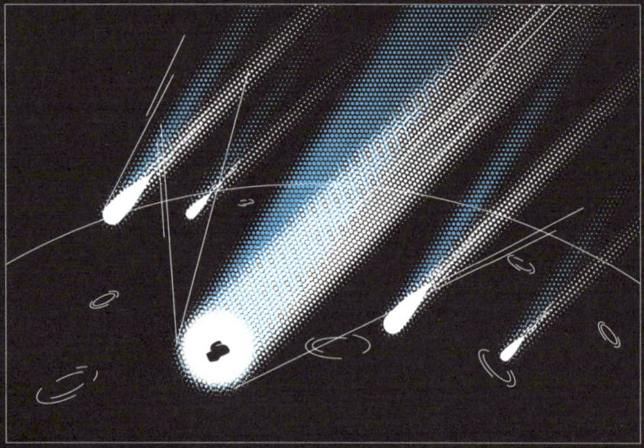

2. Écrasement de comètes sur Terre

3. Composition des océans

HYPOTHÈSE ENDOGÈNE

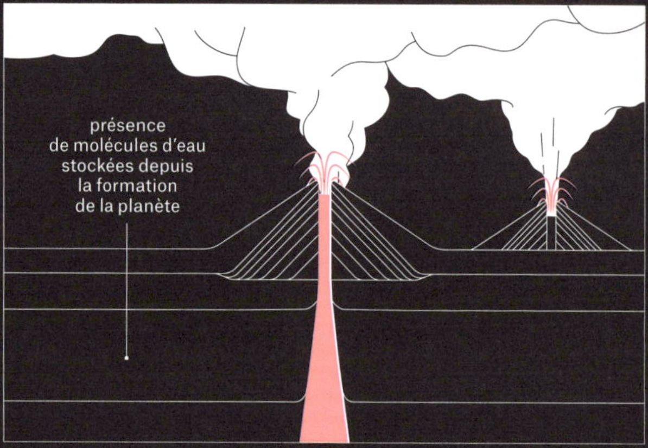

1. Dégazage du manteau terrestre

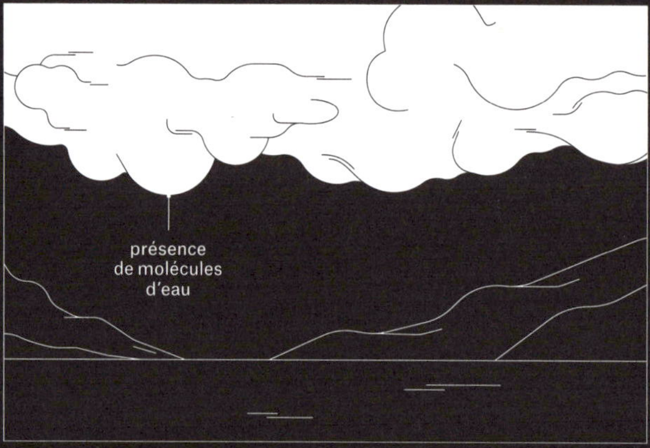

2. Couche nuageuse

3. Déluge créant les océans

LA TERRE EST LE SEUL ASTRE connu où l'eau est présente sous forme liquide et stable. Mars, et peut-être Vénus, auraient également connu des époques où l'eau coulait à leur surface. D'où vient l'eau sur Terre ? Deux hypothèses prévalent. L'**hypothèse exogène** soutient que l'eau trouve sa source dans des éléments extraterrestres : des **comètes** (→ planche n° 77) ou des météorites (→ planche n° 3), composées en grande partie d'eau sous forme de glace, auraient percuté la Terre il y a 4,4 milliards d'années, formant les océans. L'**hypothèse endogène** propose un processus interne à la Terre : au moment de sa formation, un volcanisme important aurait permis à des **gaz** et à de l'eau sous forme de vapeur de s'échapper dans l'atmosphère. Un **déluge** de pluies se serait ensuite abattu, permettant l'apparition des océans. Une combinaison de ces deux facteurs pourrait avoir eu lieu.

Une cellule vivante étant composée en grande partie d'eau, les astrophysiciens déploient d'immenses efforts pour rechercher cet élément dans l'Univers : trouver de l'eau liquide, c'est trouver la vie. « La mer est tout ! [...] C'est par la mer que le globe a pour ainsi dire commencé, et qui sait s'il ne finira pas par elle ! », s'enthousiasmait le capitaine Nemo dans le roman de Jules Verne *Vingt Mille Lieues sous les mers*. •

Aqueducs

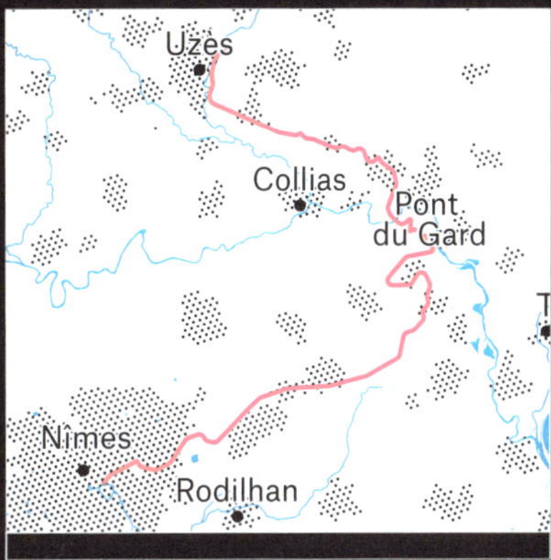

1. Aqueduc de Nîmes
France 40-50

2. Aqueduc de Ségovie
Espagne 100

3. Aqueduc de Carthage
Tunisie 122

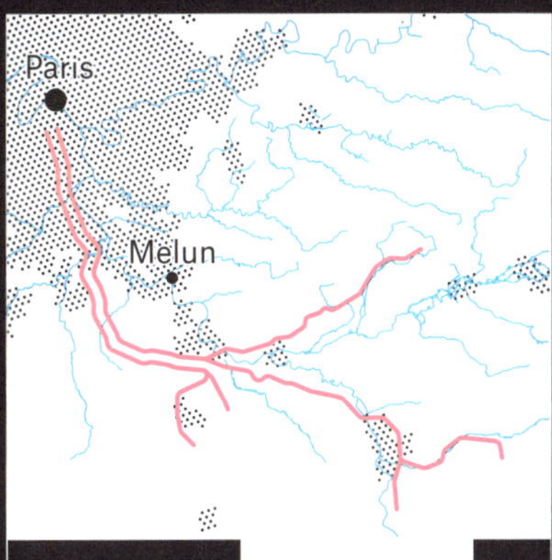

4. Aqueducs de la Vanne et du Loing
France 1866

5. Aqueduc du Colorado
États-Unis 1933

6. Aqueduc du Päijänne
Finlande 1972

7. Diversion du fleuve Yangzi Jiang
Chine 2013

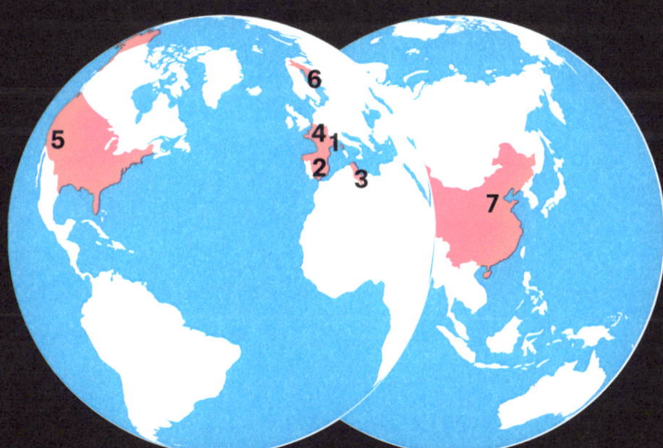

— Aqueduc

En activité :
oui
non

Année de construction

0 50 100
Échelle kilométrique

OUVRAGES ARCHITECTURAUX chargés d'acheminer l'eau potable jusqu'aux villes, les aqueducs servent à répartir l'eau des bassins de stockage vers les villes les plus éloignées des rivières. **1.** Le célèbre pont du Gard, élevé sur trois niveaux, a été construit sur le tracé de l'aqueduc qui joint Uzès à **Nîmes**. **2.** Considéré comme le plus important vestige de l'Empire romain en Espagne, l'**aqueduc de Ségovie** suit une pente descendante de seulement 1 %. **3.** Pour faire face à la sécheresse, l'empereur romain Hadrien entreprit d'acheminer les eaux des massifs du djebel Zaghouan et du Jouggar sur 132 km en direction de **Carthage**. **4.** Commandés par le baron Haussmann, les **aqueducs de la Vanne et du Loing** acheminent l'eau sur 156 km, depuis la Bourgogne vers Paris. **5.** Avec ses 148 km de tunnels, ses 135 km de canalisations et de siphons souterrains, et ses 100 km de canaux, l'**aqueduc du Colorado** est considéré depuis 1955 comme l'une des « sept merveilles modernes du génie civil américain ». **6.** Long de 120 km et remarquable pour avoir été creusé dans la roche, l'ouvrage du **Päijänne** approvisionne Helsinki en eau. **7.** La **diversion du fleuve Yangzi Jiang** est l'une des étapes du monumental projet chinois de transfert d'eaux du sud au nord. Débuté en 2002, il vise à alimenter Pékin et Tianjin en eau. •

N° 55

Intelligence du blob

1. EXPÉRIENCE DU LABYRINTHE (Toshiyuki Nakagaki, 2000)

a. Contexte — b. Exploration — c. Optimisation du réseau

2. EXPÉRIENCE DU STIMULUS PAR LE FROID (Toshiyuki Nakagaki, 2008)

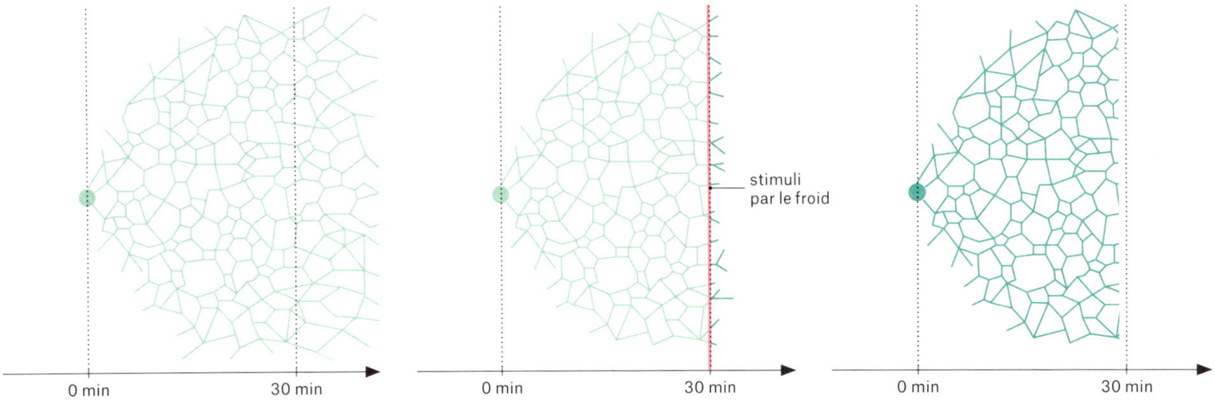

a. Contexte (croissance sans stimuli) — b. Stimuli répétés (arrêtent la croissance) — c. Anticipation du stimulus (arrête la croissance)

3. EXPÉRIENCE DU PONT AMER (Audrey Dussutour, 2016)

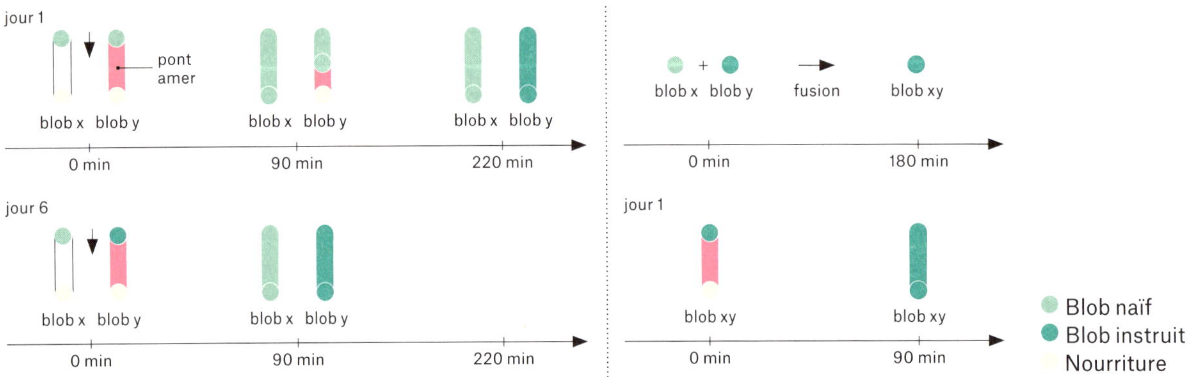

a. Apprentissage — b. Transmission par fusion

NI ANIMAL, NI PLANTE, NI CHAMPIGNON, le blob, ou *Physarum polycephalum*, est un organisme monocellulaire apparu il y a 700 millions d'années. Puisqu'il ne possède qu'une seule cellule, le blob n'a pas de cerveau. Pourtant, il est capable d'apprendre et de résoudre certains problèmes complexes. Il peut, par exemple, **optimiser son réseau** afin de trouver la voie la plus rapide pour accéder à sa nourriture (**1**). S'il est exposé à des **stimuli** répétés de **froid**, qu'il craint, il **anticipe** le prochain stimulus en **s'arrêtant** d'avancer (**2**). Lorsque des éléments qu'il n'aime pas se présentent sur sa route, comme un **pont amer** de caféine ou de quinine, le blob va **apprendre** à les considérer et, s'ils sont sans danger, à les ignorer pour les traverser (**3**). C'est ce que l'on appelle l'« habituation », un phénomène constaté pour la première fois chez un organisme monocellulaire. Mais l'intelligence du blob ne s'arrête pas là : il est capable de communiquer avec ses congénères, notamment pour partager ce qu'il a appris – en **fusionnant** momentanément avec l'un d'eux – ou pour alerter d'un danger – en excrétant des molécules perçues par les autres blobs à proximité. •

Système Bliss

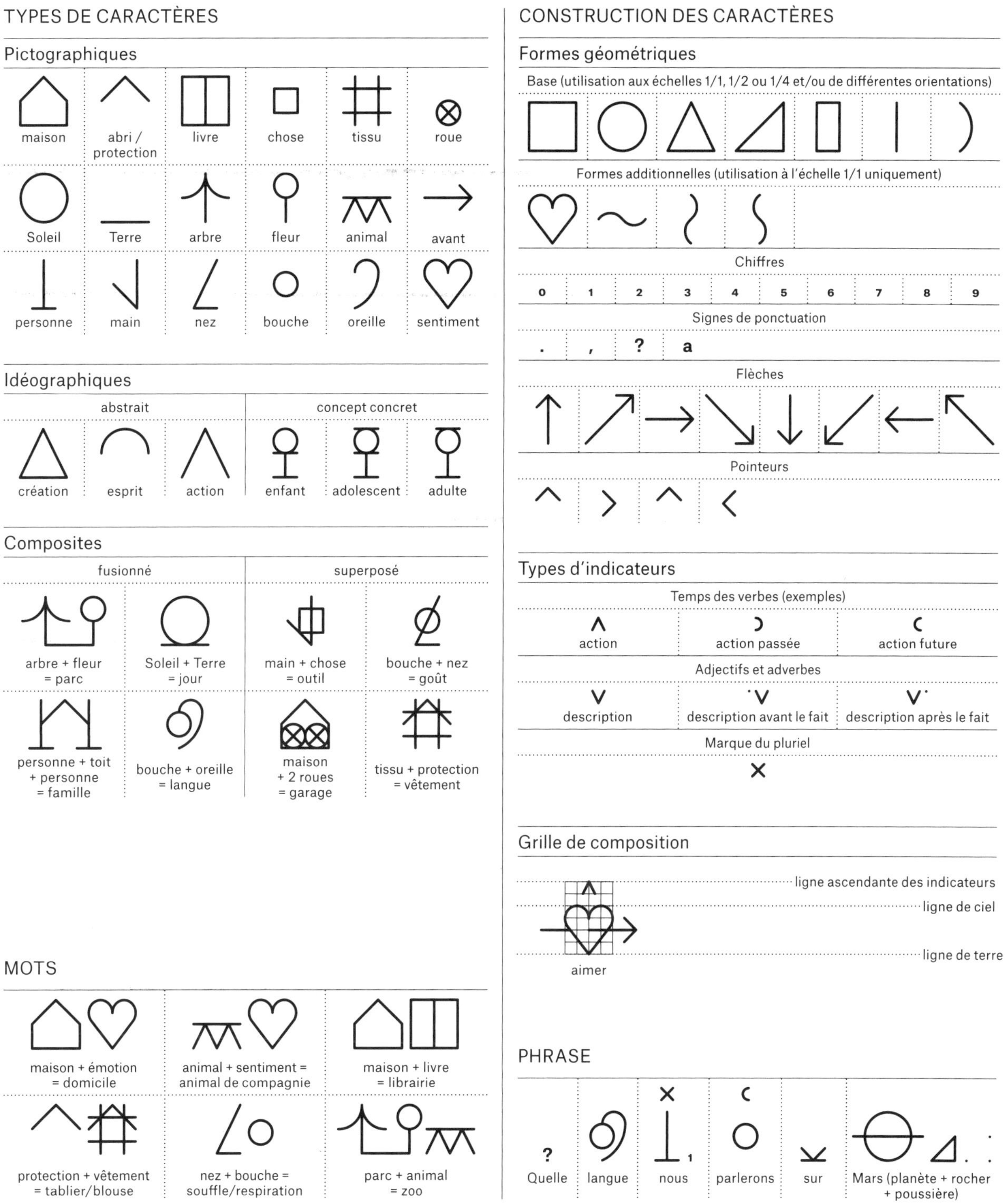

LE RÊVE D'UNE LANGUE UNIVERSELLE, ancré dans le mythe biblique de la tour de Babel, a traversé plusieurs siècles de l'histoire européenne. Les projets du XVIIe siècle visaient à créer une langue parfaitement logique destinée aux philosophes, dans laquelle il serait en quelque sorte impossible de mentir ou de se tromper, tandis que ceux des XIXe et XXe siècles cherchaient à concevoir une langue facile à apprendre par tous. Le plus connu et abouti de ces projets est l'espéranto, élaboré par Louis-Lazare Zamenhof.

Le système Bliss, créé en 1949, est une langue graphique universelle qui contient en elle-même une logique et une philosophie naturelle, se rapprochant en cela des projets du XVIIe siècle. Il a été développé par Charles K. Bliss, juif autrichien ayant fui le nazisme et qui s'est retrouvé bloqué, entre 1940 et 1945, à Shanghai. Bliss s'est intéressé à l'écriture chinoise et le fait qu'elle puisse être lue par des Chinois parlant des dialectes différents. Émigré en Australie, il y a publié en 1949 la première édition de son ouvrage *Semantography*. Son but était de fournir une écriture qui puisse être apprise et comprise partout sur terre. Son projet est devenu populaire après avoir été utilisé par des centres pour enfants handicapés au Canada, dans les années 1960. •

Fluorescence et phosphorescence

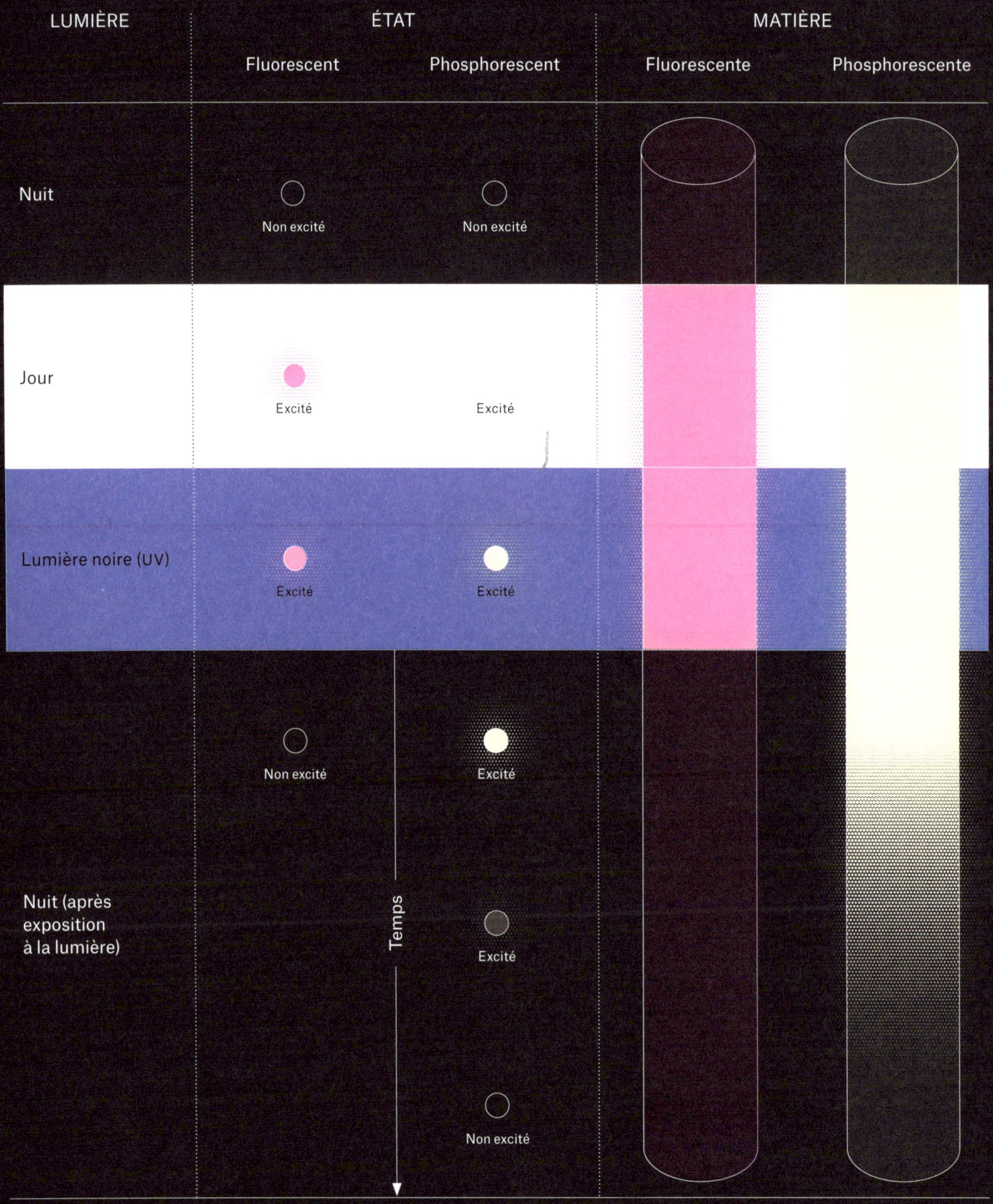

« QUI PORTE LA LUMIÈRE », voilà la signification étymologique du mot « **phosphorescent** ». Le mot « **fluorescent** », quant à lui, vient d'observations faites au XIXe siècle sur des cristaux de fluorite qui, éclairés par de la **lumière UV**, émettent une lumière bleu-violet. Ces deux phénomènes de photoluminescence traduisent la capacité d'absorption et de réémission de **lumière** par la **matière**. Les matières fluorescentes émettent de la lumière de façon extrêmement rapide (d'une nanoseconde à une microseconde) après **excitation** des électrons. À l'œil nu, la matière semble donc plus lumineuse lorsqu'elle est éclairée et s'« éteint » directement après éclairage. Dans le cas de la phosphorescence, l'émission de lumière se produit pendant un **temps** plus long (d'une milliseconde à 10 secondes), perceptible par nos yeux, en raison d'un transfert d'énergie plus complexe.

En imagerie médicale, l'utilisation de marqueurs fluorescents, éclairés avec un laser, permet de diagnostiquer certaines liaisons cancéreuses. Dans la nature, certains champignons, fruits ou arthropodes comme les scorpions présentent des propriétés fluorescentes. Des matières phosphorescentes, contenues dans les terres rares, sont utilisées pour peindre les aiguilles de certaines montres ou des jouets. •

Pollution lumineuse

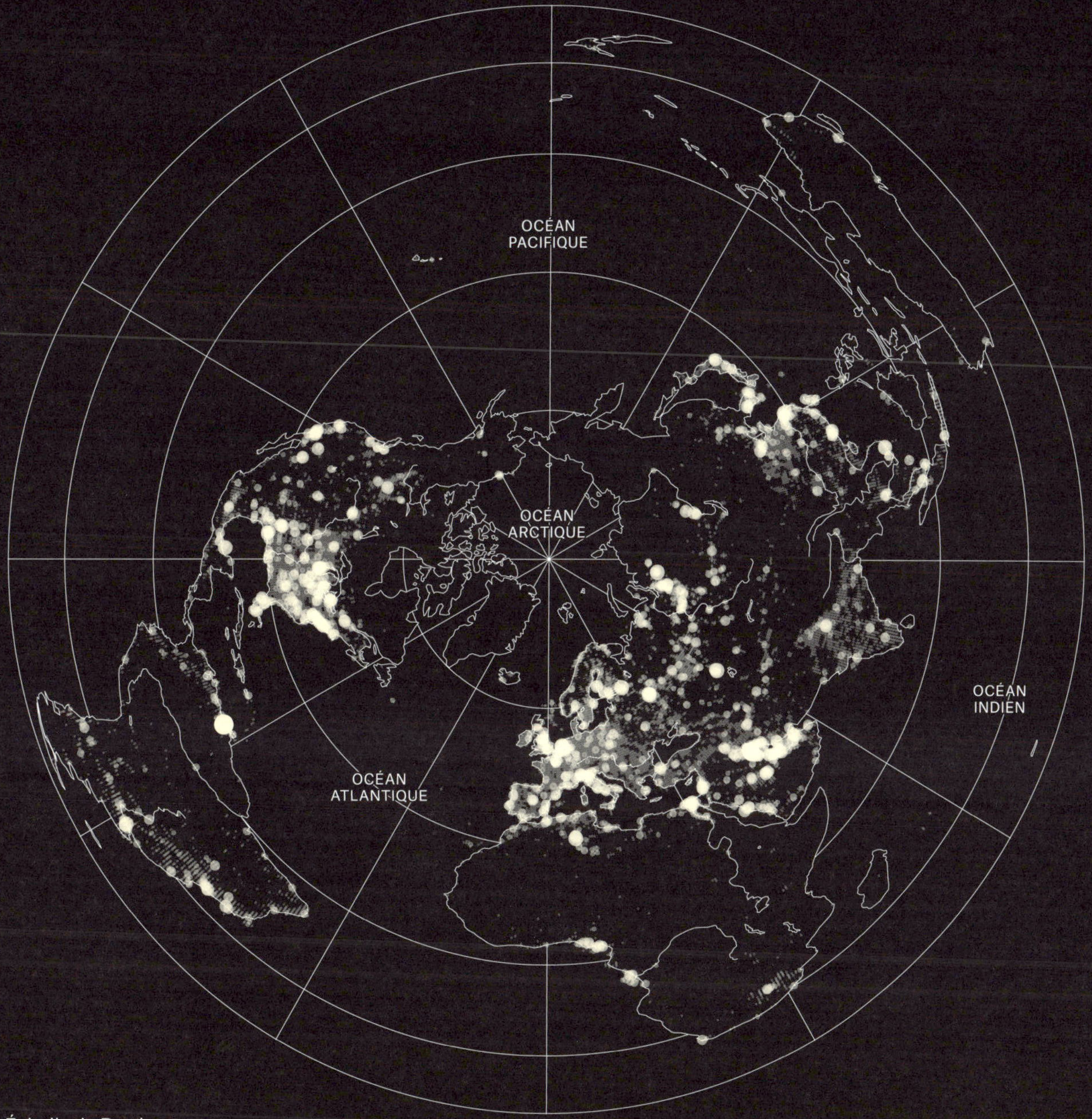

Échelle de Bortle

LES ASTRONOMES SONT LES PREMIERS, en 1868, à signaler que l'éclaircissement du ciel nocturne empêche l'observation des astres. Les naturalistes remarquent par la suite que la lumière artificielle est responsable d'une surmortalité chez certaines espèces, comme les oiseaux migrateurs désorientés par le superéclairage des mégalopoles. En 1997, 18,7 % des terres émergées sont concernées par le phénomène de pollution lumineuse. Depuis, celui-ci ne cesse de progresser et constitue l'une des principales menaces pour la biodiversité.

Si éclairer les **villes** a longtemps représenté un enjeu pour la sécurité des personnes et des biens, on connaît désormais l'impact négatif de l'éclairage urbain sur les rythmes biologiques de la faune, des êtres humains et même de la végétation. Encore peu connues, des restrictions ont été néanmoins décidées au cours de ces dernières décennies, comme la création de « réserves internationales de ciel étoilé ». Certaines villes envisagent l'aménagement de « trames noires », des corridors écologiques caractérisés par une certaine obscurité. Pour cela, elles utilisent l'**échelle de Bortle**, du nom de son inventeur américain, qui permet d'évaluer la luminosité du ciel nocturne. •

Formation des grottes

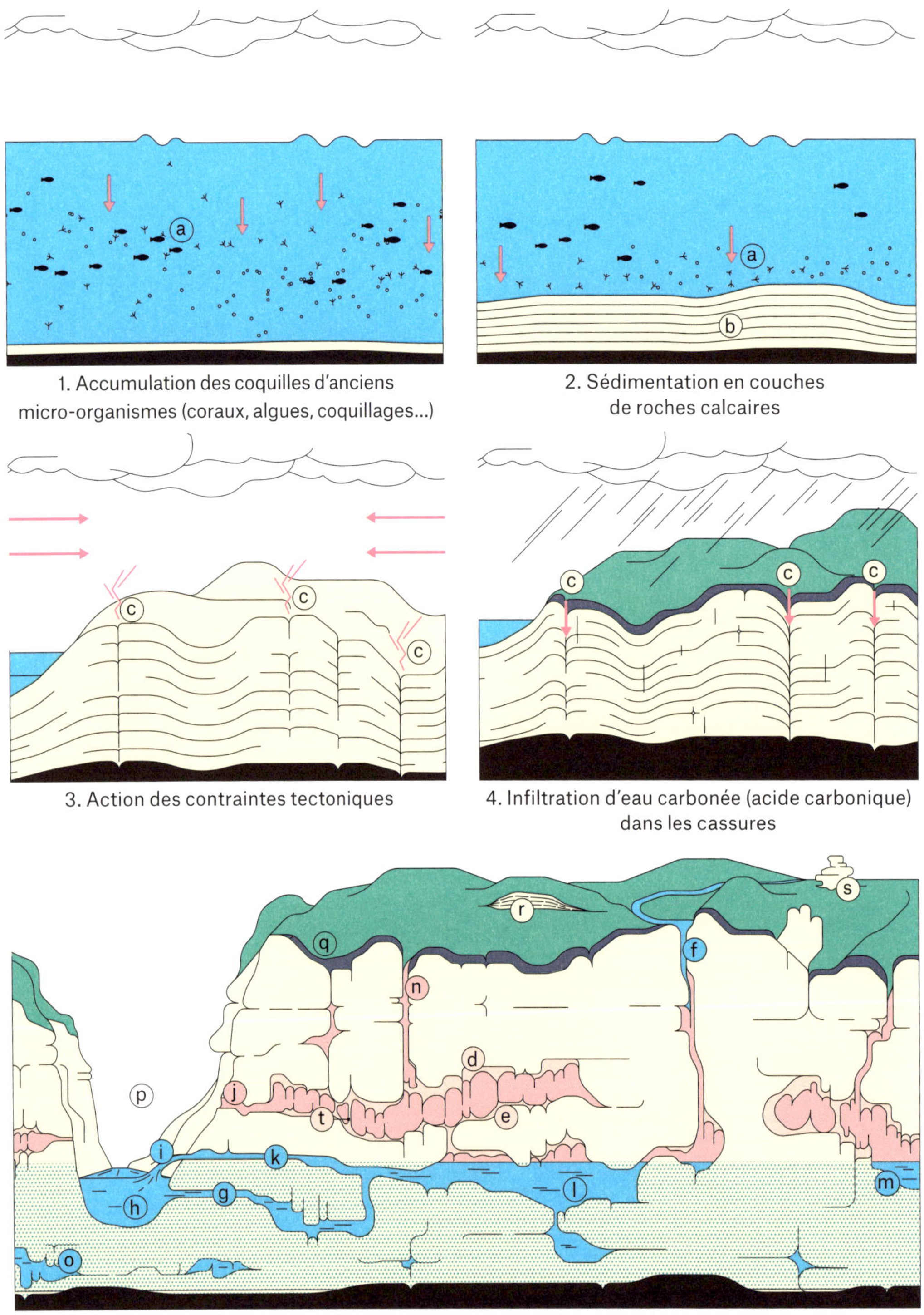

1. Accumulation des coquilles d'anciens micro-organismes (coraux, algues, coquillages…)

2. Sédimentation en couches de roches calcaires

3. Action des contraintes tectoniques

4. Infiltration d'eau carbonée (acide carbonique) dans les cassures

5. Dissolution des roches calcaires : formation de grottes (zone karstique)

a. Organismes
b. Couches de sédiments
c. Cassures (failles ou diaclases)
d. Stalactites
e. Stalagmites
f. Perte
g. Siphon
h. Cours d'eau
i. Résurgence
j. Grotte
k. Conduite forcée
l. Rivière souterraine
m. Lac souterrain
n. Aven
o. Réservoirs d'eau souterraine
p. Canyon
q. Doline
r. Lapiaz
s. Reliefs ruiniformes
t. Colonne

Eau
Végétation
Humus
Roches calcaires
Roches dissoutes
Zones noyées
Roches imperméables

LES GROTTES RÉSULTENT essentiellement de la dissolution des roches par l'eau. Le plus souvent, ces cavités souterraines se constituent dans de la **roche calcaire** formée de calcite, un minéral soluble. Cette roche résulte de l'accumulation des **coquilles d'anciens micro-organismes** (**1**), qui vivaient dans les océans il y a des millions d'années, par sédimentation (**2**). À cause de la dérive des continents, c'est-à-dire l'**action des contraintes tectoniques**, ces calcaires émergent des océans jusqu'à former des sommets à la surface (**3**). Ces mouvements provoquent des fissures, des **cassures** et des **failles** dans lesquelles l'**eau s'infiltre** et commence son travail de dissolution (**4**). Cette eau, chargée en **acide carbonique** (CO_2 dissous), érode progressivement la roche et produit des cavités et des réseaux souterrains. À l'intérieur de ces cavités arrive une eau chargée de calcium qui va précipiter sous forme de calcite. Se forment alors les **stalagtites** (au plafond de la grotte), les **stalagmites** (au sol) et des **colonnes** lorsque ces deux concrétions se rejoignent (**5**). L'**assise argileuse imperméable** permet à l'eau de rester dans les parties inférieures du massif, constituant ainsi un véritable réservoir. •

Gemmes naturelles

N° 60

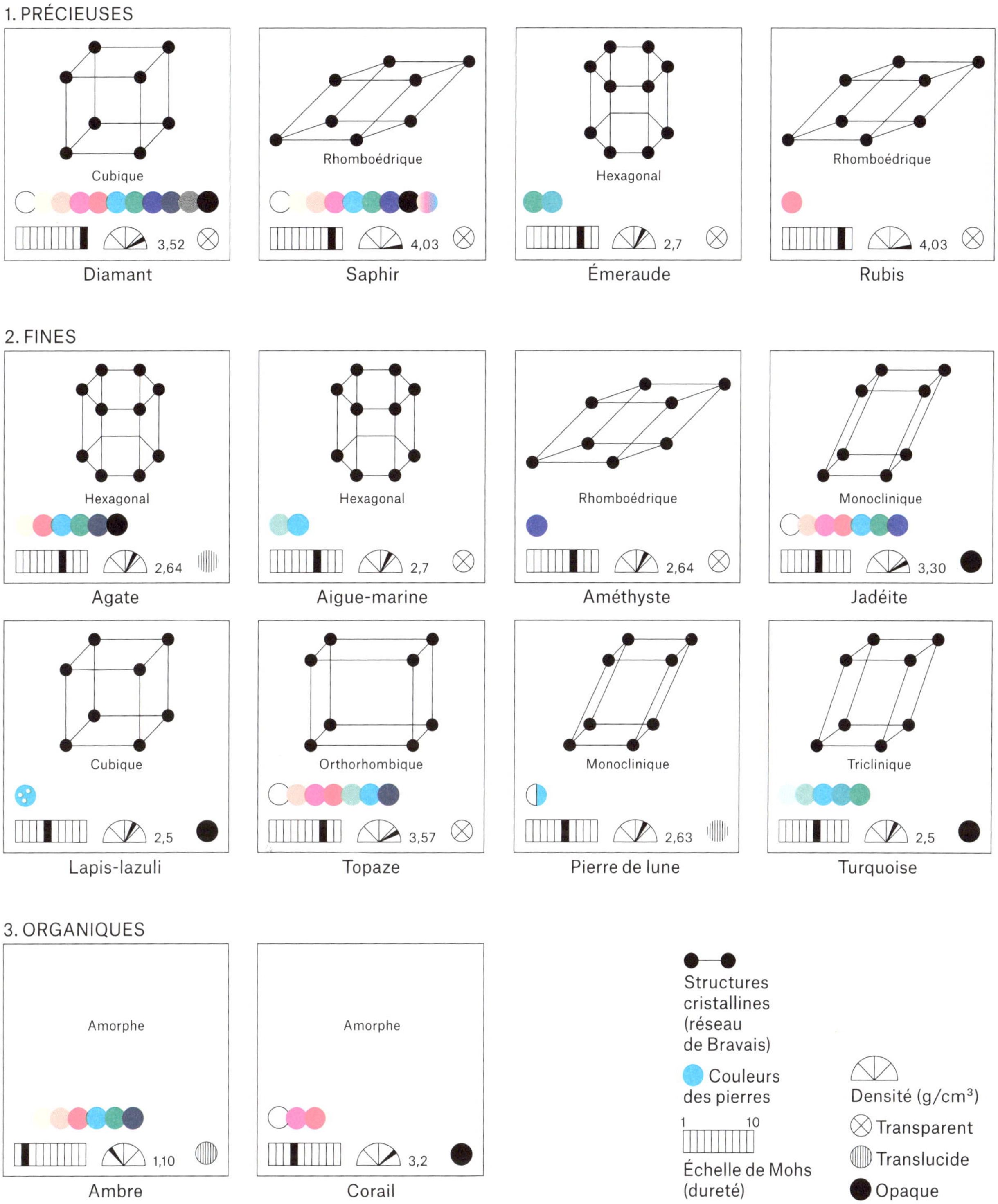

FORMÉES DANS LES ENTRAILLES de la Terre depuis 3 milliards d'années pour certains **diamants** ou à l'intérieur des coquilles de mollusques pour la nacre, les gemmes naturelles sont souvent classées en trois grandes familles : **précieuses** (**1**), **fines** (**2**) et **organiques** (**3**).

Quand les gemmes ne sont pas dites **amorphes** – ce qui est le cas des gemmes organiques –, on peut également les classer selon leur **structure cristalline**, c'est-à-dire l'arrangement géométrique des atomes qui les composent.

Pour qu'une pierre soit considérée comme une « gemme », elle doit d'abord être un matériau beau, rare et durable. Ensuite, sa qualité peut être évaluée selon différents critères : sa couleur, sa taille, sa dureté – c'est-à-dire sa capacité à rayer ou être rayée –, sa masse et sa pureté. Pour autant, les inclusions, c'est-à-dire les « accidents de cristallisation » ou les corps étrangers présents dans ces pierres naturelles, ajoutent – selon les goûts – à leur esthétique et apportent des renseignements sur leur formation. Ces impuretés sont même responsables, dans certains cas, de la couleur des gemmes. •

Hibernations

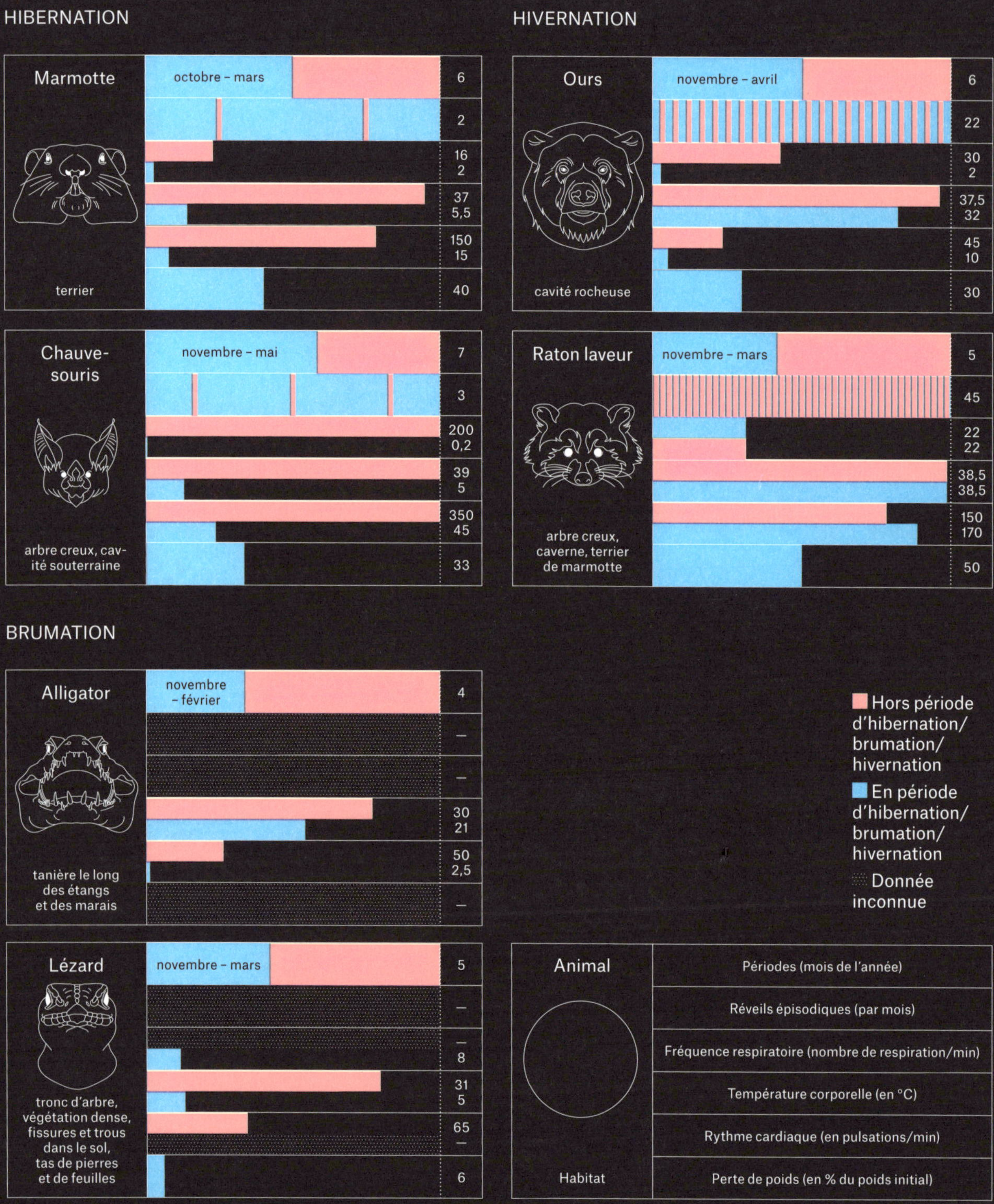

LORSQUE VIENT L'HIVER, de nombreuses espèces animales doivent lutter pour faire face à la baisse des températures et économiser leur énergie. Lors de l'**hibernation**, les animaux concernés – en général de petits mammifères, comme la **marmotte** ou la **chauve-souris** – entrent en hypothermie régulée et plongent dans un état léthargique : le **cœur** et la **respiration** ralentissent, et certaines zones du cerveau deviennent complètement inactives. Ce sommeil peut durer plusieurs **mois**, souvent de mi-novembre à mi-février. Il est réputé bien plus profond que celui des animaux en **hivernation.** En effet, ces derniers entrecoupent leurs périodes de repos de périodes d'activité au cours desquelles ils continuent à se déplacer, à manger ou même à donner naissance à des petits. C'est le cas des **ours** ou des **ratons laveurs**, par exemple. Comme les hibernants, les hivernants subissent une **perte de poids** significative pendant cette période ; à l'inverse, ils maintiennent leur **température corporelle** à un niveau dit « modéré » et toutes leurs fonctions vitales restent actives. Enfin, les animaux dits « à sang froid », comme les **lézards** ou les **alligators**, passent les mois les plus froids en léthargie hivernale, ou **brumation**, un état très proche de l'hibernation. ●

Anatomie du ronflement

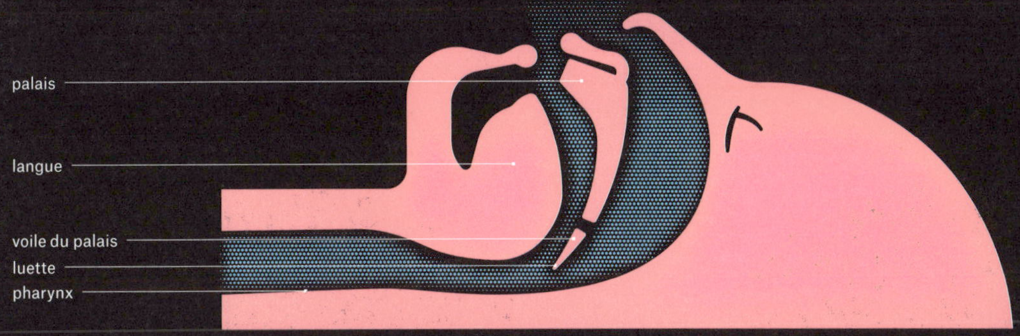

Respiration normale

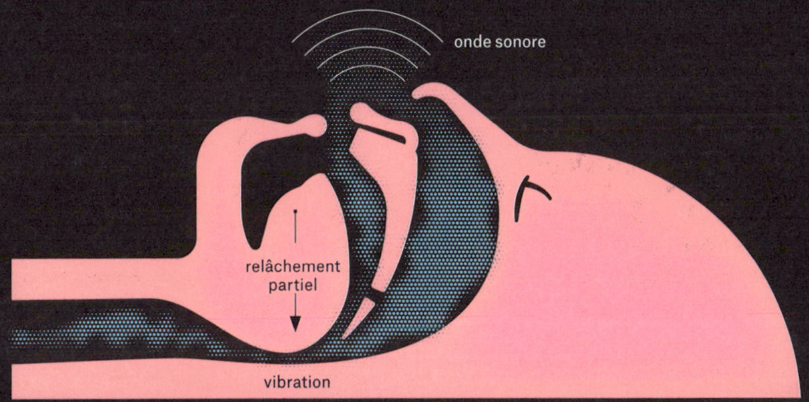

Ronflement

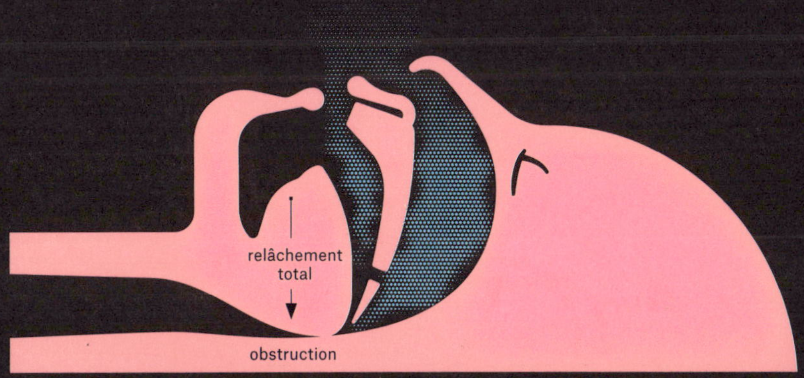

Apnée du sommeil

● Air

LOIN DU RONRONNEMENT FÉLIN, le ronflement humain n'est pas une expression volontaire du plaisir. Il survient durant le sommeil profond : au cours de cette phase dite « réparatrice », les muscles des voies respiratoires (**palais**, **langue**, **voile du palais** et **luette**) se **relâchent** et rétrécissent. La trajectoire de l'**air** inspiré est alors gênée et provoque la vibration des tissus mous (muscles et muqueuses de la gorge), pouvant émettre un son allant jusqu'à 100 décibels (dB). En comparaison, cela correspond au bruit d'un marteau-piqueur placé à 2 mètres de l'oreille. Néanmoins, la plupart des dormeurs atteignent en général un niveau sonore plus mesuré, allant de 45 à 60 dB, comparable à un bruit de circulation derrière un double vitrage, une conversation animée ou un bruit d'aspirateur en marche.

En France, 40 % des adultes de plus de 50 ans seraient atteints de ronchopathie, c'est-à-dire un ronflement pathologique. Ces vibrations anormales du **pharynx** peuvent être problématiques, en causant certains dommages sociaux et en entachant les relations entre conjoints. En cas d'obstruction des voies respiratoires, elles sont même responsables de certaines pathologies comme l'**apnée du sommeil**. •

Nº 63

Chant des dunes

PRINCIPE

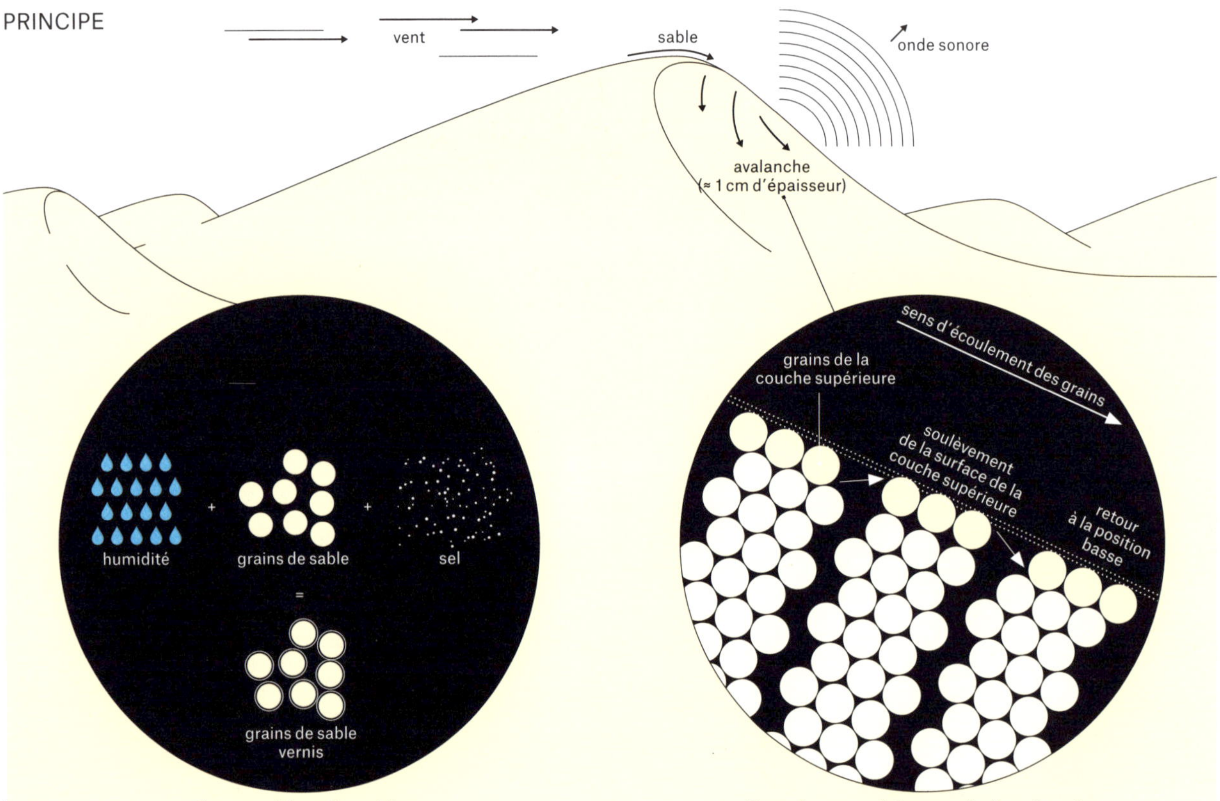

Composition du sable

Couches supérieures de l'avalanche

FRÉQUENCES

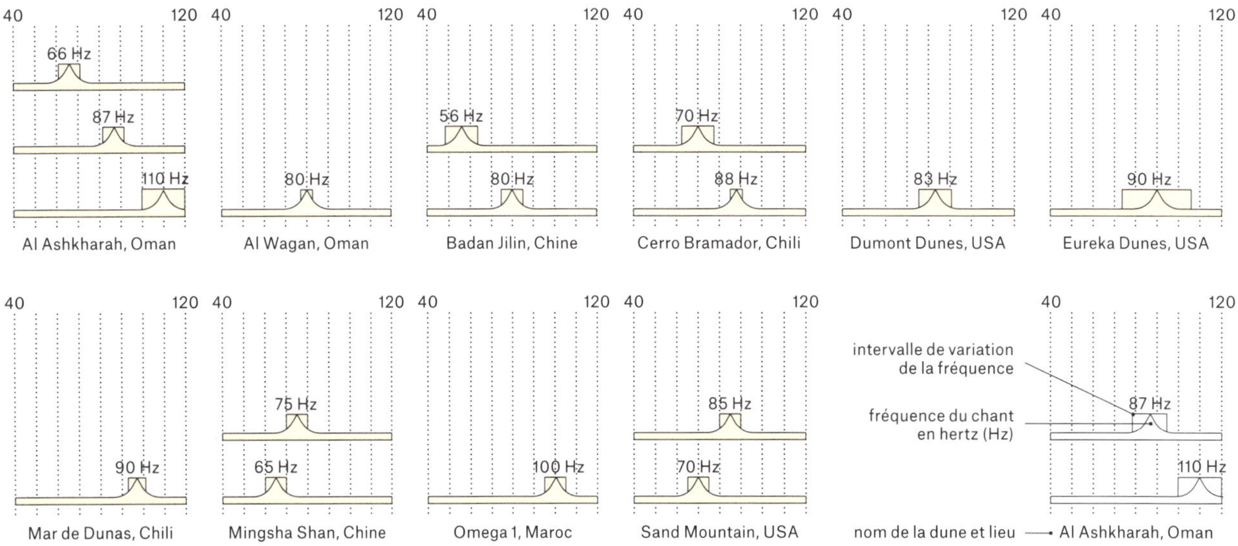

LE GRONDEMENT ÉMIS par certaines dunes, qualifiées de « mugissantes » est appelé le « chant des dunes ». Il peut durer jusqu'à 15 minutes et s'entendre à 10 kilomètres à la ronde. Ce phénomène acoustique, rare et mystérieux, a été décrit il y a des millénaires par les habitants du désert et, plus tard, par Marco Polo qui écrivait, au sujet du désert chinois du Taklamakan : « Les sables qui chantent parfois remplissent l'air avec les sons de toutes sortes d'instruments de musique, et aussi le bruit des tambours et du choc des armes » (*Le Livre des merveilles du monde*, 1298). Aujourd'hui, ces chants sont analysés sur le terrain et modélisés en laboratoire. Les derniers travaux sur le sujet attestent de l'existence de 30 à 50 dunes de ce type sur terre, chacune ayant une **fréquence** de son et une **composition de sable** différente. Le « chant » est initié par une **avalanche** provoquée par le **vent**. En s'écoulant, les **grains de la couche supérieure** effectuent un **mouvement** périodique de saute-mouton sur les **grains de la couche inférieure**. Ce mouvement vertical crée une vibration qui, en contact avec l'air, est à l'origine de l'**onde sonore**. La composition du sable joue également un rôle dans le chant des dunes, notamment les taux de **sel** et d'**humidité** qui créent un **vernis** sur les grains de sable appelé « glaçure du désert ». •

Géopolitique du sable

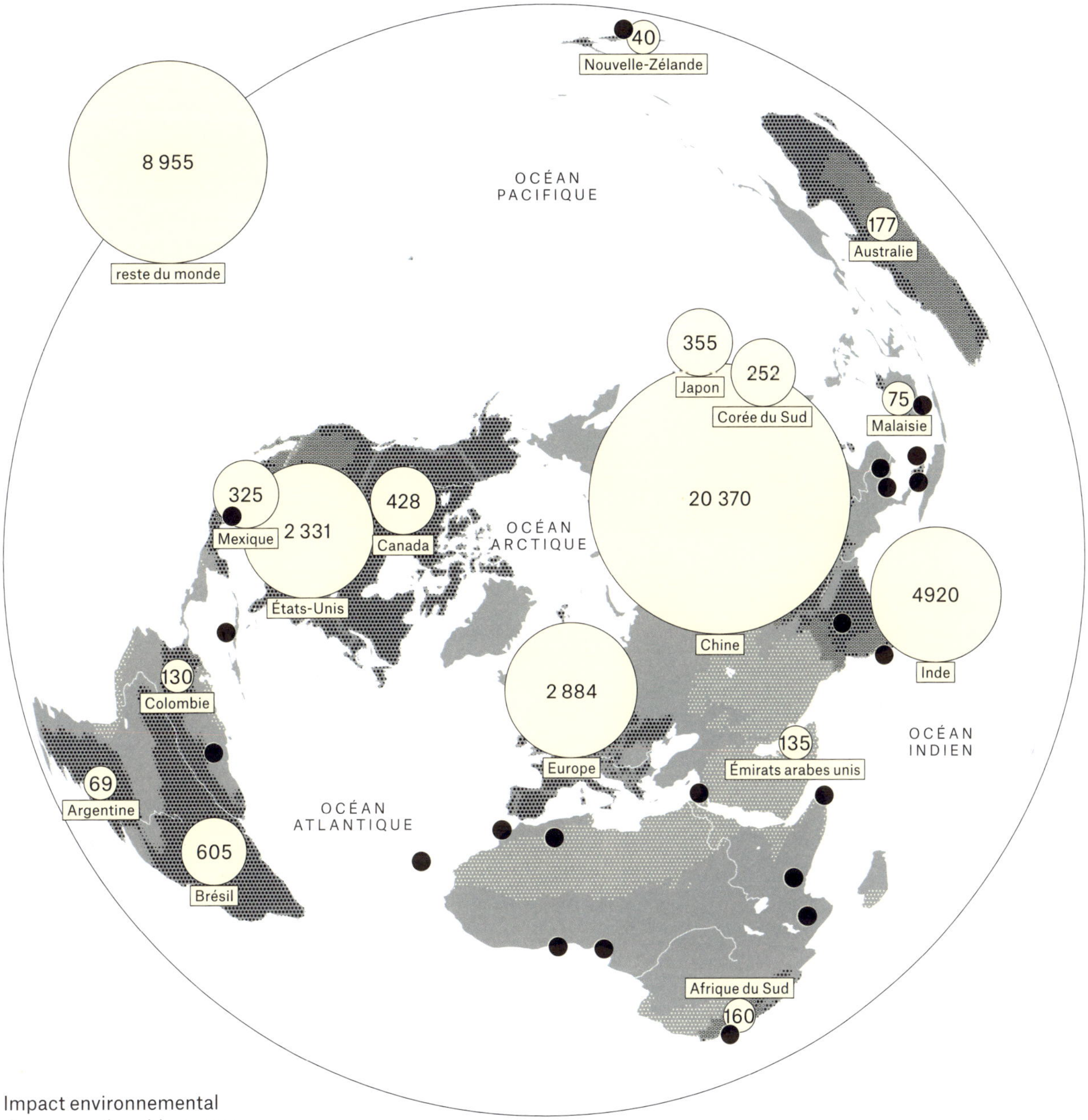

Impact environnemental du minage de sable en mer

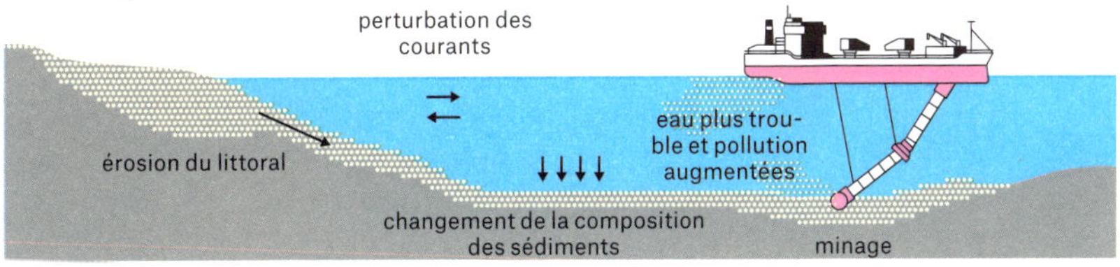

- Principaux sites producteurs de granulats
- Production de granulats en mégatonnes (2020)
- Zone aride (sable impropre à la construction)
- Zone d'extraction illégale de sable

LE SABLE EST LA TROISIÈME RESSOURCE la plus utilisée sur Terre, après l'air et l'eau – 50 milliards de tonnes par an. Son exploitation, indispensable à la construction des bâtiments et des routes ou à la fabrication de nombreux produits du quotidien, ne cesse d'augmenter alors même que cette ressource se raréfie. Plus précisément, la matière convoitée est le **granulat**, c'est-à-dire des fragments de roche de diamètre inférieur à 125 mm, naturels ou concassés. Mais cette matière exploitable ne représente que 5 % du sable mondial : sont exclus, par exemple, les grains de sable des **zones arides**, trop fins et trop lisses pour être utilisés. Pour répondre à la demande, les fonds des océans sont **minés** et les lits des rivières raclés à la pelle mécanique. Ces méthodes entraînent une destruction des habitats aquatiques et accélèrent inexorablement le phénomène d'**érosion des littoraux,** ce qui a des conséquences néfastes sur les nappes phréatiques, et donc sur la qualité de l'eau et des terres agricoles. Malgré ces dangers, le besoin en sable est tel que des mafias se constituent. Pour contourner les interdits et les discrètes tentatives de régulation, elles **extraient illégalement** le sable dans une dizaine de pays au moins et alimentent le marché noir. •

Peaux animales

RÔLES	PLUMES	POILS	ÉCAILLES
Contrôle de la température	 1. Rouge-gorge	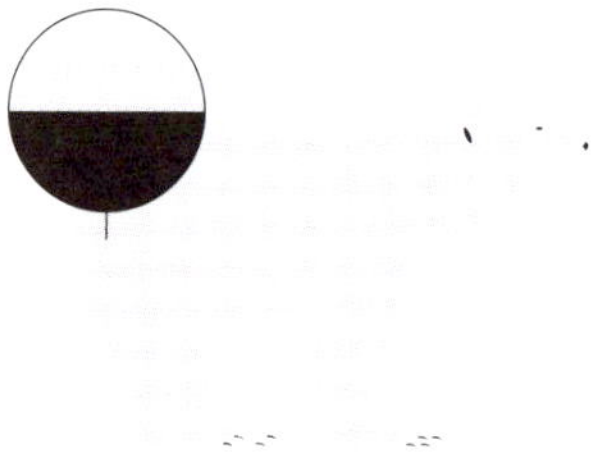 5. Ours polaire	 9. Agame barbu
Attirance d'un partenaire sexuel	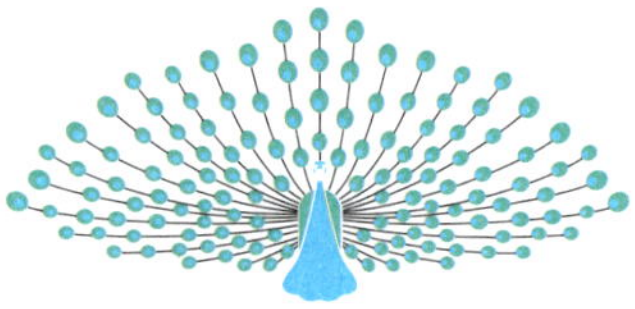 2. Paon	 6. Araignée paon	 10. Poisson tropical
Mimétisme qui présente un risque pour les prédateurs	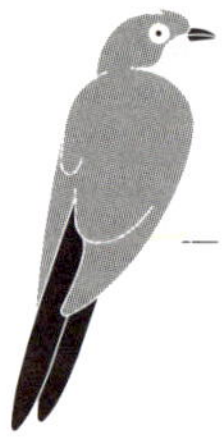 3. Coucou shikra	 7. Guépard juvénile	 11. Couleuvre faux-corail
Camouflage	 4. Lagopède alpin	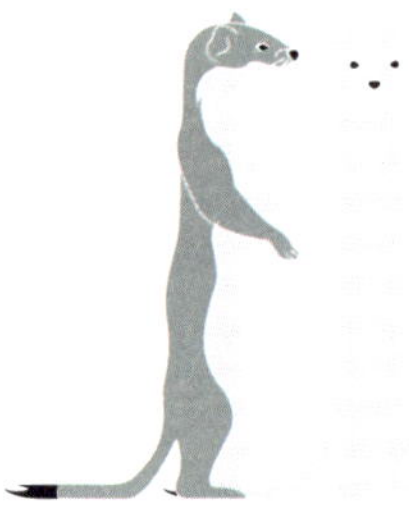 8. Hermine	 12. Gecko satanique

LES TÉGUMENTS (peau, poils, plumes, écailles) jouent des rôles très variés au sein du règne animal. **1.** Le **rouge-gorge** ébouriffe ses plumes pour maximiser l'air chaud emprisonné à proximité de son corps. **2.** Plus les plumes de la queue du **paon mâle** sont longues, plus il a du succès auprès des femelles. **3.** Le plumage du **coucou shikra** a évolué pour ressembler à celui de l'épervier shikra. **4.** Le plumage brun et gris du **lagopède alpin** devient blanc aux premières chutes de neige. **5.** Les poils blancs de l'**ours polaire** lui permettraient de canaliser l'énergie solaire jusqu'à sa peau noire. **6.** Chez l'**araignée paon**, le mâle arbore des couleurs chatoyantes sur son abdomen et s'en sert pour faire sa cour. **7.** Le long pelage sur le dos du **guépard juvénile** imiterait celui du ratel, animal agressif qui effraie les prédateurs. **8.** L'**hermine** devient blanche quand la température chute. **9.** L'**agame barbu** change la couleur de sa peau pour réguler sa température corporelle. **10.** Les couleurs vives des **poissons tropicaux** leur permettent de se reconnaître au sein d'une même espèce. **11.** Le dos de la **couleuvre faux-corail** imite les motifs de certains serpents venimeux pour leurrer les prédateurs. **12.** Le corps du **gecko satanique** ressemble à une feuille, jusqu'à en reproduire les nervures. •

Atmosphères du Système solaire

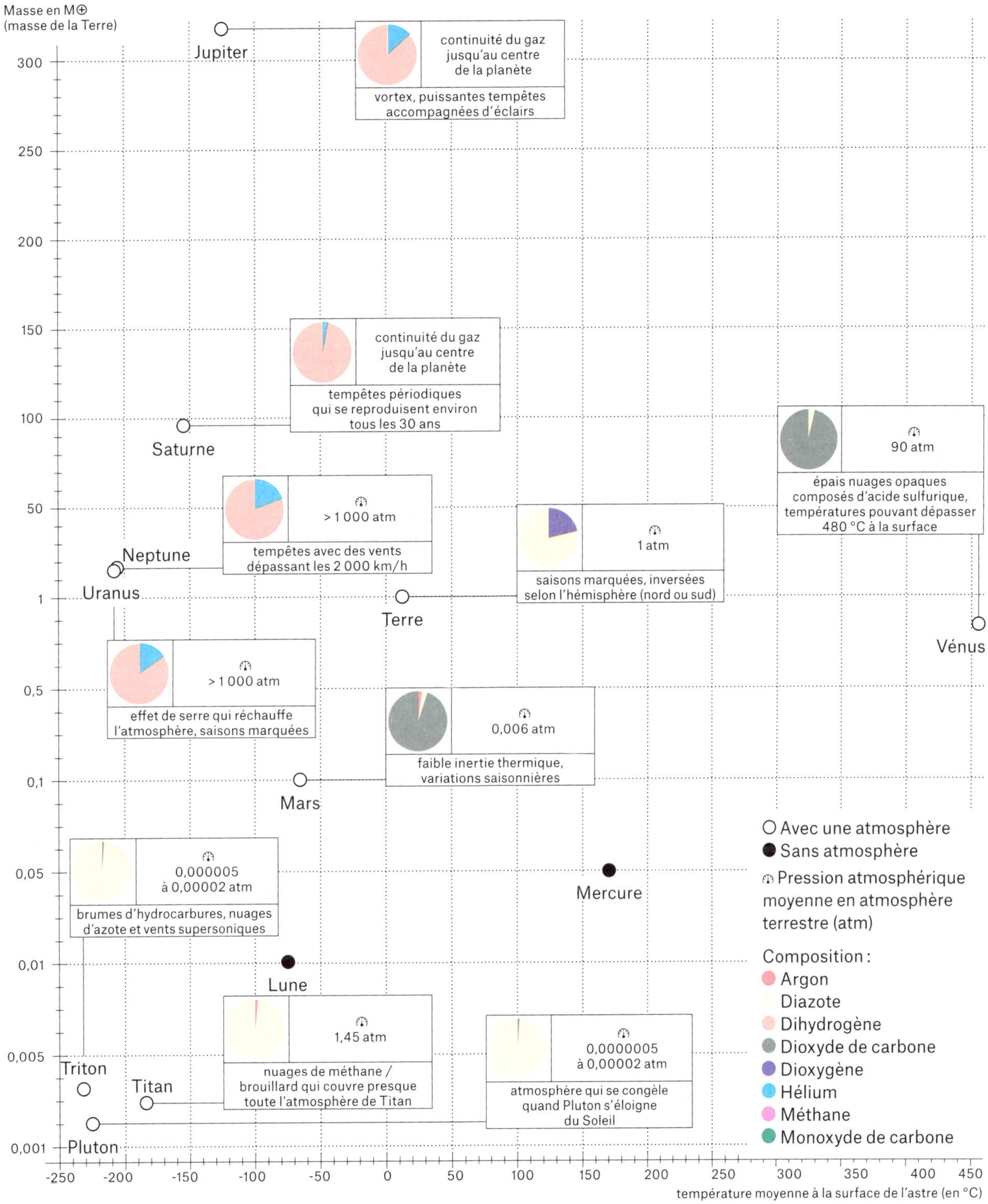

PRESQUE TOUTES LES PLANÈTES du Système solaire et quelques-uns de leurs satellites possèdent une atmosphère – **Mercure** n'en a pas du tout et celle de la **Lune** est insignifiante. Ces atmosphères sont constituées de gaz et maintenues grâce à l'attraction gravitationnelle. Formées il y a plusieurs milliards d'années par des astéroïdes et des comètes écrasés à la surface des astres, ou par le volcanisme précoce, leur composition et leur pression évoluent selon la masse et la température de l'astre, mais aussi grâce aux apports endogènes et exogènes en gaz. Sur **Vénus** – et en partie sur **Mars** –, par exemple, l'eau probablement présente dans le passé sous forme liquide ou gazeuse s'est transformée en hydrogène et en oxygène. La distance avec le Soleil permet aux astres les plus lointains, comme **Titan, Triton** et **Pluton**, de maintenir une atmosphère malgré une faible gravité. Épaisse d'environ 800 km, l'atmosphère terrestre doit en partie sa composition actuelle au développement de la vie et à l'accumulation de dioxygène grâce à la photosynthèse. Elle protège la **Terre** des vents solaires (→ planche n° 51) et des radiations, permet aux êtres vivants de respirer, stabilise la température à 15 °C en moyenne grâce à l'effet de serre et forme un bouclier efficace contre l'impact des météorites ou des déchets spatiaux. •

Communication des arbres

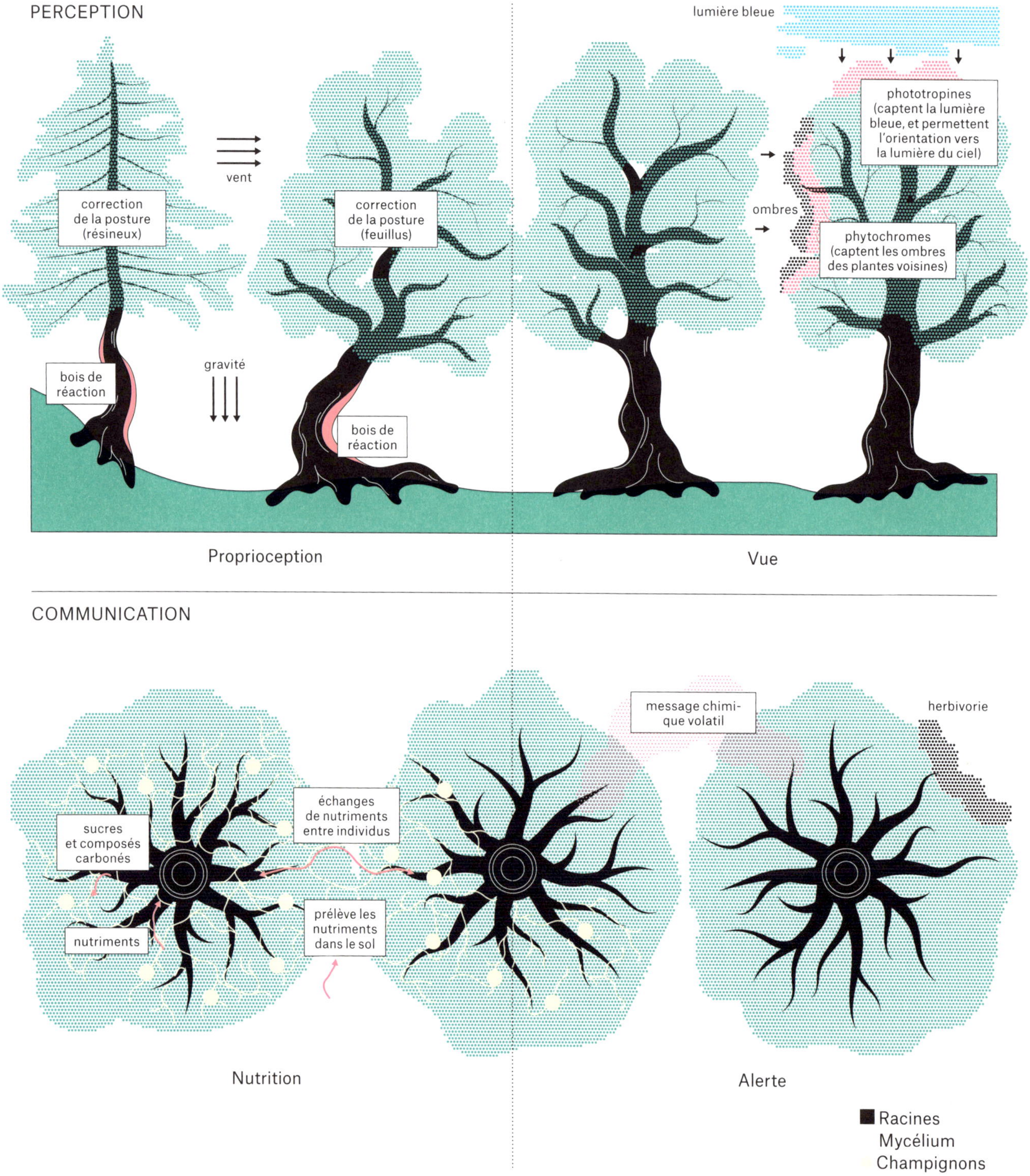

LES ARBRES SONT CAPABLES de « percevoir » et de « voir » : ils communiquent et interagissent avec leur environnement, entraînant des mouvements plus ou moins visibles sur de courtes échelles de temps. À l'intérieur du tronc, les cellules de cambium (ou « écorce intérieure ») perçoivent les pressions mécaniques du **vent** et de la **gravité**. Étirées ou raccourcies, elles transmettent des informations de croissance en diamètre et en hauteur au tronc et aux racines. Les arbres exposés aux vents « s'endurcissent » et se courbent, comme c'est le cas pour les pins maritimes. Les **phytochromes** permettent une orientation des branches et du feuillage, en fonction de la disponibilité en **lumière**, par rapport aux ombres des plantes alentour. Ces mécanismes permettent aux arbres de pousser « là où il faut » et sont indispensables à leur survie : sans eux, aucun arbre ne serait ce qu'il est.

Les arbres sont également capables de communiquer des signaux entraînant une réponse chez les individus voisins. En échangeant des nutriments et du carbone, les **racines** et le réseau de **mycélium** favorisent ou inhibent la croissance de certains individus. Des **messages chimiques volatils** émis dans l'air sonnent l'**alerte** en cas d'agression (consommation de feuilles par des animaux, par exemple). •

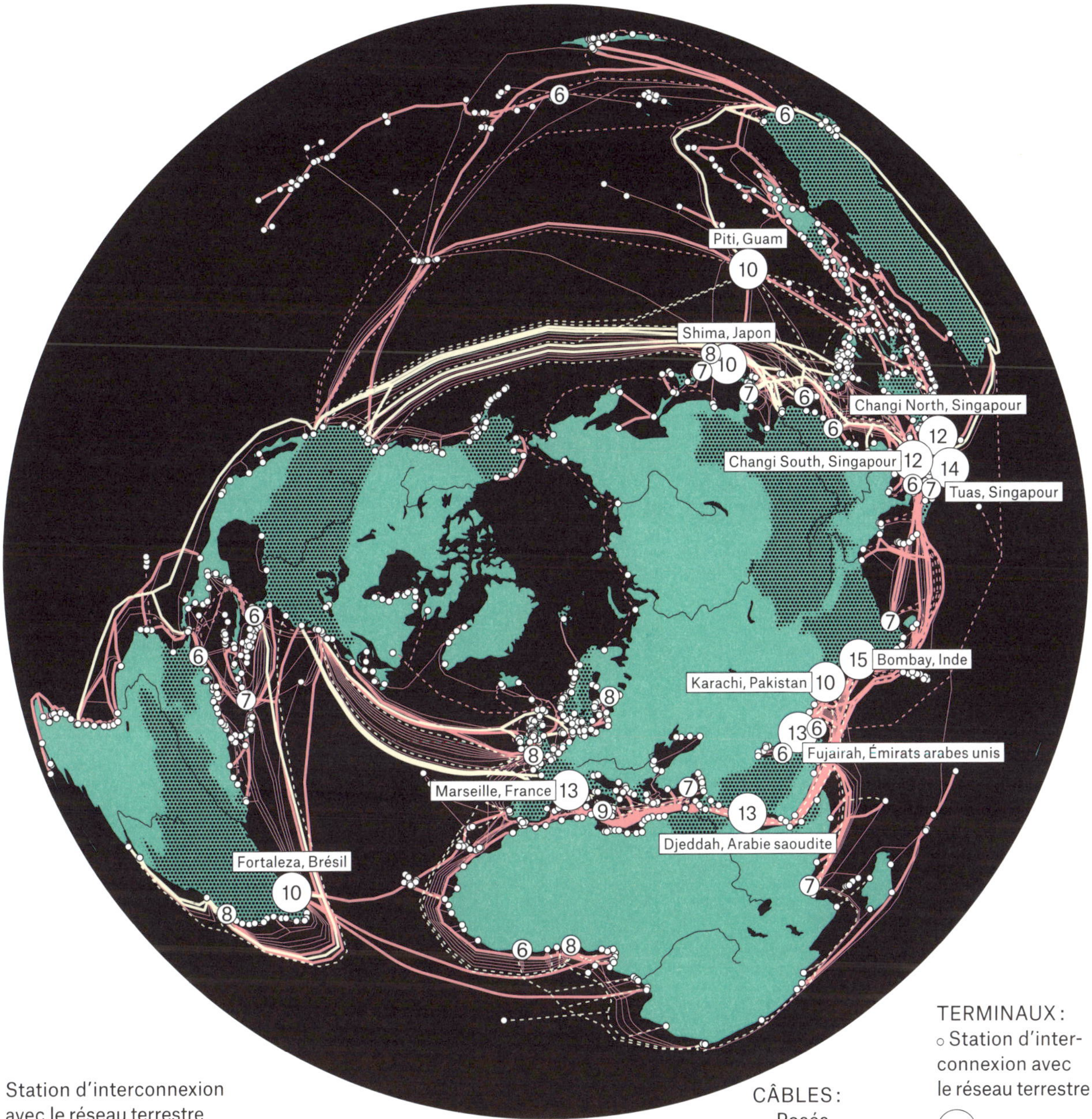

TERMINAUX :
○ Station d'interconnexion avec le réseau terrestre
(10) Nombre d'interconnexions
Pays hyperconnectés (plus de 10 liaisons internationales sous-marines)

CÂBLES :
Posés avant 2015
Posés après 2015
En projet
Investissement des GAFAM
Autres câbles

Station d'interconnexion avec le réseau terrestre

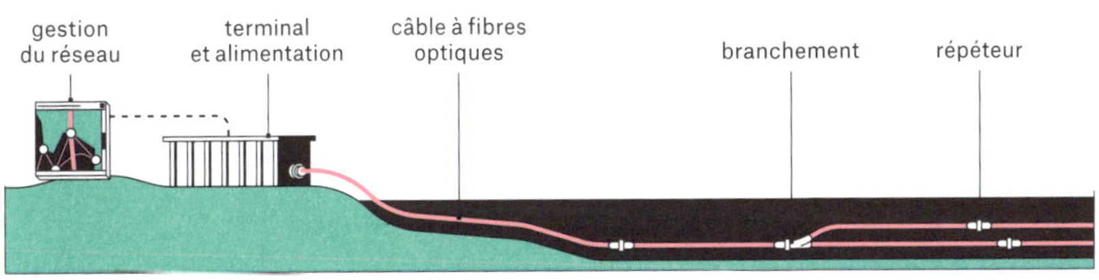

LE PREMIER CÂBLE SOUS-MARIN télégraphique transatlantique reliait Foilhommerum Bay, en Irlande, à la baie de Trinity, au Canada, en 1858. Le premier message fut transmis en 67 minutes au lieu des 10 jours qu'il fallait auparavant compter pour le délivrer par bateau entre l'Europe et l'Amérique du Nord. Depuis, les câbles sous-marins se sont multipliés et l'utilisation de la **fibre optique** a fait exploser le débit d'informations qu'il est possible de transmettre.

Ces câbles sous-marins font transiter, le long du plancher océanique, les réseaux internet, téléphonique et de télévision numérique. En 2023, plus de 500 câbles, d'un diamètre d'environ 69 millimètres, se déploient sur 1,4 million de kilomètres, reliant entre eux des **terminaux**. Cruciales et fragiles, ces infrastructures peuvent subir des avaries intentionnelles ou accidentelles – câbles arrachés par les chaluts des bateaux de pêche, par exemple –, provoquant des coupures aux conséquences économiques importantes, voire géopolitiques. Par ailleurs, l'acquisition de lignes sous-marines stratégiques par des sociétés privées, comme les **GAFAM** (Google, Amazon, Facebook, Apple et Microsoft) aux États-Unis, leur permettant de contrôler les routes de la donnée, suscite de plus en plus d'inquiétude. •

Formation des orages

FORMATION

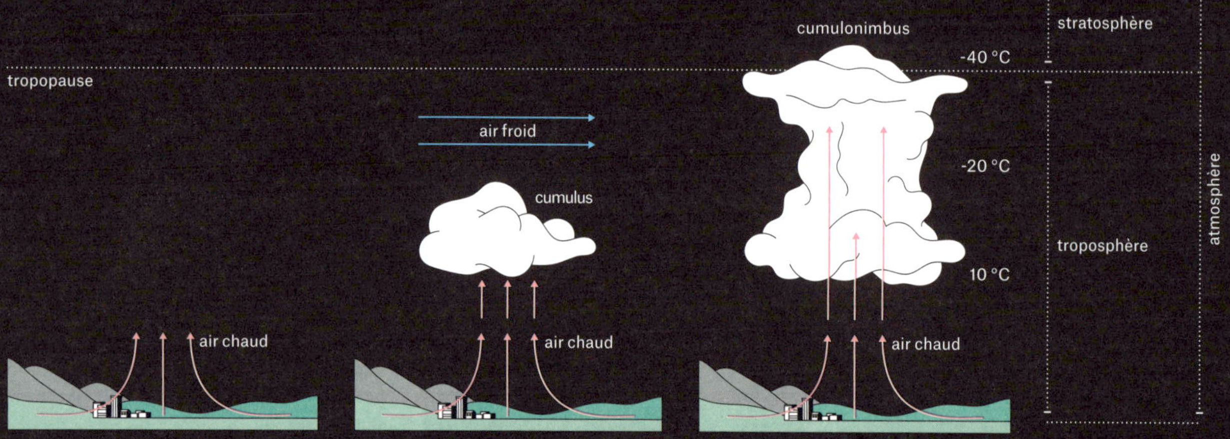

CUMULONIMBUS EN ACTIVITÉ

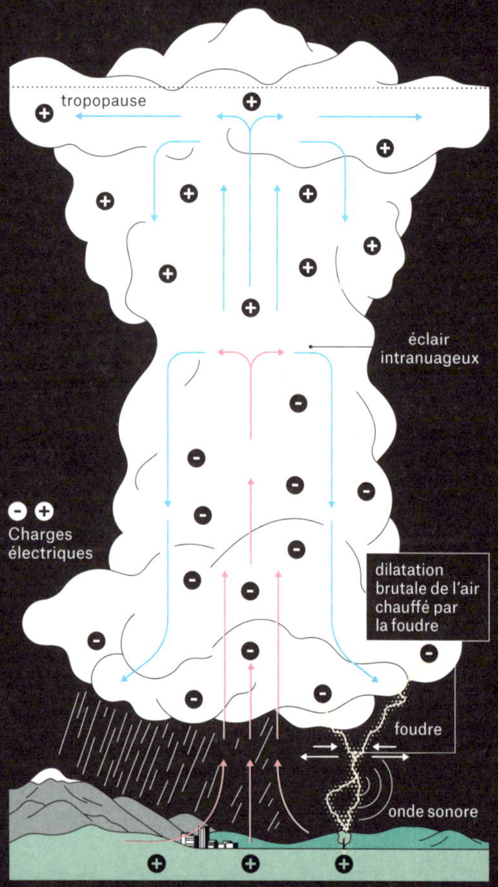

PHÉNOMÈNES LUMINEUX ORAGEUX TRANSITOIRES (« FARFADETS »)

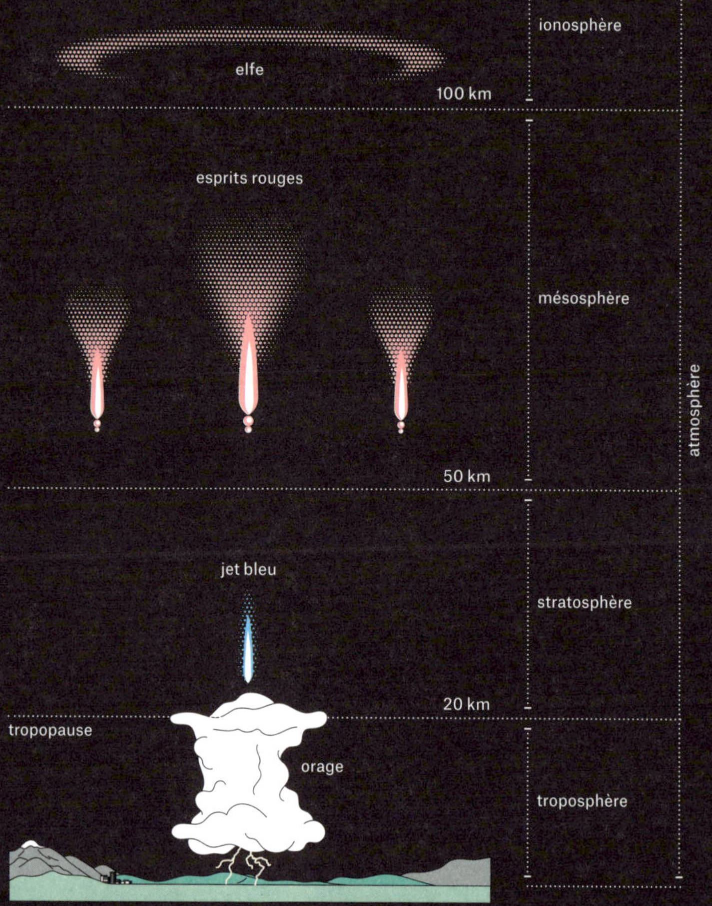

LES ORAGES SE FORMENT à partir d'une instabilité atmosphérique : le **cumulus** résulte de la rencontre entre l'air surchauffé du sol et l'air plus froid en altitude. Puis le nuage s'agrandit en hauteur ; les gouttelettes d'eau les plus hautes deviennent des cristaux de glace. Le nuage se charge en **activité électrique** : c'est alors un **cumulonimbus**. Lorsqu'il est actif, il provoque foudre, pluie, grêle et parfois tornades. La **foudre** est la manifestation de l'électricité atmosphérique qui se libère : les charges électriques présentes à l'intérieur du nuage engendrent l'apparition d'un éclair qui frappe le sol, ainsi que le tonnerre, **onde sonore** de la foudre qui nous parvient quelques secondes plus tard, la vitesse du son étant inférieure à celle de la lumière. La durée entre la perception de l'éclair et celle du tonnerre permet de calculer la distance qui nous sépare de l'orage.

Les phénomènes orageux lumineux transitoires, appelés « **farfadets** » et dont les mécanismes sont encore mal compris, ont été photographiés pour la première fois en 1989 : les **jets bleus** partent du sommet du nuage et peuvent atteindre 60 km d'altitude ; les **esprits rouges**, en forme de méduse, surviennent lors d'orages puissants et les **elfes** sont des disques faiblement lumineux de 500 km de diamètre. •

Toiles d'araignées

TOILE GÉOMÉTRIQUE (ORBICULAIRE)

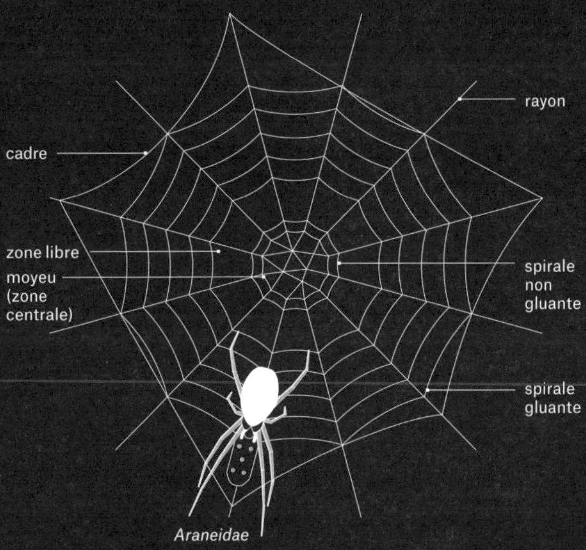

Anatomie

Types de moyeux

TOILES IRRÉGULIÈRES

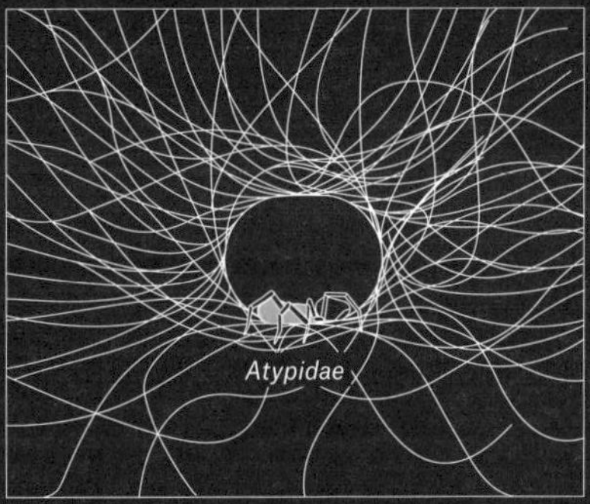

Piège en tube

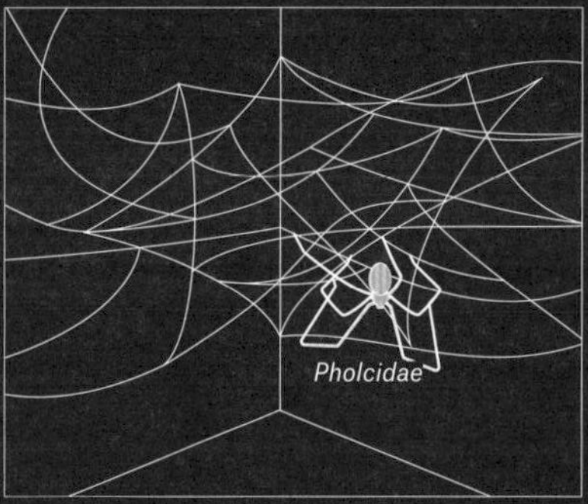

Piège de fils diffus

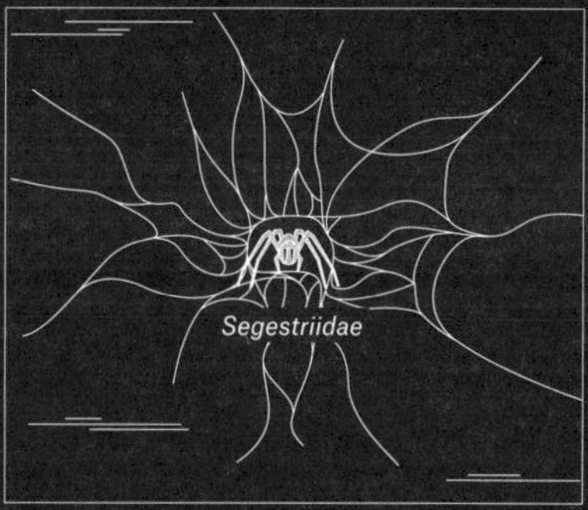

Piège en collerettes

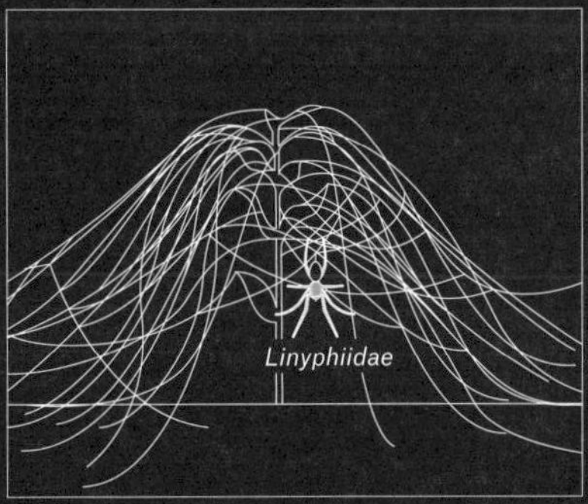

Piège en dôme

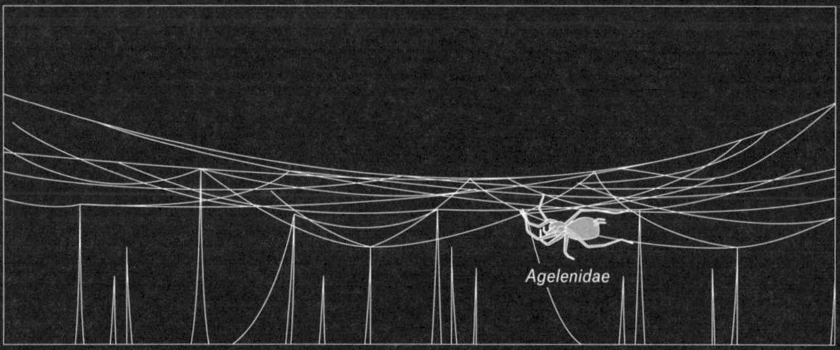

Piège en nappes

AVANT MÊME L'ÈRE DES DINOSAURES, les araignées fabriquaient déjà toutes sortes de toiles extrêmement résistantes. Ces dernières permettent de réguler la population d'insectes, dont elles se nourrissent avidement – jusqu'à 800 millions de tonnes chaque année. La forme de ces toiles – **géométrique** ou **irrègulière** – dépend de l'espèce d'araignée, des conditions environnementales et de leur rôle (piège, protection…).

Ces toiles sont composées de fils protéinés qui garantissent la solidité et l'élasticité de l'ouvrage dans son ensemble, conférant aux araignées une réputation de bâtisseuses. Dans leur abdomen, plusieurs types de glandes produisent de la soie liquide, qui circule dans leur organisme et devient solide une fois éjectée à l'air libre. En fonction de leurs besoins, les araignées sont capables de produire différents types de fils de soie – six en moyenne. Elles peuvent ainsi fabriquer un fil rigide pour tisser une toile, un autre pour les nœuds, un fil collant pour piéger leurs proies, un autre pour les emprisonner, un fil pour former le cocon protecteur de leurs œufs, ou encore un fil « de sécurité ». Lancé dans les airs par l'araignée, ce dernier y reste maintenu par les vents, lui évitant ainsi de tomber et de se perdre. •

Psychotropes naturels

1. Pavot
Opiacés

2. Mandragore
Alcaloïdes

3. Chanvre
Tétrahydrocannabinol (THC)

4. Coca
Cocaïne

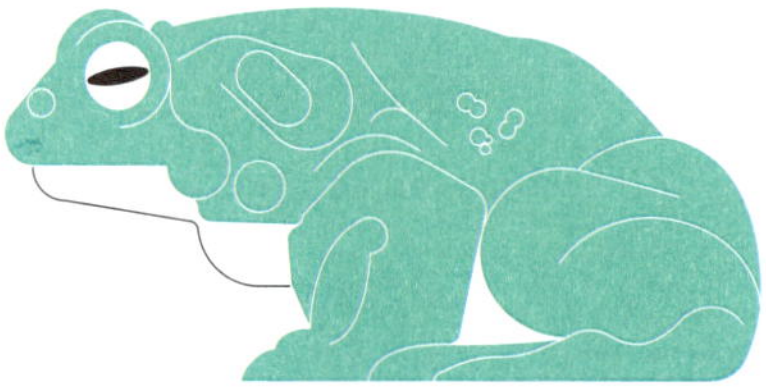
5. Bufo Alvarius
Bufoténine

6. Amanite tue-mouches
Muscimol

7. Peyotl
Mescaline

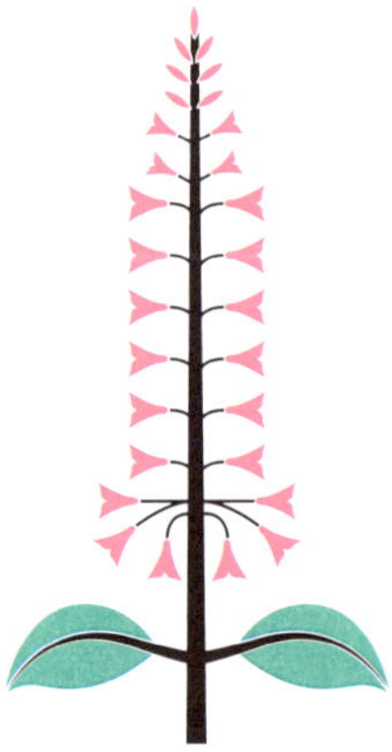
8. Sauge des devins
Salvinorine A

9. Ayahuasca
Diméthyltryptamine (DMT)

DE NOMBREUX PSYCHOTROPES – substances chimiques capables d'altérer le fonctionnement du cerveau – existent à l'état naturel. **1.** Les propriétés sédatives du **pavot**, plante annuelle qui ressemble au coquelicot, étaient déjà utilisées en Mésopotamie 4 000 ans avant notre ère. **2.** Au Moyen Âge, on accusait les sorcières de se couvrir le corps de **mandragore** afin d'entrer en transe. **3.** Le **chanvre** est l'une des premières plantes cultivées par l'Homme au Néolithique, utilisée ensuite dans des rites funéraires et de communication avec les morts. **4.** Les feuilles de **coca** étaient mâchées par les Incas lors de cérémonies rituelles. **5.** Sécrétée par la peau de certains crapauds, la **bufoténine** est utilisée en médecine chinoise traditionnelle ou dans des rites vaudous. **6.** Connue des Mayas ou des Indiens Ojibwés, l'**amanite tue-mouches** est peu utilisée comme psychédélique à cause de sa toxicité et du caractère imprévisible de ses effets. **7.** Le **peyotl** est un cactus hallucinogène consommé par les Amérindiens et les chamans au Mexique, qui provoque des flashs visuels puissants. **8.** La **sauge des devins** est une plante hallucinogène encore utilisée par les Mazatèques du Mexique. **9.** Combinaison de plusieurs plantes, l'**ayahuasca** est une boisson considérée comme sacrée par les chamans amazoniens. •

Cycles du sommeil

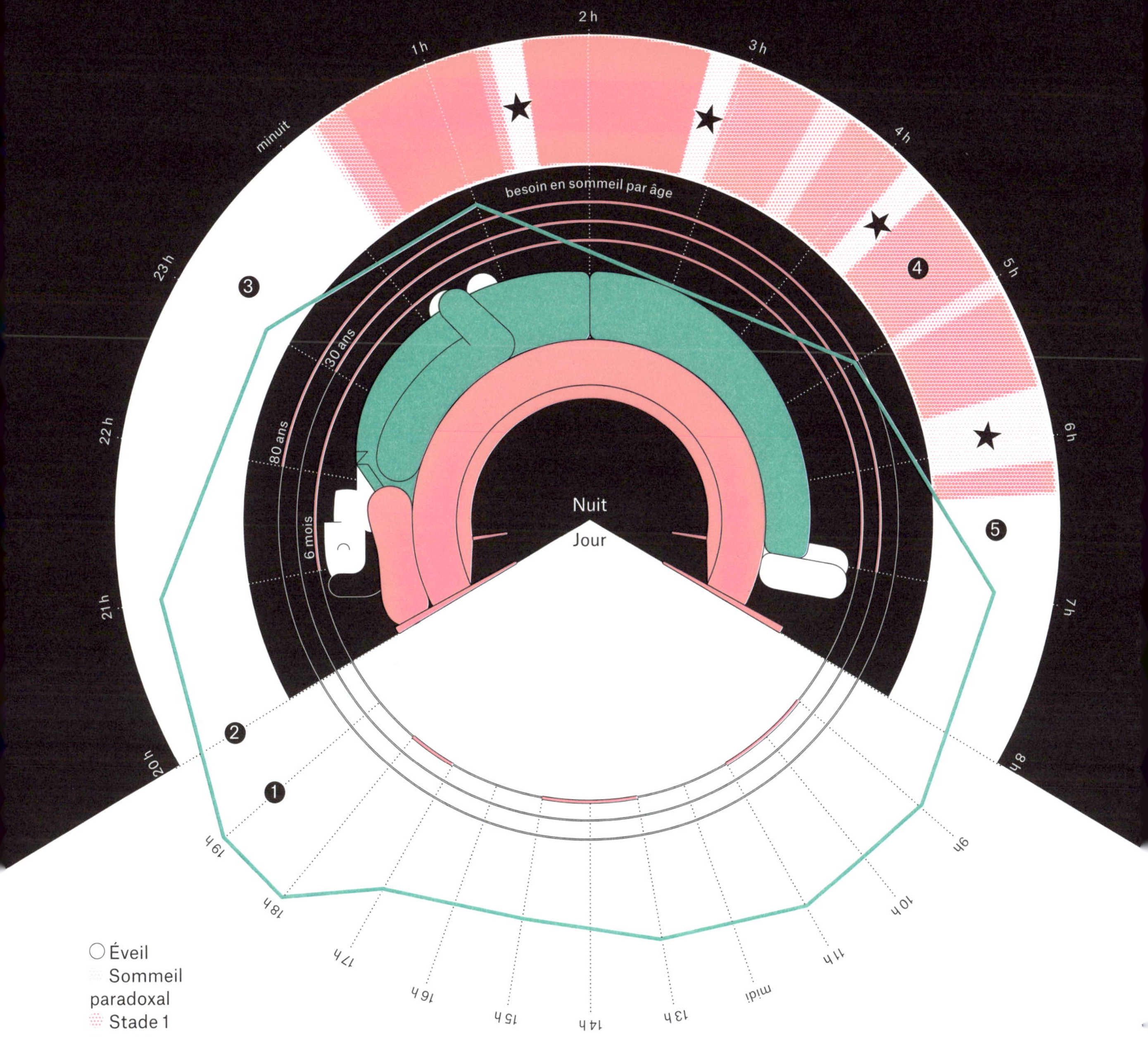

○ Éveil
Sommeil paradoxal
Stade 1 (transition éveil-sommeil)
Stade 2 (sommeil lent léger)
Stade 3 (sommeil lent profond)

★ Épisodes de rêves

— Rythme de la vigilance

1. Température corporelle la plus élevée
2. Début de la sécrétion de mélatonine
3. Niveau de cortisol au plus bas
4. Température corporelle la plus basse
5. Arrêt de la sécrétion de mélatonine

24 HEURES, c'est la durée du cycle veille-sommeil chez l'humain et l'animal diurne, synchronisé sur l'alternance jour-nuit et la lumière naturelle. Il est régulé dans le cerveau, centre du sommeil, par l'horloge biologique circadienne. Les animaux nocturnes, eux, ont un cycle inversé (→ planche n° 79).

Durant le sommeil, il existe un rythme ultradien qui correspond à l'alternance entre le sommeil **lent** (**profond** et réparateur) et le sommeil **paradoxal** (celui des **rêves** et de la mémoire). Le corps passe alors par différents **stades** : la **température corporelle** ou l'action d'hormones comme la **mélatonine** ou le **cortisol** définissent le **rythme de la vigilance.** Chaque nuit, le cerveau s'active : rêves, mémorisation, état hypnopompique (semi-conscience au réveil), voire somnambulisme ou bruxisme (grincement des dents). Se mettent également en place la régénération musculaire, la détoxification cérébrale ou l'activation du système immunitaire. Aussi, la durée, la qualité et les horaires de sommeil dépendent de l'**âge** et de ce qui s'est passé la journée en matière d'activité physique (sport, consommation de nourriture et d'excitants), mentale (activité cognitive, émotions...) et environnementale (température, lumière, bruit...). •

Égouts de Paris

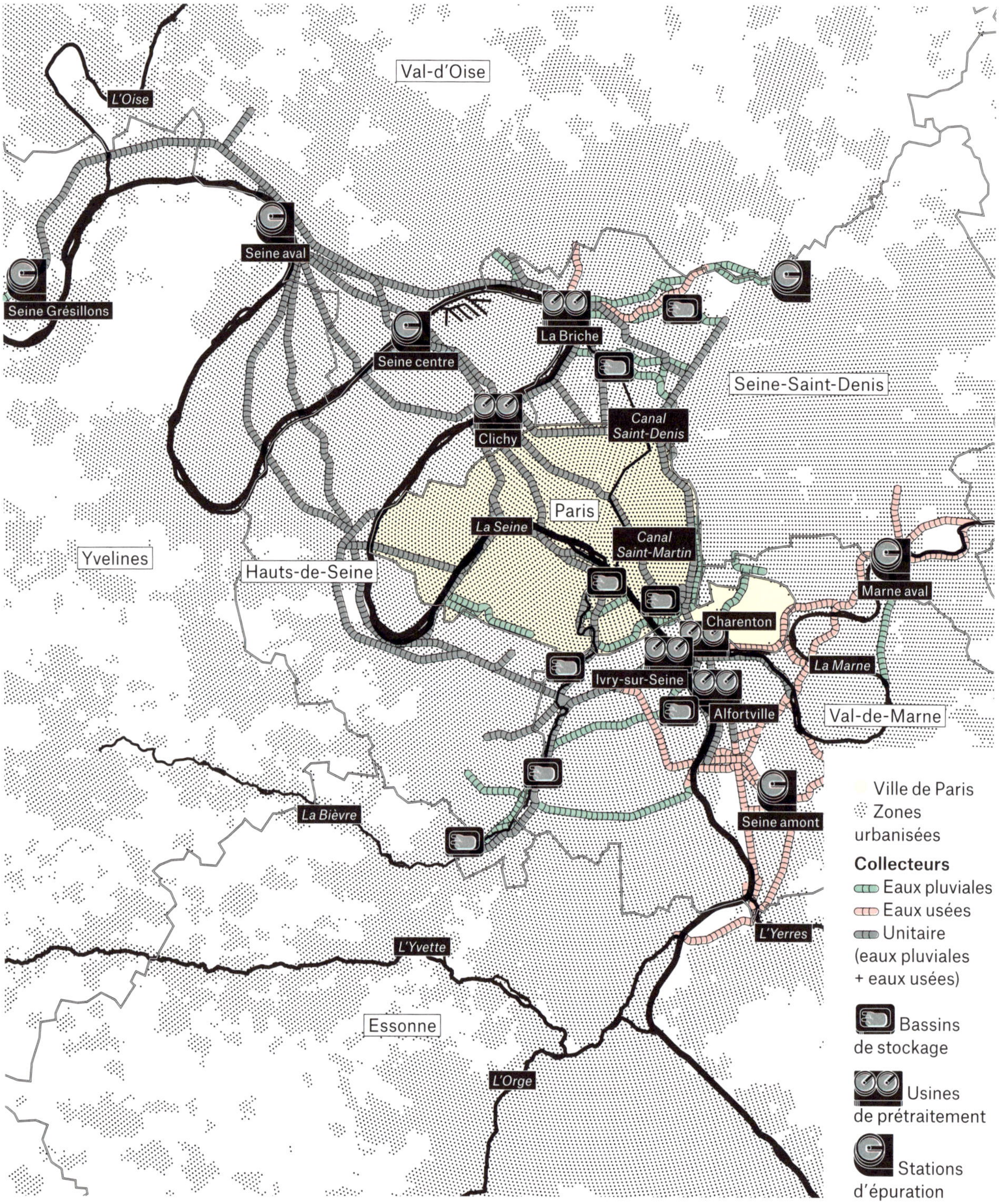

LES RÉSEAUX D'ÉGOUTS servent, dès le IIIe millénaire avant J.-C., à drainer les eaux de pluie pour protéger les cités des inondations, puis à rejeter les eaux usées. Parmi les premiers réseaux à grande échelle, celui de Paris est un exemple des évolutions urbanistiques issues des théories hygiénistes qui ont fait suite, dans l'Europe du XIXe siècle, aux épidémies comme celle de choléra. Sous l'impulsion du préfet Haussmann, des canalisations sont construites sous chaque rue et les immeubles y sont raccordés. Paris collecte les **eaux pluviales** et les **eaux usées** au sein d'un même **réseau unitaire**, à la différence d'un système de réseaux séparés. En 1930, les premières **stations d'épuration** sont construites sur la **Seine** et sur la **Marne**, en **amont** et en **aval** de la ville. L'actuel réseau de 2 600 km de long fonctionne grâce à la gravité, via des **collecteurs**, et transporte chaque jour 2,3 millions de m³ d'eaux usées, traitées puis rejetées dans la Seine. Ces eaux sont classées selon leur degré de contamination et de dangerosité : les eaux usées domestiques, dites « grises », sont faiblement polluées ; les « eaux noires », toxiques et contenant les matières fécales, doivent être traitées. « L'égout, c'est la conscience de la ville. Tout y converge et s'y confronte », écrit Victor Hugo dans *Les Misérables* en 1862. •

Matières fécales

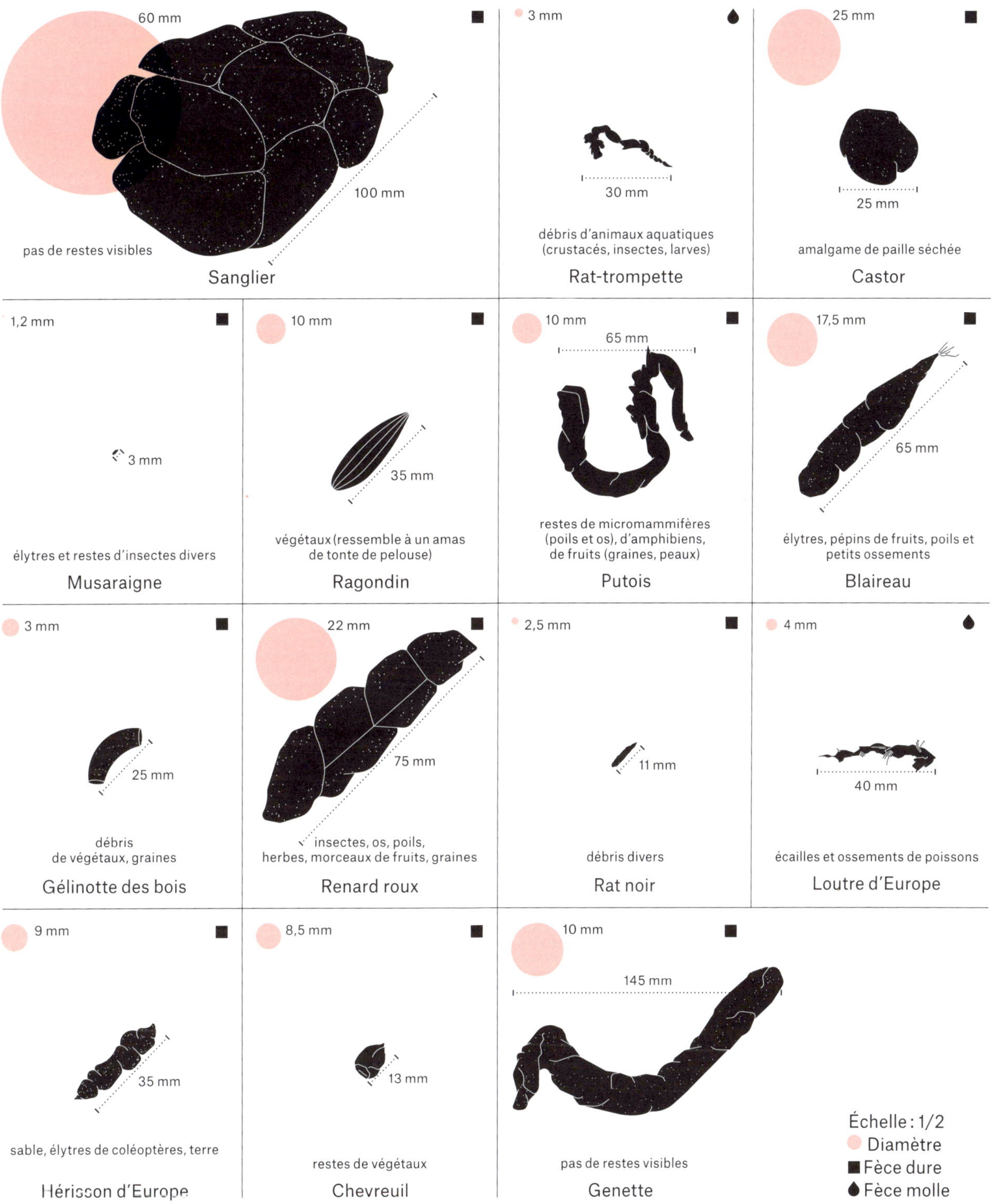

COMME LES EMPREINTES (→ planche n° 1), la **taille**, la **consistance**, la couleur et la **forme** des matières fécales permettent de déterminer l'identité d'un animal et témoignent de son état : on peut ainsi savoir s'il a subi un stress, s'il est en période d'accouplement, s'il est jeune ou en fin de vie. Témoins directs des régimes alimentaires et de leurs variations, les excréments solides permettent de reconstituer les comportements – alimentaires, sociaux… – de différentes espèces.

Les matières fécales témoignent aussi de stratégies spécifiques propres à chaque espèce : les félins les enfouissent pour se protéger des prédateurs ; les **renards roux** les utilisent pour marquer leur territoire ; certains herbivores, comme le lapin, en consomment les nutriments qui n'ont pas été totalement digérés ; les **blaireaux** se construisent des « toilettes » en creusant des fosses peu profondes à l'extérieur de leur territoire ; les **loutres** déposent leurs excréments à certains endroits stratégiques pour signaler leur présence à leurs congénères. Enfin, certains insectes dits « coprophages », comme les mouches, les bousiers ou les cafards, se nourrissent des excréments des autres. •

Pigments naturels

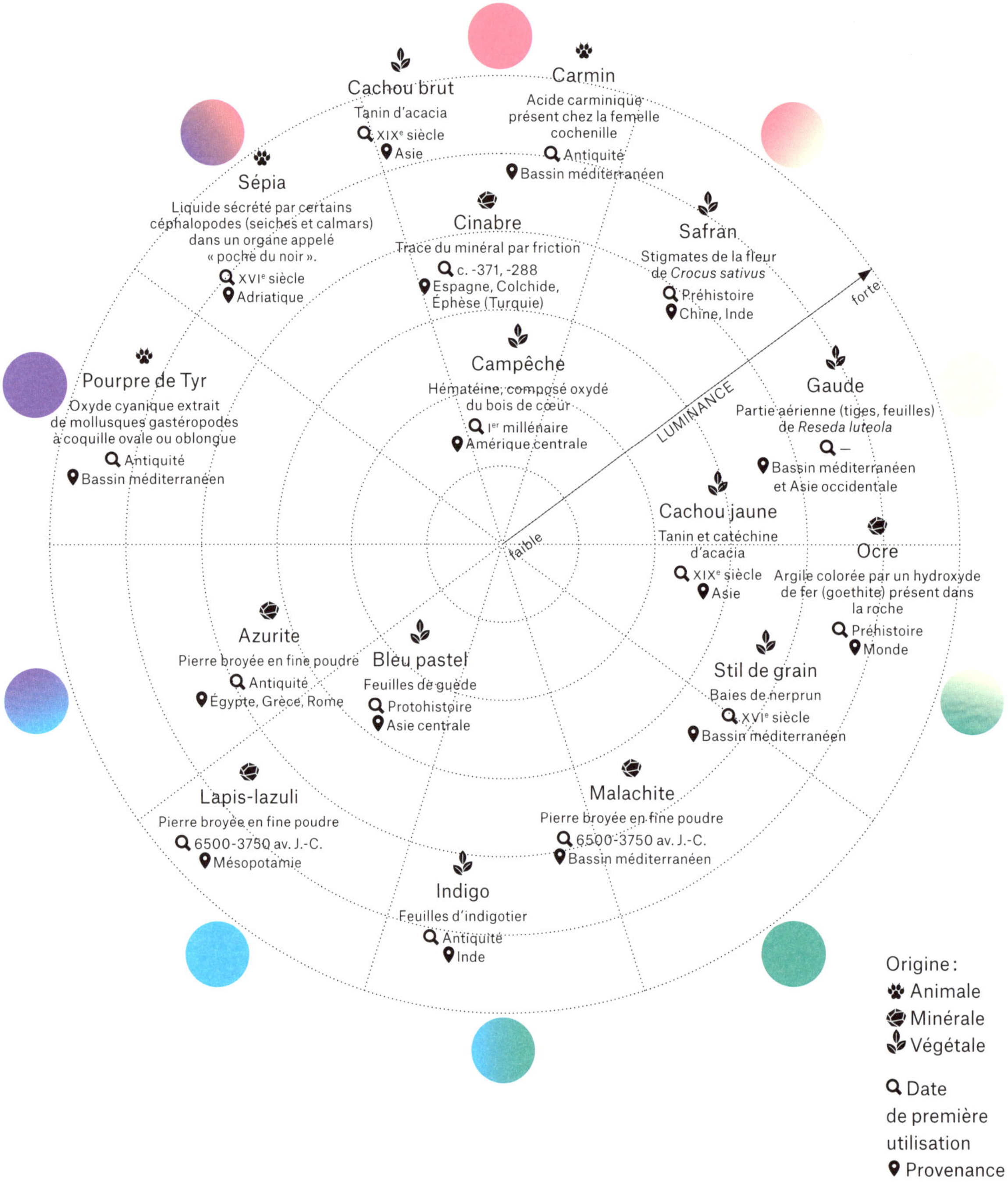

DEPUIS LA PRÉHISTOIRE, l'humanité utilise des pigments, c'est-à-dire des poudres colorantes fabriquées à partir de minéraux, de végétaux ou d'animaux. La finesse et la forme de leurs grains – sphéroïdale, lamellaire, en aiguille ou sans forme définie – influent sur leur pouvoir colorant. L'**ocre**, issue de l'argile, est le premier pigment utilisé dans les cavernes pour l'art pariétal. Le **carmin**, quant à lui, provient du broyage d'insectes de la famille des coléoptères, les cochenilles. Cette méthode perdure depuis des milliers d'années en Amérique du Sud ou en Europe. Le **cachou**, extrait de l'acacia, donne à la fois un pigment brun rougeâtre et une teinture kaki utilisée pendant la seconde moitié du XIXe siècle pour les filets de pêche et les voiles des navires en Europe et en Extrême-Orient, leur donnant une couleur brun-rouge. La **sépia**, ou encre de seiche, est sécrétée par des céphalopodes par l'intermédiaire d'un organe appelé « poche du noir ». La partie glandulaire de cet organe produit le pigment, tandis qu'une autre partie forme l'encre, que ces animaux utilisent comme moyen de défense et dont les humains se servent en cuisine ou en art comme matière colorante noire. De nos jours, la plupart des pigments sont synthétisés en laboratoire. •

Ligne d'horizon

DISTANCE DE L'HORIZON

d = √(2 h R + h²)

d = distance de l'horizon

R = rayon de la Terre (6 371 km)

h = hauteur de l'observateur

APLATISSEMENT DU SOLEIL COUCHANT

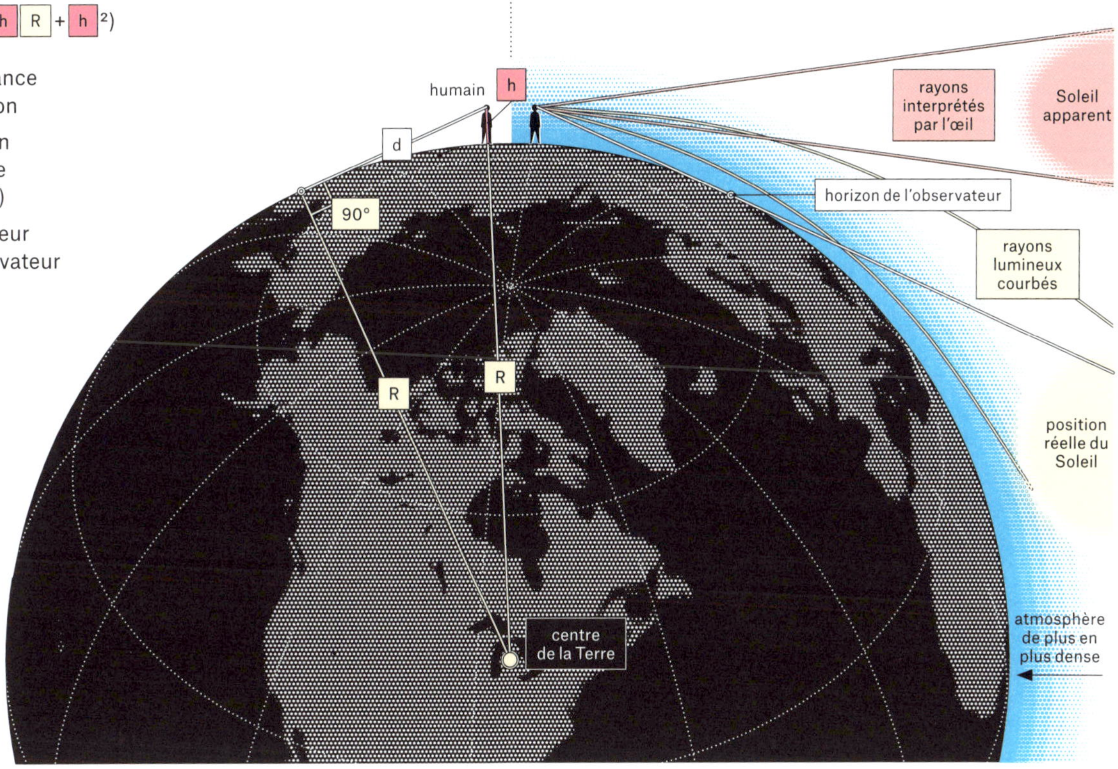

COURBURE TERRESTRE

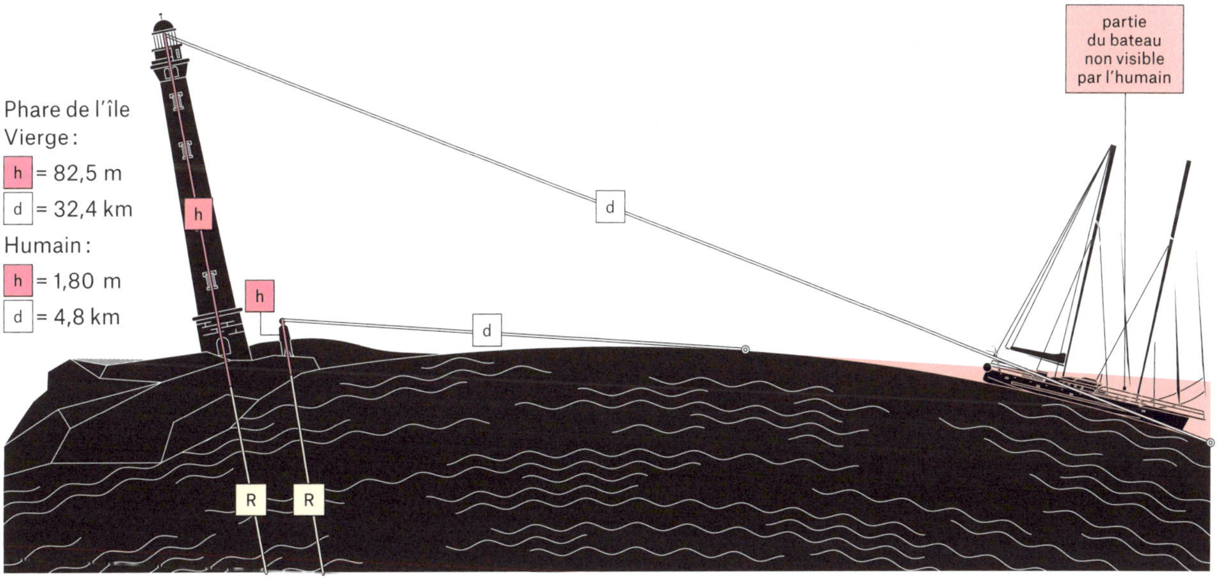

LIGNE DE DÉMARCATION entre le ciel et la terre, ou entre le ciel et la mer, l'horizon est un lieu de jointure et de disparition, limite physique de notre perception visuelle. Il permet d'appréhender, notamment au sommet d'une montagne, la **courbure terrestre**. Car plus la position de l'**observateur** est **haute**, plus l'horizon sera loin, et plus il sera facile de constater que la Terre est ronde. Cette courbure s'avère impossible à contempler en basse altitude, car la distance de l'horizon perceptible est trop faible pour la faire apparaître. Néanmoins, elle reste démontrable. Face à l'océan, par exemple, le phénomène d'« abaissement » de l'horizon provoque une sensation visuelle de pente descendante en direction du large : depuis la côte, il est encore possible de voir le mât d'un **bateau** au loin, mais pas sa coque. C'est d'ailleurs pour cette raison que les postes d'observation indispensables à la surveillance des côtes, comme les **phares**, sont en hauteur.

Lorsque le **soleil** descend vers l'horizon, les rayons lumineux traversent une couche d'air de plus en plus dense. Ils se courbent alors – c'est le phénomène de réfraction. Nous voyons alors le soleil se coucher, mais il est en réalité déjà sous l'horizon et nous apparaît comme aplati. ●

Nuage de Oort

RÉSERVOIRS DE COMÈTES

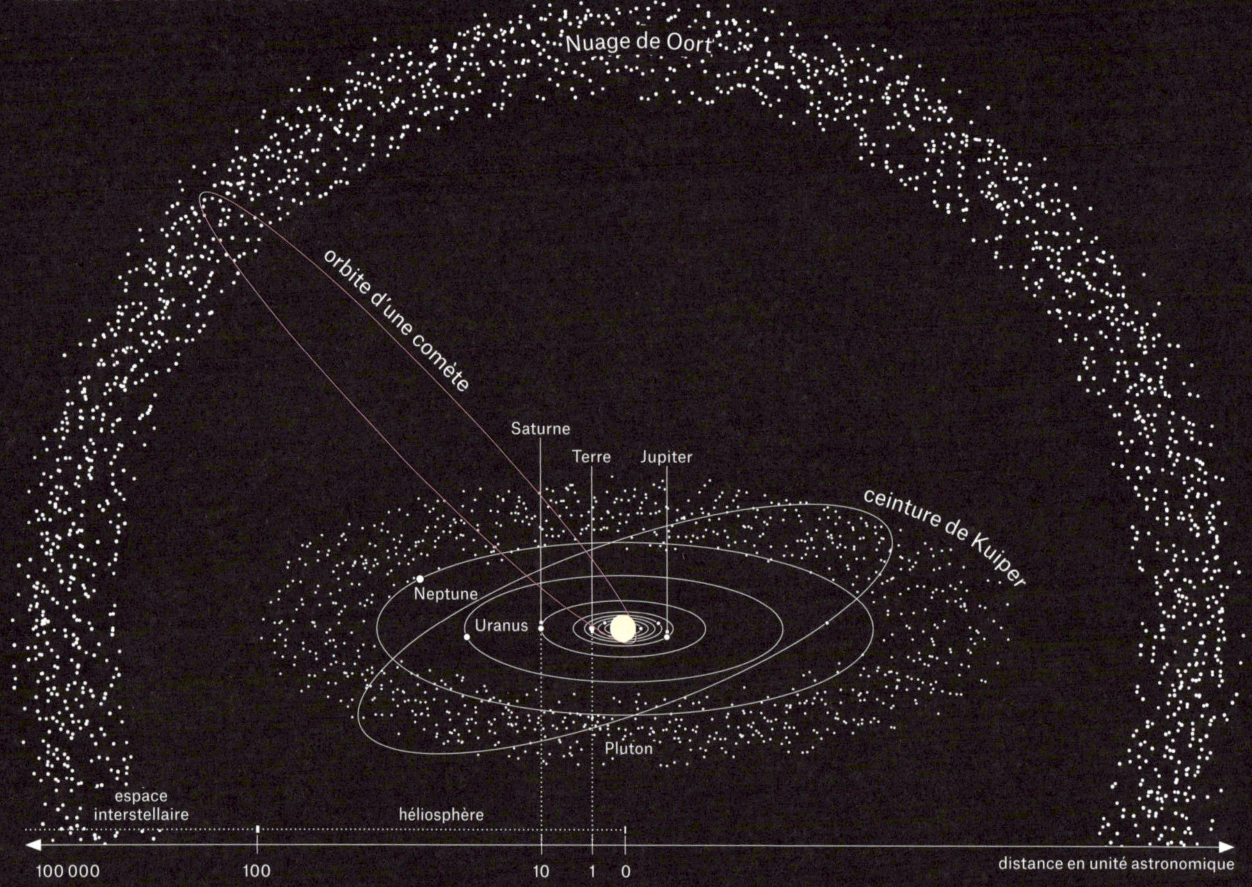

DÉVELOPPEMENT D'UNE COMÈTE

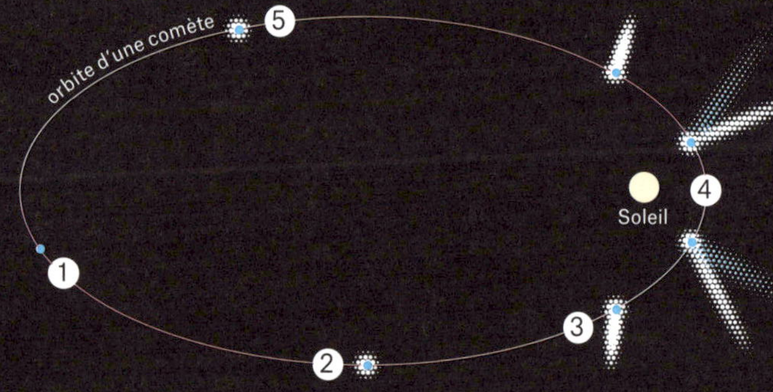

1. Noyau issu du disque protoplanétaire composé de glace et de poussières.

2. Le noyau cométaire commence à s'échauffer.

3. À 5 UA du Soleil, la chevelure prend forme.

4. La queue de poussière est formée par la lumière solaire et la queue ionisée par le vent solaire.

5. Refroidissement : la chevelure et les queues disparaissent.

ANATOMIE D'UNE COMÈTE

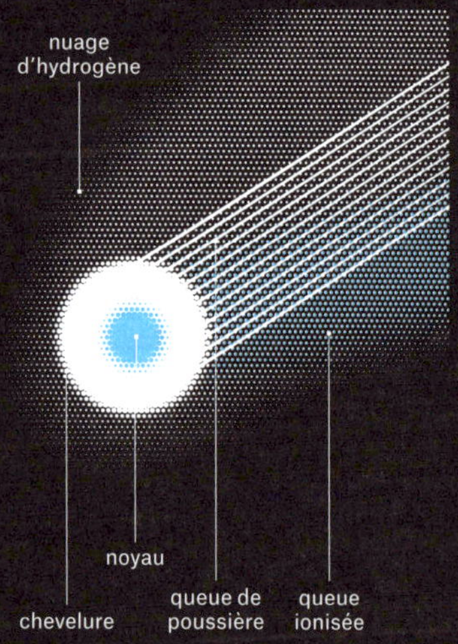

PETITS CORPS CÉLESTES, les comètes sont composées d'un **noyau de glace**, d'une atmosphère brillante appelée « **chevelure** » et d'une **queue de poussière et de gaz ionisé**. Dans le Système solaire, elles proviennent des deux « **réservoirs** » que sont la **ceinture de Kuiper** et le **nuage de Oort**. Située au-delà de l'orbite de **Neptune**, la ceinture de Kuiper contient de petits corps, débris de la formation du Système solaire, 20 fois plus larges et de 20 à 200 fois plus massifs que ceux de la ceinture d'astéroïdes. Le **nuage de Oort**, lui, n'a fait l'objet d'aucune observation directe, mais les calculs des **orbites des comètes** – au cours desquelles elles acquièrent, puis perdent leur chevelure et leur queue – permettent d'envisager un vaste ensemble de **noyaux** cométaires situé en bordure du Système solaire, à 100 000 UA (unité astronomique correspondant à la distance entre la **Terre** et le **Soleil**) de la Terre, bien au-delà des orbites des planètes. En son sein, plusieurs milliards de noyaux cométaires sont les reliquats du disque qui a entouré le Soleil au moment de sa formation, il y a 4,6 milliards d'années (→ planche n° 29). Perturbés par d'autres étoiles, ces noyaux seraient alors éjectés dans notre Système solaire interne pour former les comètes que nous observons. •

Pollinisation

BIOTIQUE

Entomophile (insectes)

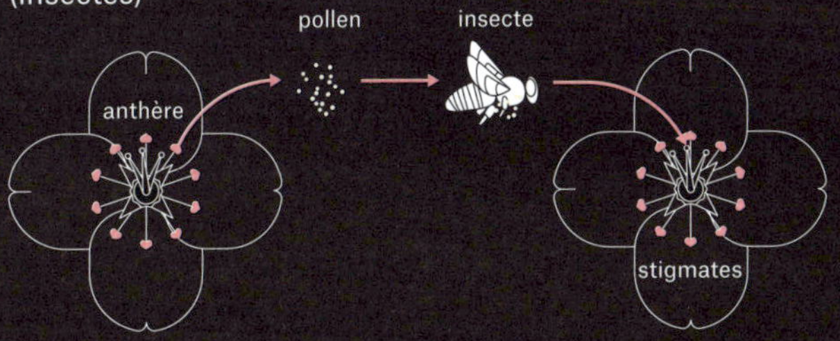

Abeille/Poirier

Type de fleur

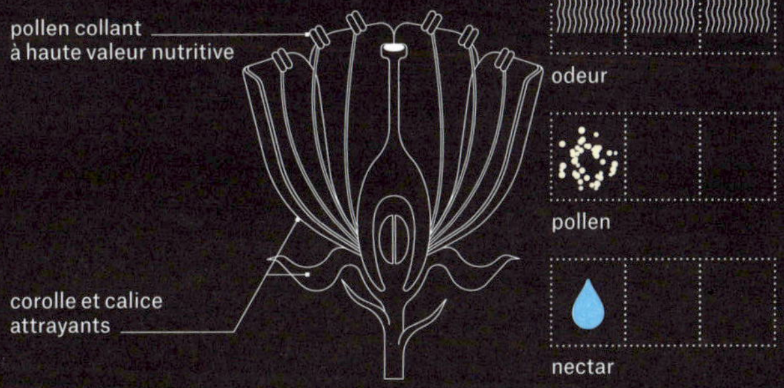

Ornitophile (oiseaux)

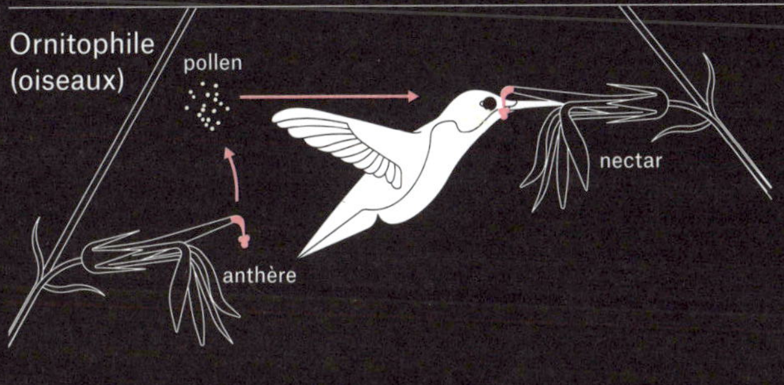

Colibri/Lobélie cardinale

Type de fleur

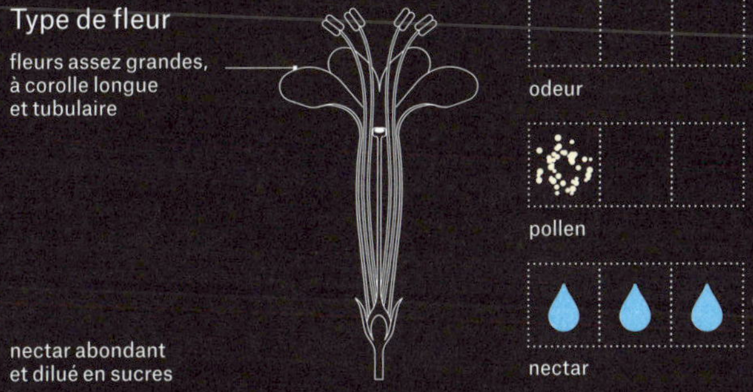

Cheiroptérophile (chauve-souris)

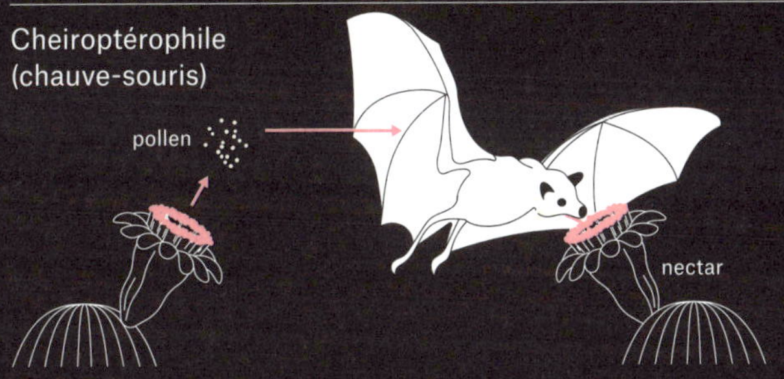

Chauve-souris/Cactus

Type de fleur

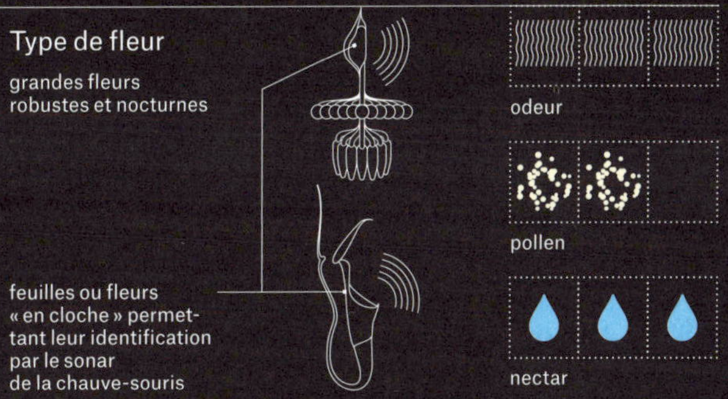

ABIOTIQUE

Aménophile (vent)

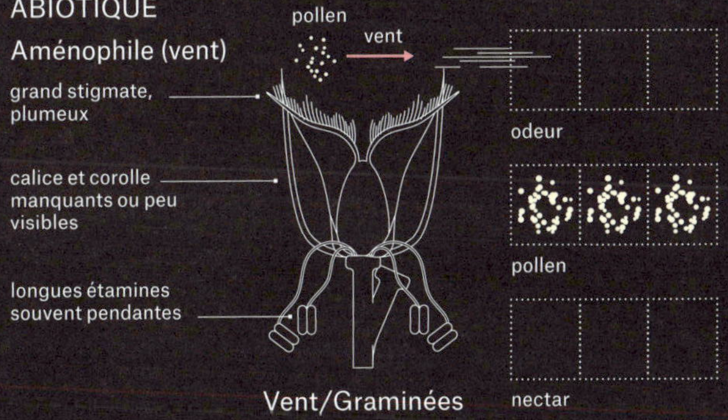

Vent/Graminées

Hydrophile (eau)

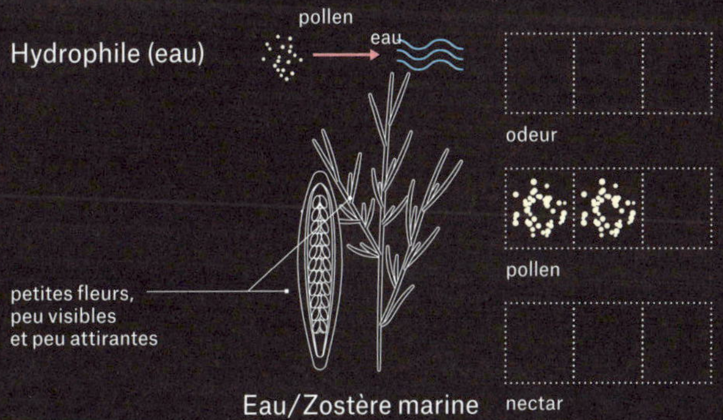

Eau/Zostère marine

CONSTITUÉ DE MINUSCULES GRAINS de 10 à 150 micromètres de diamètre, le pollen des plantes à graines est contenu à l'extrémité des étamines, l'**anthère**. Il est l'élément mobile qui permet la fécondation du pistil, appareil reproducteur femelle se terminant par le **stigmate**, d'une fleur voisine. Immobiles, les végétaux ont développé des stratégies de reproduction faisant intervenir des espèces animales – **pollinisation biotique** –, et d'autres vecteurs naturels comme le **vent** ou l'**eau** – **pollinisation abiotique**. Aussi, la morphologie de la **fleur**, son **odeur**, sa quantité de **pollen** et de **nectar** sont adaptés à ces différentes stratégies. Par exemple, les **abeilles** sont attirées par les fleurs bleues et jaunes, mais pas rouges. Les fleurs rouges tubulaires au nectar abondant attirent plutôt les **oiseaux**. Animaux nocturnes (→ planche n° 79), les **chauves-souris** repèrent plus facilement les fleurs blanches dans l'obscurité. Ces grandes stratégies sont les plus fréquentes, mais il existe une multitude d'interactions entre plantes et pollinisateurs qui n'y répondent pas. Les interactions entre plante et animal évoluent ainsi dans une relation mutualiste : les plantes nourrissent les pollinisateurs de leur nectar (sucres) et pollen (protéines), en échange de quoi ceux-ci transportent le pollen récolté vers une autre plante. •

Animaux nocturnes

CHOUETTE

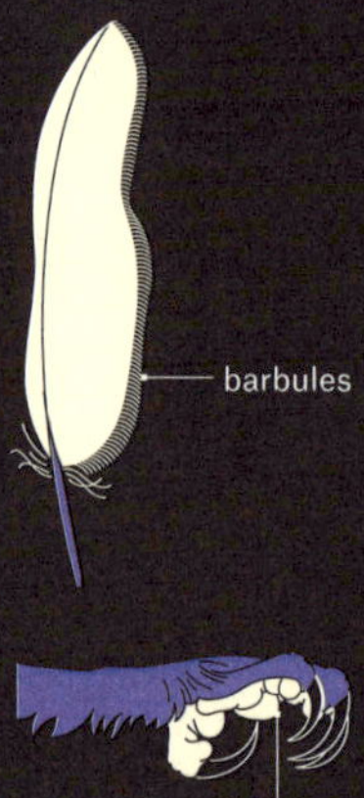

Vol et déplacement silencieux
Les plumes des ailes présentent de petites barbules duveteuses et les serres sont dotées d'épais coussinets.

Ouïe
Position asymétrique des oreilles (oreille droite plus haute que la gauche) qui lui permet de se localiser par triangulation. Ondes sonores amplifiées par la forme du disque facial.

Vision
Grande acuité visuelle et vision binoculaire qui lui permettent de mieux apprécier les distances, les reliefs et les mouvements. Sa tête peut pivoter à 270°.

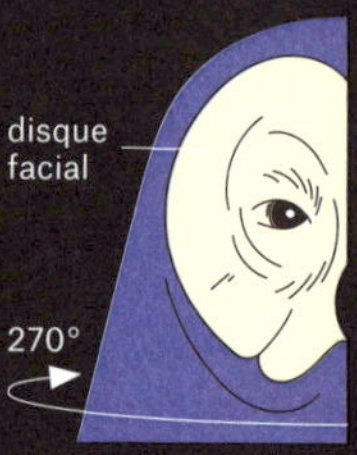

ANACONDA

Odorat
La langue recueille les particules odorantes et l'acidité de son environnement, pour les transmettre à l'organe de Jacobson, situé dans le haut du palais.

Sismomètre
Les vibrations sont perçues par la mâchoire inférieure et transmises au cerveau via l'oreille interne.

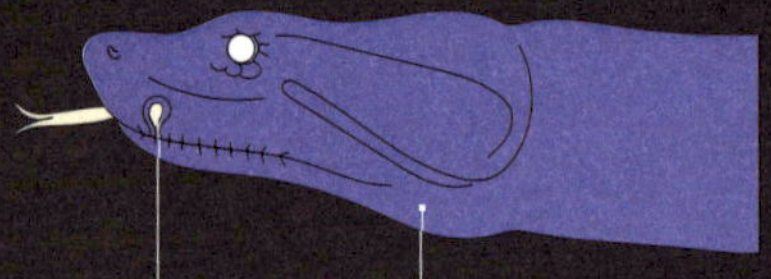

Organe thermosensible
Les fossettes thermiques sont sensibles au rayonnement infrarouge (chaleur). Celles-ci lui permettent de percevoir la présence d'animaux à sang chaud, comme les mammifères, dans l'obscurité.

CHAUVE-SOURIS

Odorat
Il est très présent dans les stratégies de reproduction, car la production de salive, d'excréments, d'urine, de sperme, ou de croûtes, est autant de systèmes mis en place pour attirer son partenaire. Ce sens permet aux petits de reconnaître leur mère parmi la colonie.

Ouïe
Les chauves-souris utilisent l'écholocalisation : elles émettent un ultrason via leurs cordes vocales, qui leur permet de se diriger dans la nuit, de chasser et d'apprécier les distances, les volumes et les textures.

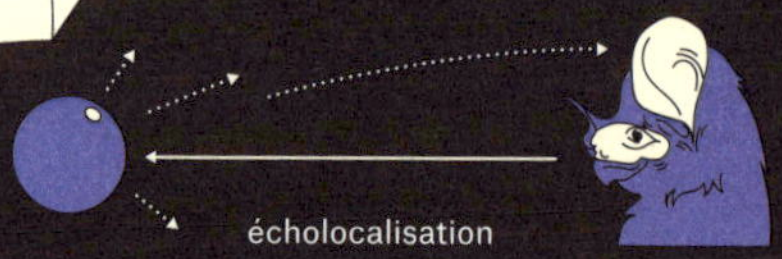

VIVRE LA NUIT apporte certains avantages évolutifs, comme la possibilité d'échapper aux prédateurs, de limiter la compétition avec les espèces diurnes pour l'accès aux ressources ou de pouvoir profiter de températures plus clémentes. Pour s'adapter à l'obscurité, les animaux nocturnes ont développé des caractéristiques particulières pour survivre, se repérer, chasser ou détecter un danger. La **vision** nocturne de certaines de ces espèces est bien plus performante que celle des êtres humains. Certaines disposent également d'une sensibilité au **rayonnement infrarouge** qui leur permet de détecter la chaleur pour identifier et localiser leur proie. Une **ouïe** et un **odorat** développés les aide à percevoir d'infimes mouvements.

De nombreuses espèces nocturnes sont aujourd'hui menacées par la pollution lumineuse (→ planche n° 58) qui provoque entre autres une raréfaction de l'habitat et des zones de chasse de ces dernières.

Il faut distinguer les animaux strictement nocturnes des animaux crépusculaires – comme le chat et de nombreux insectes –, qui, eux, sortent juste avant l'aube et à la tombée du jour. •

Fantômes et esprits

1. Bâ
Égypte antique

2. Yūrei
Japon

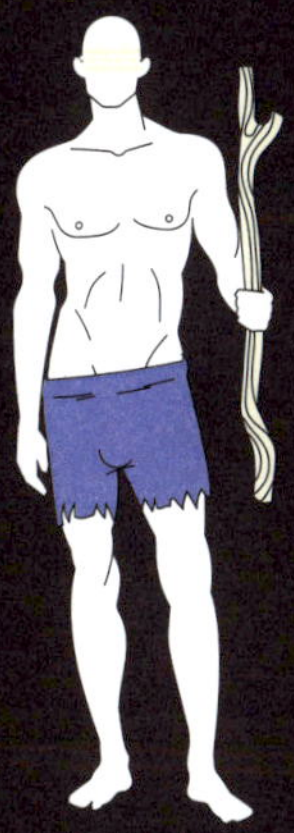

3. Dorlis
Caraïbes

4. La dame blanche
Europe

5. Tupilak
Groenland

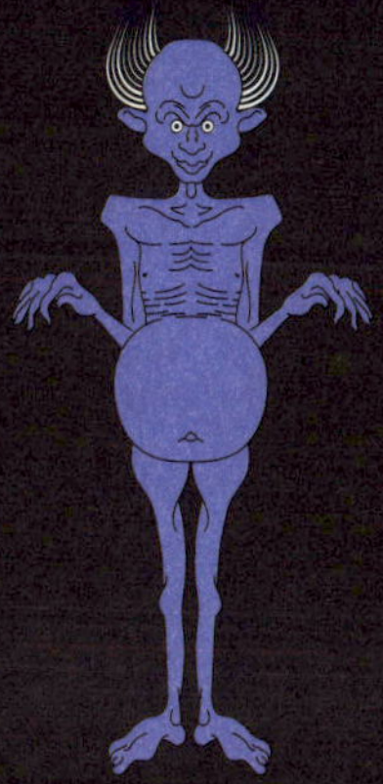

6. Fantôme affamé
Chine

7. La Llorona
Mexique

8. Madame Koi Koi
Nigéria

9. Mae Nak Phra Khanong (Phi)
Thaïlande

LES FANTÔMES ET AUTRES ESPRITS vengeurs font partie intégrante de nombreux folklores et leurs légendes se transmettent de générations en générations. **1.** Force transformatrice dans l'Égypte ancienne, **Bâ** symbolise le moment où l'âme du défunt quitte son corps pour l'au-delà. **2.** Au Japon, le **yūrei** naît d'une mort brutale. Parce qu'elle ne peut trouver le repos, l'âme défunte se transforme en spectre vengeur. **3.** En Martinique, le **dorlis** est une créature masculine qui se faufile la nuit et agresse sexuellement les femmes endormies qu'il rencontre. **4.** Moitié fée, moitié sorcière, la **dame blanche** peuple les forêts des continents européens et américains ou hante les routes sous la forme d'une auto-stoppeuse fantôme. **5.** Selon les légendes inuites, le **tupilak** est invoqué par un sorcier pour tuer une personne précise. **6.** Chaque année, les **fantômes affamés** reviennent dans le monde des vivants pour se nourrir et rendre visite à leurs proches. **7.** Inconsolable après avoir tué ses enfants, la **Llorona** erre aux abords des lacs et des rivières en hurlant sa tristesse. **8.** L'esprit de **Madame Koi Koi**, une ancienne professeure, vient hanter les dortoirs et les couloirs des écoles. **9. Mae Nak** est le fantôme d'une femme morte en couche alors qu'elle attendait son mari, parti à la guerre. •

Feux d'artifice

A. PRINCIPE DE FONCTIONNEMENT D'UNE BOMBE DE DIVERTISSEMENT

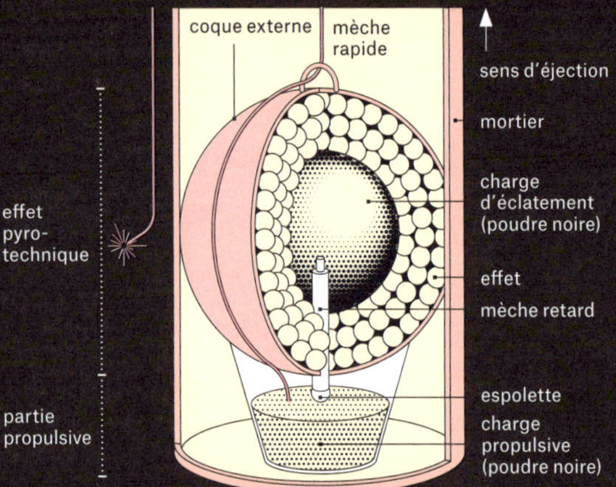

1. Allumage de la mèche rapide

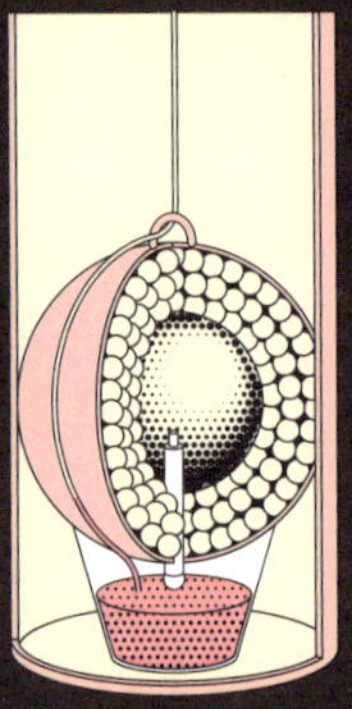

2. Allumage de la charge par la mèche rapide

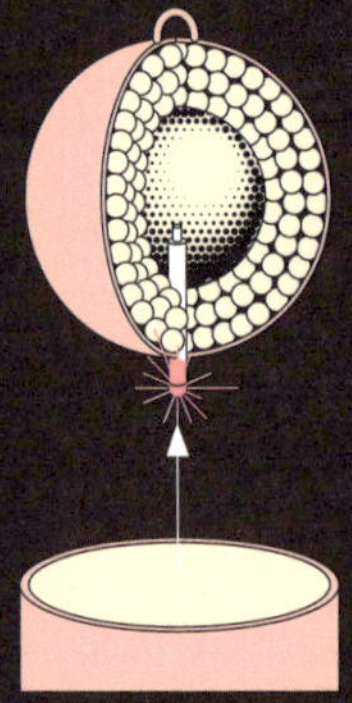

3. Propulsion de la bombe et allumage des espolettes

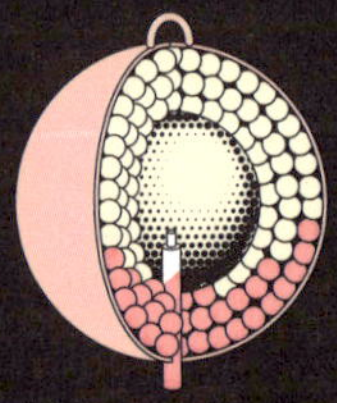

4. Allumage des effets et de la mèche retard par les espolettes

5. Éclatement de l'artifice qui permet la dispersion des effets pyrotechniques

B. FORMES

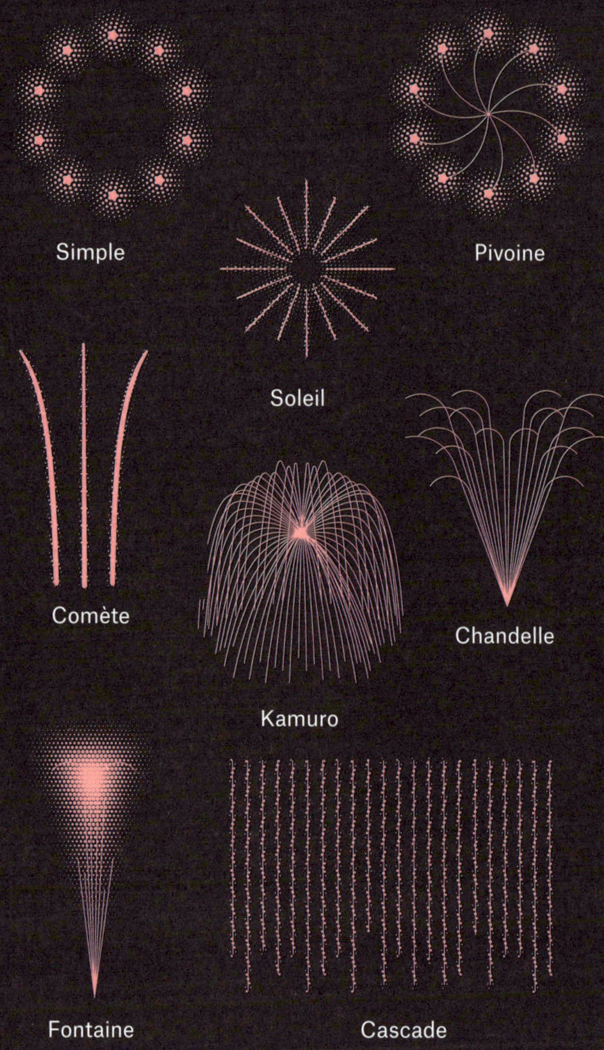

C. COULEURS ET EFFETS

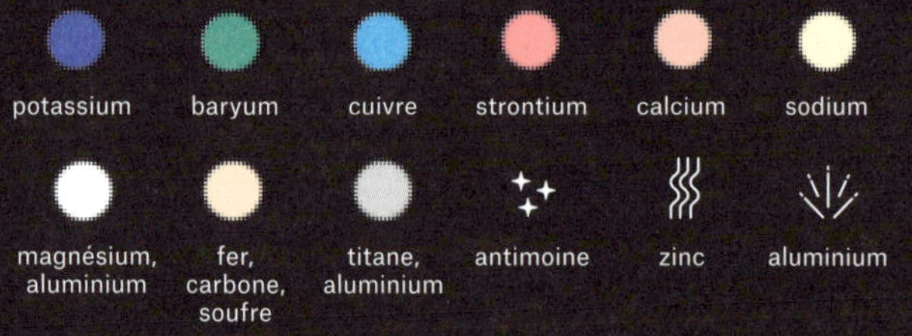

LA DÉCOUVERTE DE LA POUDRE NOIRE, mélange déflagrant de soufre, de nitrate de potassium et de charbon de bois, est attribuée aux Chinois, au IXe siècle. Des tubes de bambou remplis de **poudre noire** sont considérés comme les toutes premières armes à feu. Remplacée depuis 1886 par la bien plus performante poudre pyroxylée, également appelée « poudre blanche » ou « poudre sans fumée », la poudre noire n'est plus utilisée que pour des armes anciennes, des pétards et des feux d'artifice.

Depuis le développement de la pyrotechnie au XIXe siècle, le principe de la **bombe de divertissement** est resté le même (**A**), mais l'évolution de la composition et de la structure de l'explosif a permis de créer des **formes** (**B**), des **couleurs** et des **effets** (**C**) variés au moment de l'explosion. Souvent accompagnés de danses et de musiques, les spectacles pyrotechniques sont associés à de nombreux événements festifs (Nouvel An, fêtes nationales, etc.). Cependant, leur impact environnemental, s'il est bien moindre que celui d'autres émissions anthropiques, n'est pas négligeable pour autant : les grands feux d'artifice provoquent des pics de pollution qui peuvent durer plusieurs jours et libèrent des métaux toxiques et non dégradables dans l'atmosphère. •

Carte du ciel

HÉMISPHÈRE NORD

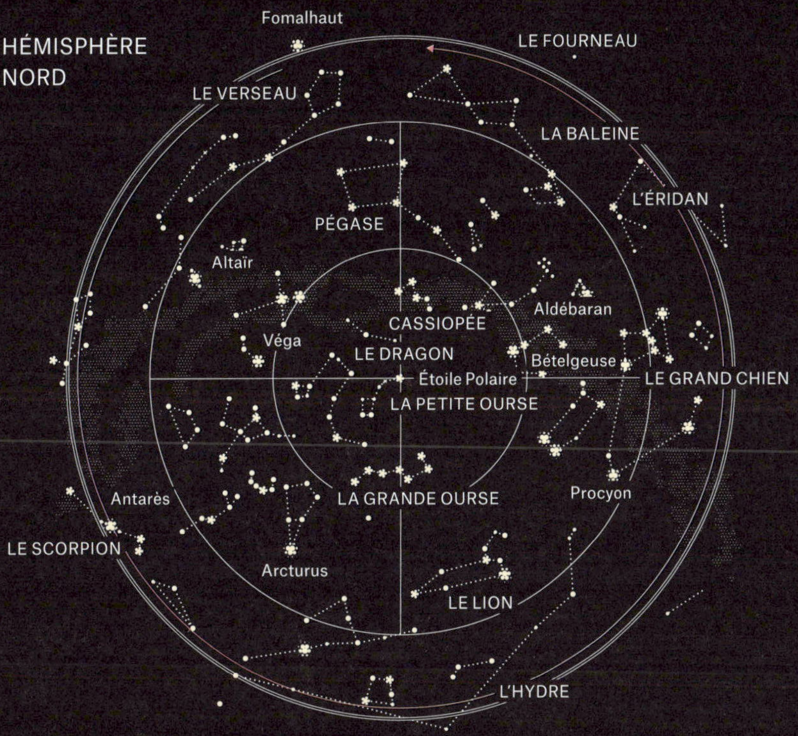

HÉMISPHÈRE SUD

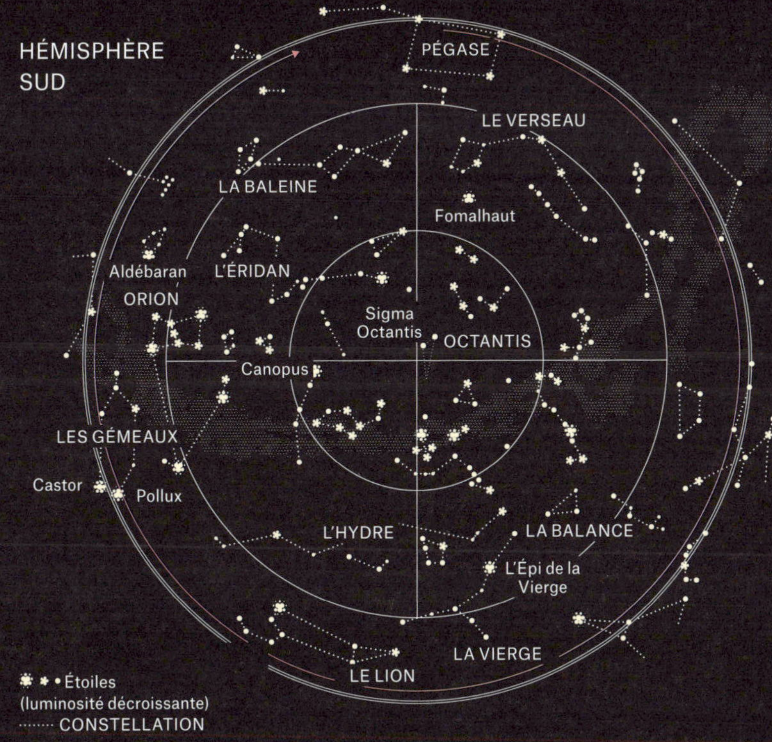

MOUVEMENTS DU CIEL

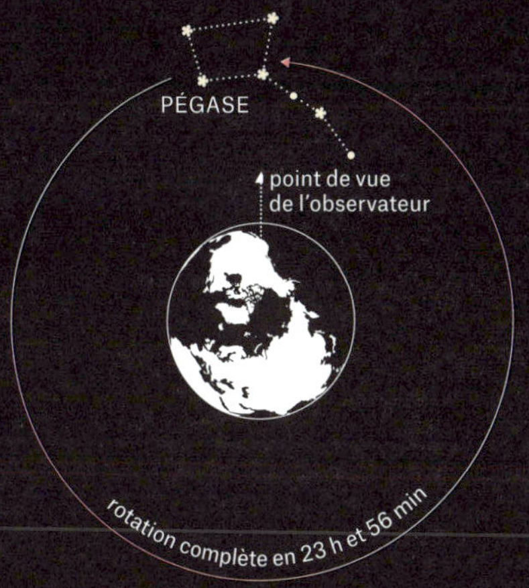

Hémisphère nord

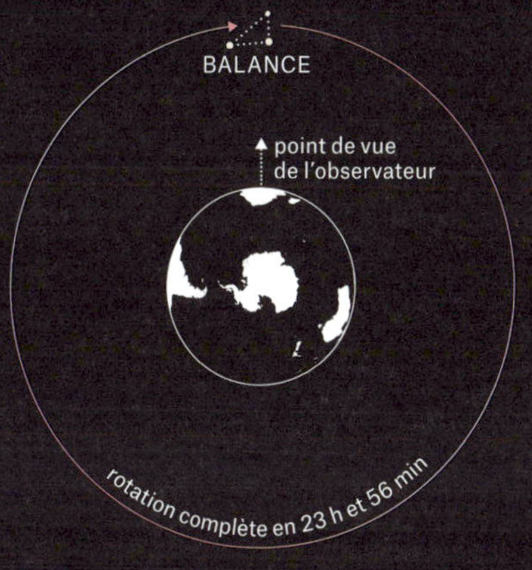

Hémisphère sud

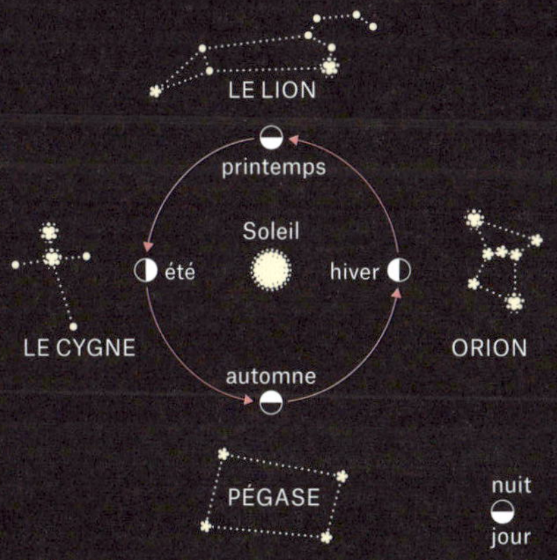

Révolution de la Terre autour du Soleil (hémisphère nord)

DANS LE CIEL NOCTURNE, une **constellation** est un groupe d'**étoiles** reliées entre elles par des lignes imaginaires. Le premier référencement d'envergure des constellations est réalisé par Hipparque de Nicée au IIe siècle avant J.-C. Souvent associées à des mythes, comme celui de la Grande Ourse (→ planche n° 37), les constellations se déplacent en fonction des heures de la nuit, dessinant les **mouvements du ciel**. La Terre étant sphérique, on ne peut observer qu'une moitié du ciel. Ainsi, les constellations de l'hémisphère nord restent invisibles pour un observateur situé dans l'hémisphère sud, et inversement. Certaines se lèvent à l'est et se couchent à l'ouest, tandis que d'autres ne passent jamais sous l'horizon : ce sont les constellations circumpolaires. Sur les cartes célestes, l'**étoile Polaire** est placée au centre et correspond au pôle Nord. De même, **Sigma Octantis** est située au plus proche du pôle Sud. La révolution de la Terre autour du Soleil influe sur la visibilité de certaines constellations : selon les saisons, il est possible d'observer la constellation du **Cygne** ou du **Lion**. Depuis 1925, l'Union astronomique internationale divise le ciel en 88 constellations aux limites précises : 44 dans l'**hémisphère nord** (boréales), 44 autres dans l'**hémisphère sud** (australes). •

Pigeon voyageur

EXPÉRIENCE DE LA MAGNÉTORÉCEPTION (Walcott, 1980)

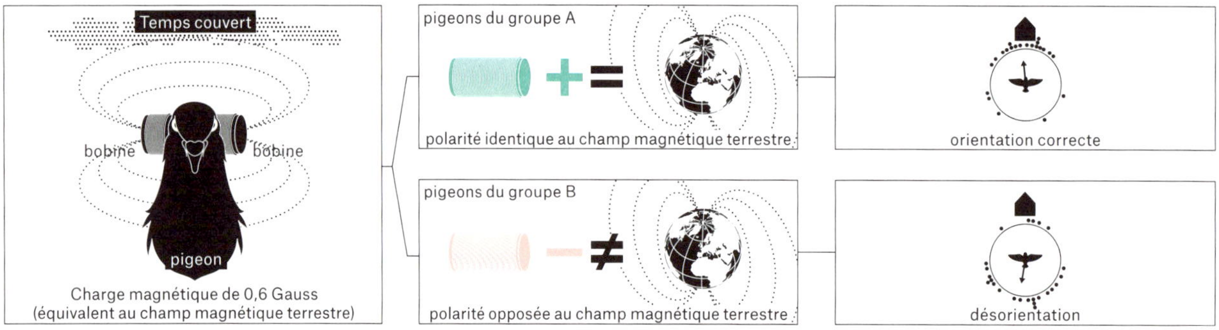

1. Dispositif magnétique 2. Polarités du dispositif 3. Résultats

Site d'envol Pigeonnier • Direction d'un pigeon → Direction moyenne des pigeons

EXPÉRIENCE DE LA GRAVITÉ TERRESTRE (Karevsky *et al.*, 1985)

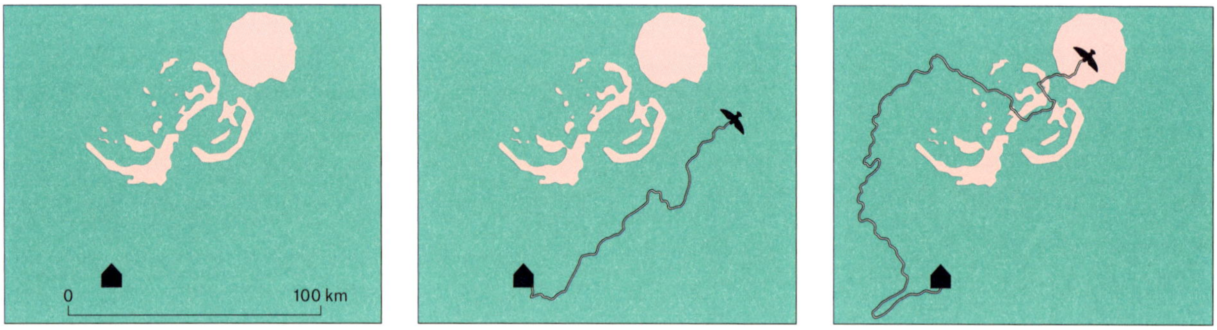

1. Situation gravitationnelle 2. Lancement sans anomalie 2. Lancement avec anomalie

Site d'envol Pigeonnier Gravité normale Gravité anormale Trajet d'un pigeon

EXPÉRIENCE DE L'ODORAT (Gagliardo *et al.*, 2020)

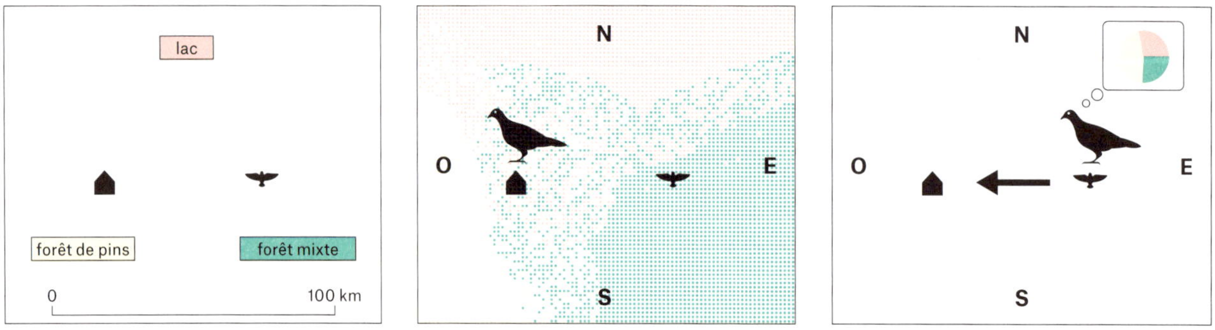

1. Situation olfactive 2. Cartographie olfactive 3. Orientation olfactive

Site d'envol Pigeonnier Odeur 1 Odeur 2 Odeur 3

UN PIGEON NE VOYAGE que dans une direction : celle de son **pigeonnier**. La capacité de ces oiseaux à parcourir plusieurs centaines de kilomètres en s'orientant avec précision a notamment été utilisée par les armées pour faire remonter des messages du terrain aux états-majors. Grâce à leur mémoire très performante, les pigeons sont capables d'établir l'équivalent d'une carte mentale, où la position du Soleil et des étoiles leur sert de guide.

S'il subsiste quelques mystères quant à leurs mécanismes d'orientation, plusieurs expériences scientifiques ont permis d'apporter quelques précisions. L'expérience de la **magnétoréception** a prouvé que, comme les oiseaux migrateurs, les pigeons se repèrent grâce au champ magnétique terrestre (→ planche n° 97). On a longtemps pensé que cette sensibilité s'expliquait par la présence de petits cristaux de magnétite (un oxyde de fer) dans leur bec, mais cette théorie a depuis été remise en cause, car ces cristaux ne sont en réalité pas reliés au système nerveux. Des expériences plus récentes ont également démontré une sensibilité à la **gravité terrestre** chez le pigeon ainsi qu'une capacité à mémoriser toute une **cartographie olfactive** de son environnement. •

Structure du renseignement

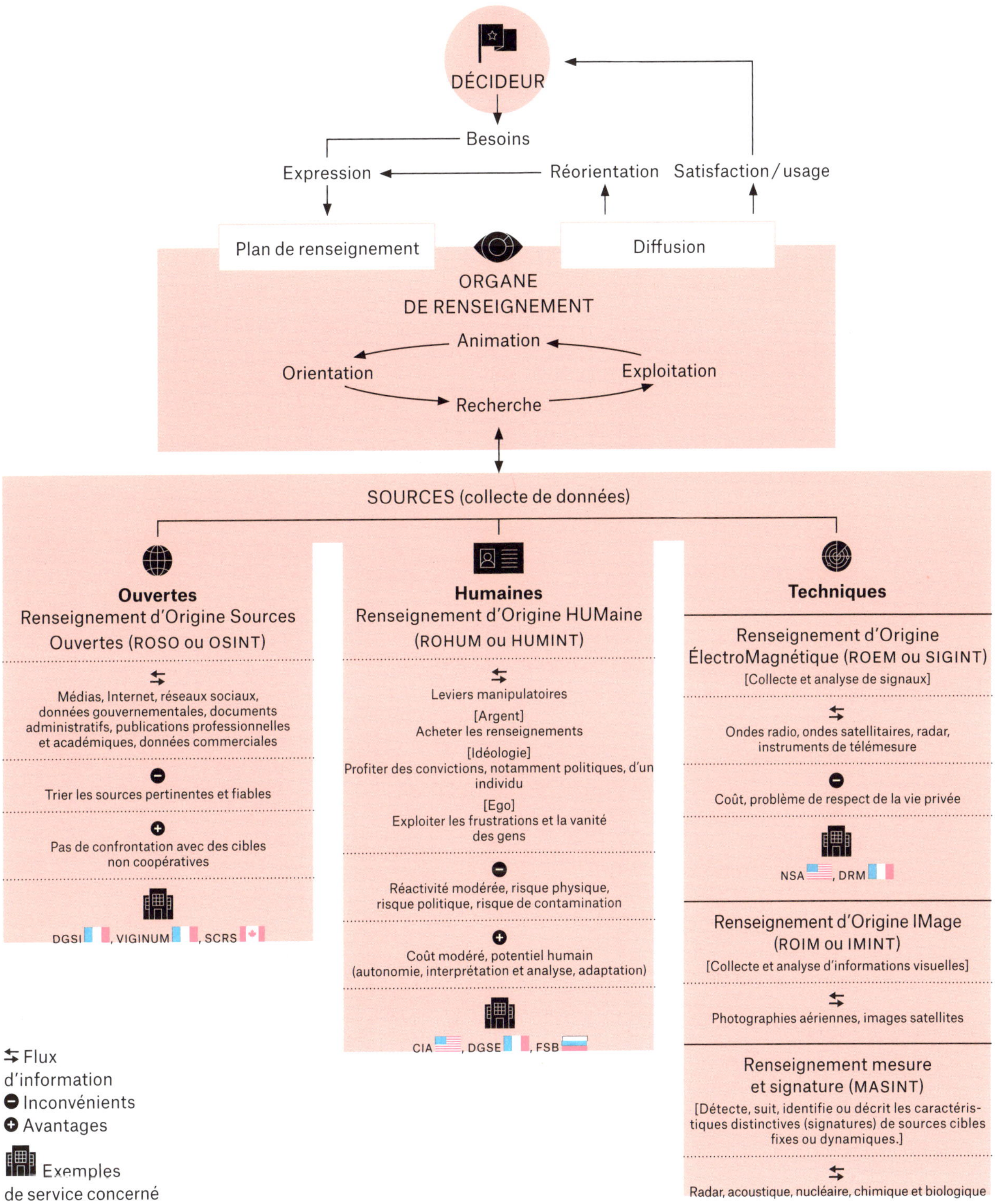

« DES YEUX ET DES OREILLES PARTOUT », voilà qui pourrait grossièrement définir le renseignement, qui s'est déployé à travers les siècles en même temps que les stratégies militaires. Le terme désigne les méthodes de collecte, d'évaluation et d'analyse de données utiles pour des prises de décisions géostratégiques, économiques ou militaires. Cette méthode part de la requête d'un **décideur**, à laquelle un **organe de renseignement** tente de répondre à travers l'exploitation de différents types de **sources**, la plupart relevant du domaine public. Les **sources ouvertes** – articles de presse, rapports administratifs ou publications en ligne – posent comme seule limite opérationnelle leur traitement, en raison de l'inflation du nombre de ces données, appelées aussi « big data » (→ planche n° 108). Les **sources humaines** ont nourri les fictions dites d'« espionnage », avec leurs agents secrets et infiltrations, tandis que l'exploitation des **sources techniques** pose des questions éthiques. Le lanceur d'alerte et ancien analyste de l'Agence nationale de sécurité américaine (NSA) Edward Snowden a notamment révélé en 2013 l'existence d'un vaste système de surveillance téléphonique et électronique développé par son employeur. Il s'agit de la fuite la plus importante de l'histoire des services secrets américains. •

N° 85

Survie en milieu hostile

ÎLE ARCTIQUE (1923)

Ada Blackjack (1898-1983)
Couturière américaine (inuite)

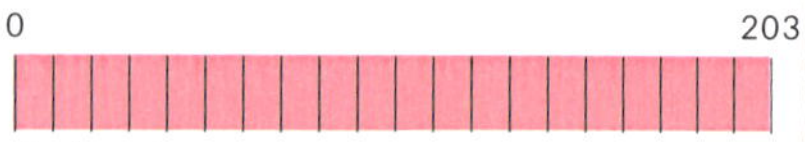

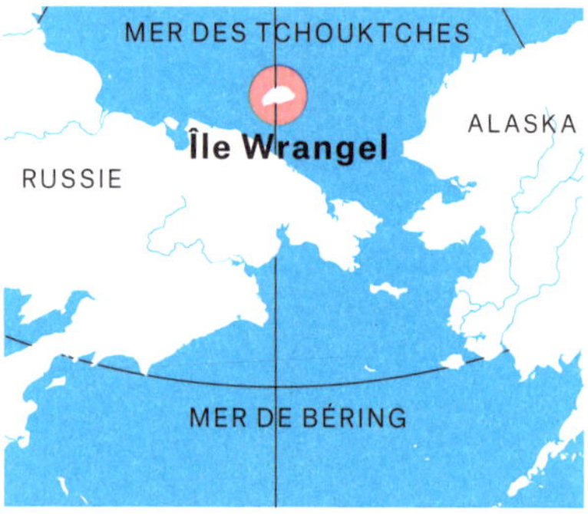

Alimentation :
Oiseaux, renard, phoques, ours polaire

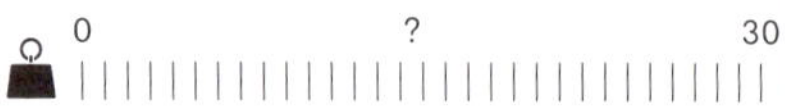

Technique :
Construction d'une tour pour la chasse et repérer l'arrivée des secours

PLEINE MER (1953)

Alain Bombard (1924-2005)
Biologiste français

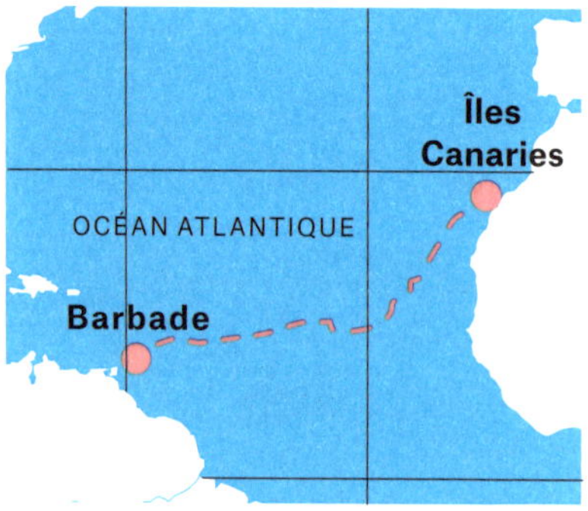

Alimentation :
Plancton, poissons pressés, eau de pluie

Technique :
Tenue d'un journal de bord pour se maintenir occupé et garder espoir

DÉSERT ARIDE (1999)

Robert Bogucki (1966-)
Pompier américain

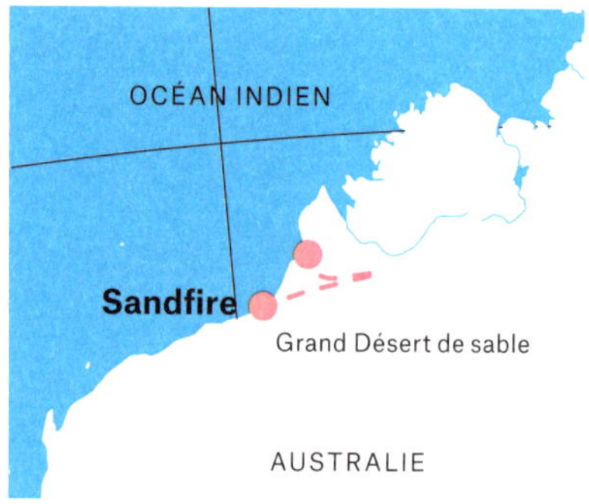

Alimentation :
Infusions de feuilles, baies sauvages, pétales de fleurs mâchés

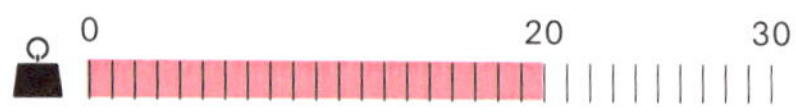

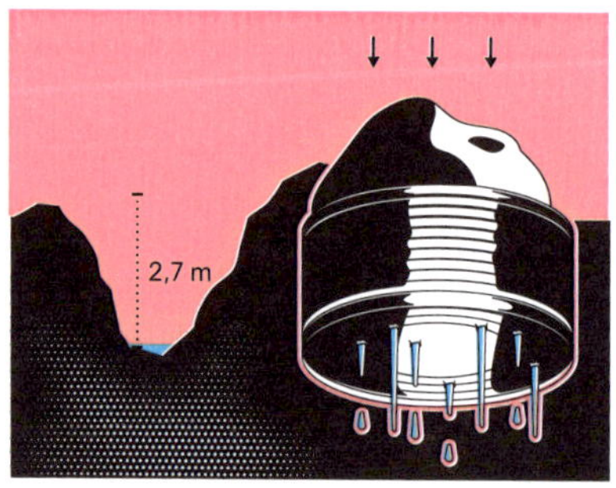

Technique :
Creuser des puits pour trouver de l'eau, puis la filtrer à l'aide d'une boîte percée

EN SITUATION DE SURVIE, il s'agit d'avoir la capacité de faire face : trouver un abri sûr et adapté, apprendre à chasser et cueillir, à se chauffer ou à purifier son eau.

L'expédition comptant quatre explorateurs anglo-saxons et la couturière autochtone **Ada Blackjack** avait pour but la conquête de l'île Wrangel, dans l'océan Arctique. Les vivres venant à manquer, Blackjack fut laissée au chevet d'un malade – qui succomba cinq mois plus tard – tandis que les autres partaient chercher du secours. Ils ne revinrent jamais mais Blackjack survécut six mois et demi environ, avant d'être sauvée. **Alain Bombard**, médecin et biologiste, organisa lui-même une traversée de l'océan Atlantique à bord d'un canot pneumatique. Son expérience visait à prouver que les naufragés pouvaient survivre en mer. Pour cela, il établit quelques règles : manger du poisson et du plancton ; boire de petites quantités d'eau de mer, de pluie ou extraite de poissons pressés ; se donner un emploi du temps pour rythmer ses journées ; se méfier des espadons, des requins et surtout du désespoir. Parti à vélo avant de se perdre dans le désert australien, le pompier américain **Robert Bogucki**, au cours d'une errance de 43 jours, creusa le sable pour obtenir un peu d'eau, se nourrit de plantes et perdit 20 kg. •

Domestication du feu

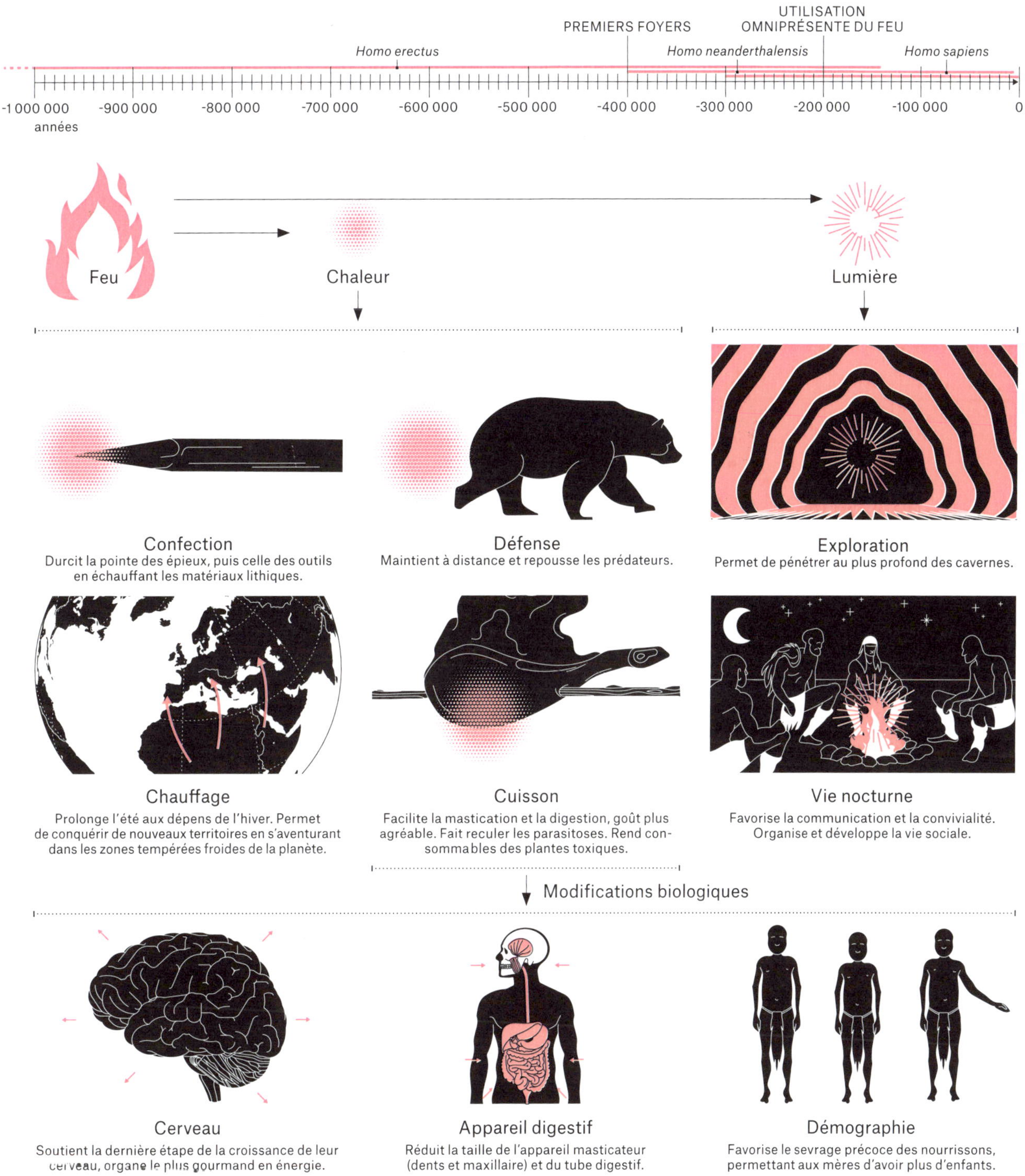

270 OS BRÛLÉS ont été retrouvés dans la grotte de Swartkrans, en Afrique du Sud. Ces toutes premières traces de feu, datées de 1 à 1,5 million d'années, témoignent d'une utilisation d'abord non maîtrisée du feu par le genre *Homo*, sans doute à partir d'embrasements naturels. En effet, on n'a trouvé aucune trace de foyer localisé ou de charbon de bois sur ce site. C'est à partir de **-400 000 ans** que l'on date l'apparition de **foyers** entretenus. Cette domestication du feu a permis de nombreuses évolutions dans les comportements humains, en « allongeant les jours », en repoussant les **prédateurs** et en favorisant la **vie sociale**, artistique, et l'**exploration** de nouveaux **territoires**. En Chine, sur le site de Zhoukoudian où furent trouvés des ossements d'***Homo erectus***, des carcasses d'animaux et de la cendre indiquent une utilisation du feu pour la **cuisson**. Au Maroc, le site de Djebel occupé par ***Homo sapiens*** a révélé des lames de silex chauffées qui témoignent de la **confection d'outils**. En France, un nodule ferreux percuté par un silex sur le site de Menez Dregan est considéré comme le plus ancien allume-feu. Ces évolutions comportementales ont eu un impact certain sur la biologie des espèces humaines, comme la croissance du **cerveau**, la réduction du **tube digestif** ou l'accroissement **démographique**. •

N° 87

Mesure du temps

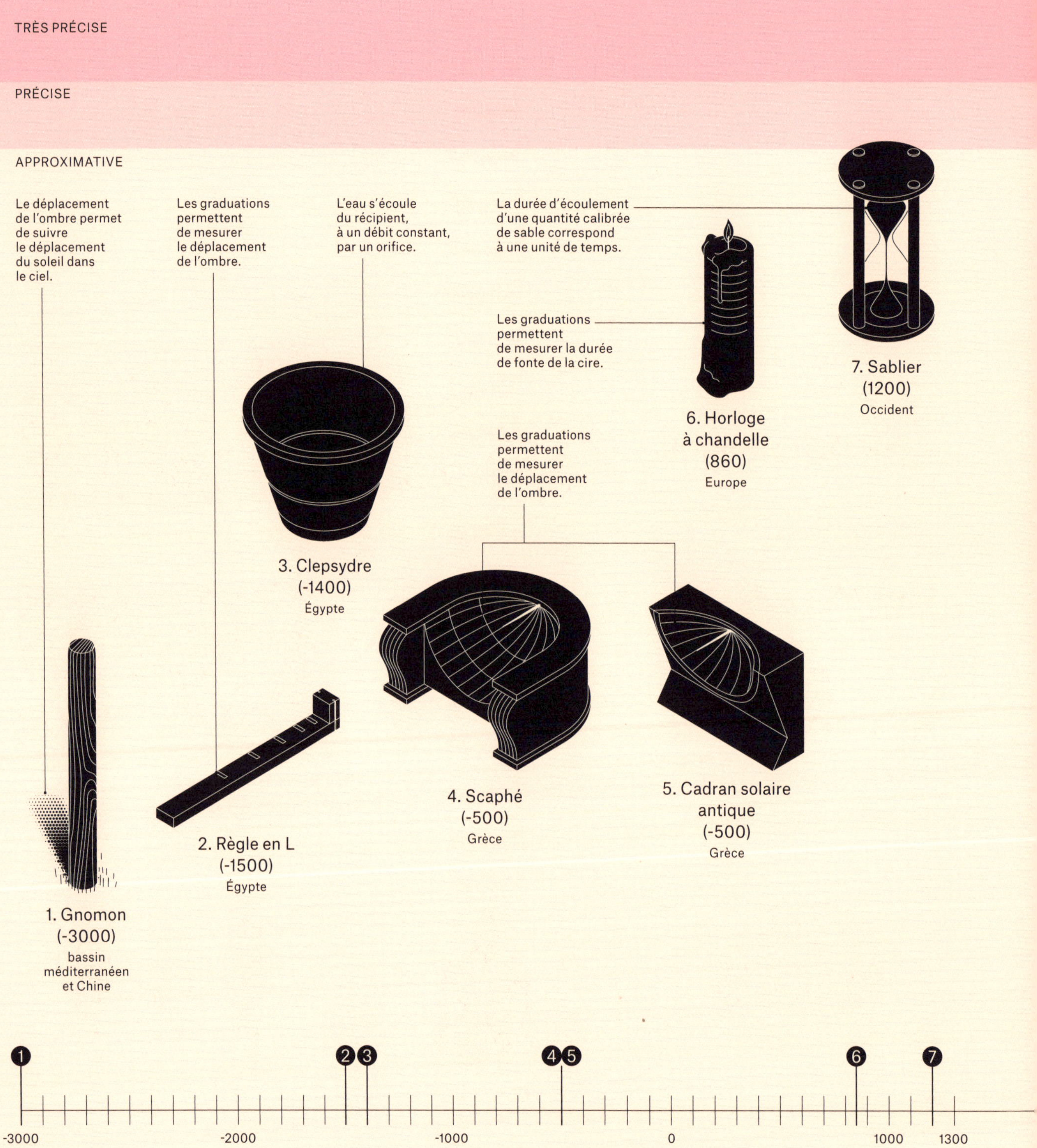

QUANTIFIER LE TEMPS, c'est-à-dire en effectuer la mesure en le divisant en **unités**, est, depuis les premières civilisations, une des préoccupations majeures de l'humanité pour organiser les sociétés. Le temps social, économique ou encore religieux nécessite des références communes, mesurées par des instruments. Les plus anciens connus, datés de 3000 ans avant notre ère, reposent sur des phénomènes naturels périodiques comme le **déplacement du Soleil et des ombres** sur le sol (**1**, **2**, **4**, **5**), les cycles des saisons et de la Lune, l'**écoulement de l'eau** (**3**), du **sable** (**7**) ou la fonte de la cire d'une **bougie** (**6**). Si le terme d'« horloge » est employé dès l'Antiquité, notamment pour l'horloge à eau – qui correspond à une **clepsydre** à laquelle est adjoint un indicateur horaire –, c'est avec la mécanisation que l'horloge moderne apparaît en 1300. Les horloges à **foliot** (**8**), à **pendule** (**9**) puis à **ressort spiral** (**10**) viennent progressivement préciser la mesure du temps. Dans la seconde moitié du XXe siècle, avec l'avènement de l'électronique, les régulateurs mécaniques sont remplacés par le **quartz**, un cristal qui oscille à une fréquence précise quand il est stimulé électriquement (**11**, **13**) ; et par l'**atome** (**12**), dont la fréquence émise par la transition entre deux niveaux d'énergie est immuable et permet de définir la seconde.

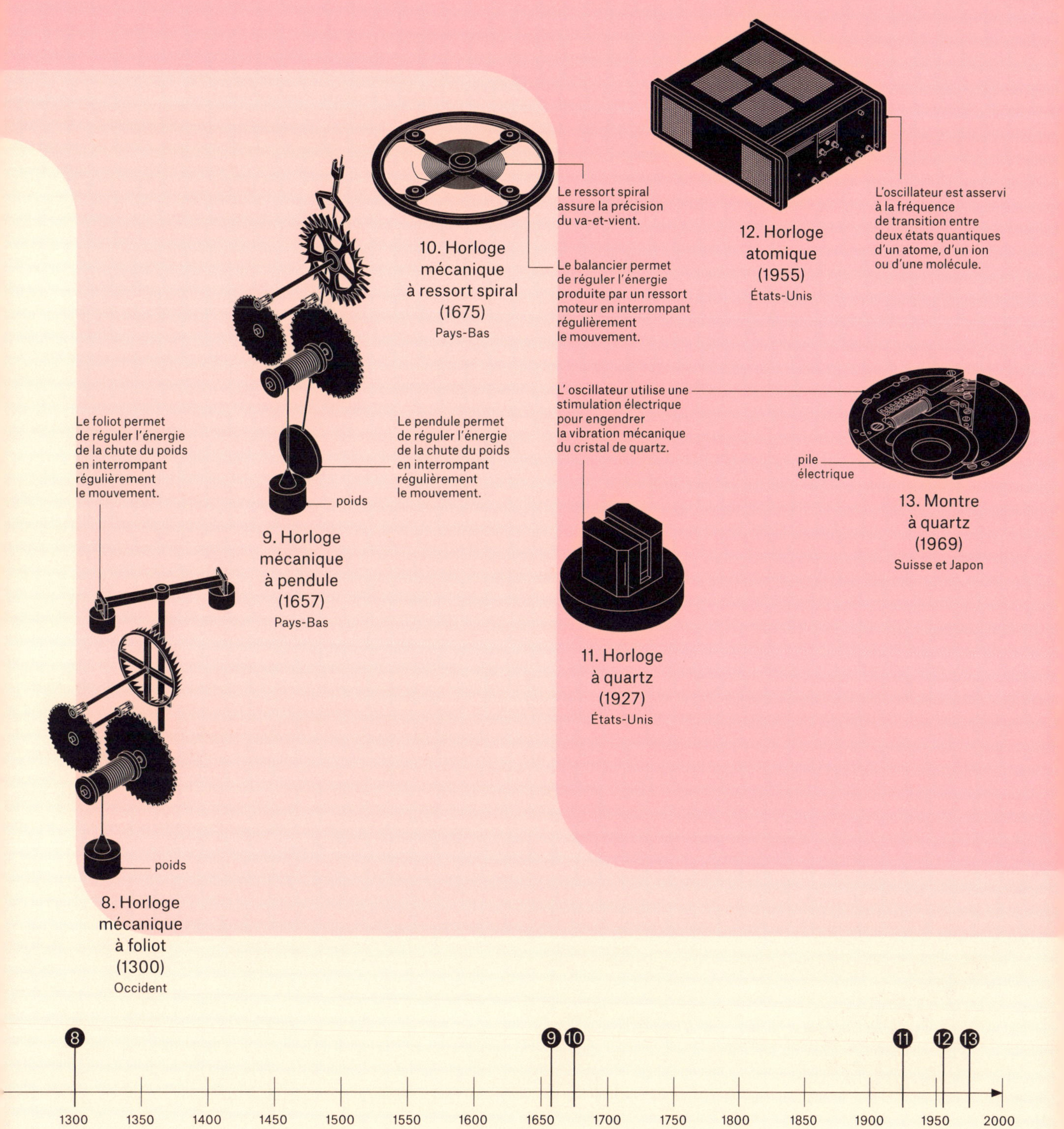

« Nous voyons sur la même table la chandelle et le sablier, deux êtres qui disent le temps humain mais dans des styles combien différents ! La flamme est un sablier qui coule vers le haut. Plus légère qu'un sable qui s'écoule, la flamme construit sa forme, comme si le temps lui-même avait toujours quelque chose à faire. Flamme et sablier, dans la méditation paisible, expriment la communion du temps léger et du temps lourd. [...] J'aimerais rêver au temps, à la durée qui s'écoule et à la durée qui s'envole, si je pouvais réunir en ma cellule imaginaire la chandelle et le sablier. »

Gaston Bachelard, *La Flamme d'une chandelle*, 1961 •

N° 88

Gigantisme à l'ère des dinosaures

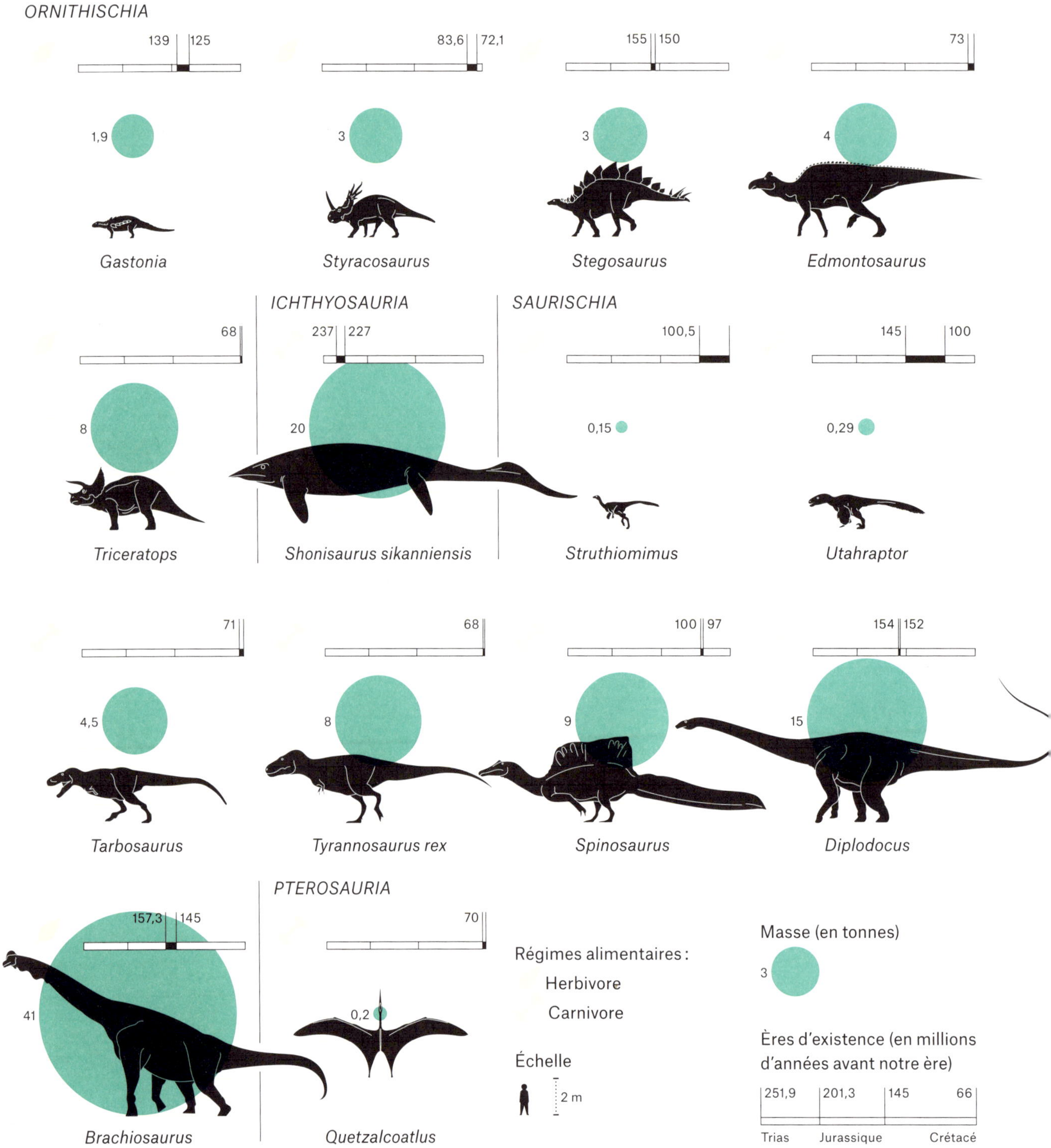

« LÉZARD TERRIBLEMENT GRAND » est l'étymologie du terme *Dinosauria*, introduit par le paléontologue anglais Richard Owen en 1842, lorsqu'il étudia les fossiles de plusieurs grands vertébrés disparus à la fin du **crétacé**, il y a 66 millions d'années (→ planche n° 114). Ces animaux terrestres, bipèdes ou quadrupèdes, **carnivores** ou **herbivores**, présentaient de nombreuses spécificités évolutives comme des cornes, des crêtes ou des plumes, mais c'est leur taille qui les rend particulièrement remarquables : leur poids pouvait dépasser 70 tonnes et ils mesuraient jusqu'à une trentaine de mètres de haut. On distingue deux ordres de dinosaures grâce à la forme des os de leur bassin : ***Ornithischia*** et ***Saurischia***. Parmi ces derniers, les herbivores sauropodes comme le ***diplodocus*** ou le ***brachiosaurus*** atteignaient des records de gigantisme. C'est la quantité de nourriture disponible dans les hauteurs des arbres qui aurait permis une telle évolution chez ces espèces. Parmi les reptiles contemporains des dinosaures, on retrouve l'ordre des ***Ichthyosauria***, qui peuplaient les océans, et celui des ***Pterosauria***, constitué des premiers vertébrés volants, aux ailes formées de membranes, parfois couvertes de duvet et dont l'envergure pouvait atteindre 12 mètres. •

Vol des oiseaux

ENVOLS ET ASCENSIONS

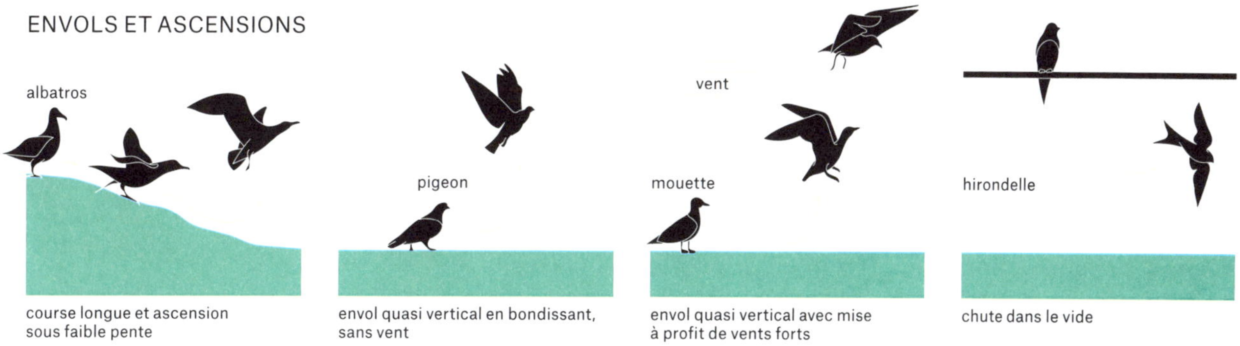

VOL BATTU

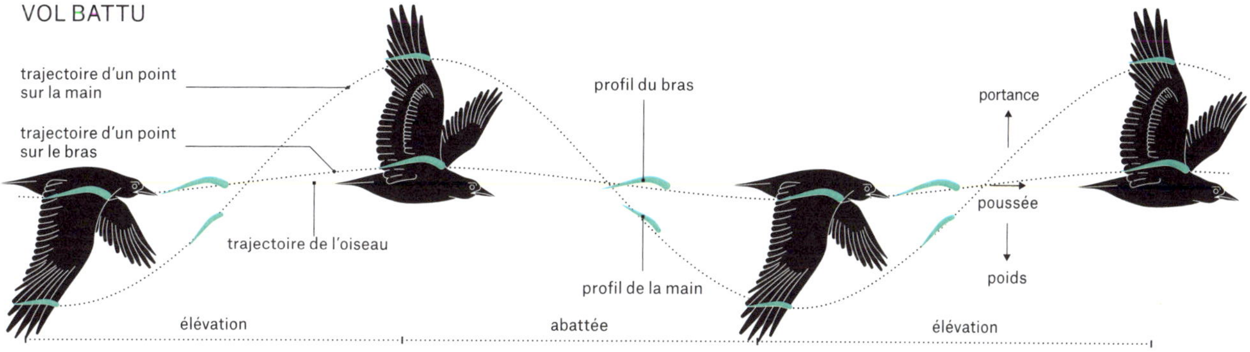

VOL PLANÉ

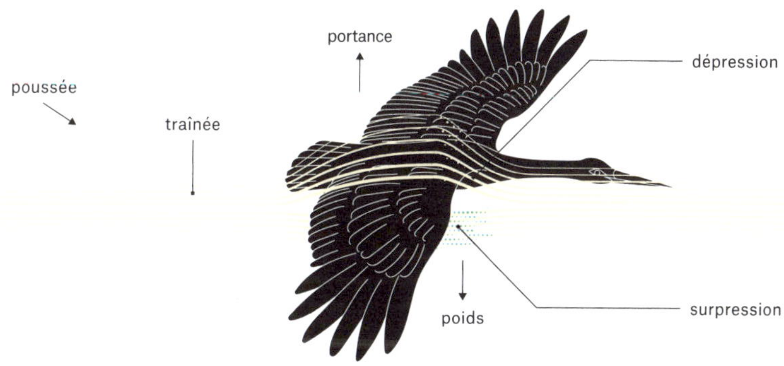

VOL À VOILE

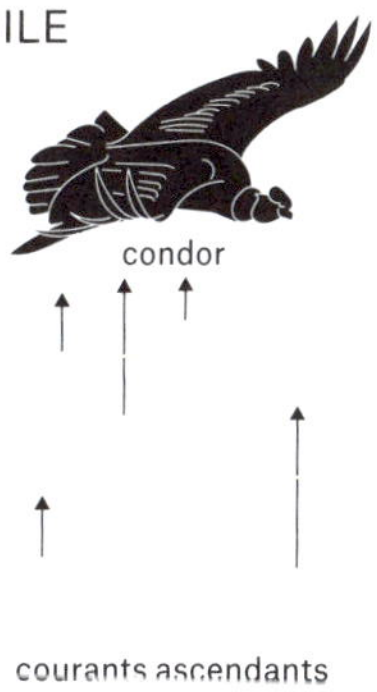

VOL PIQUÉ

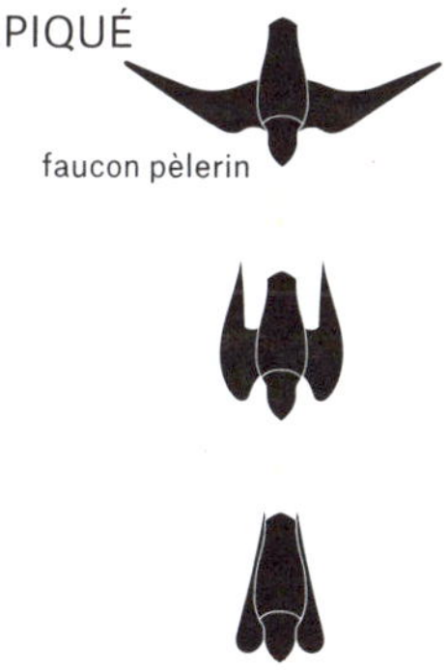

VOL STATIONNAIRE

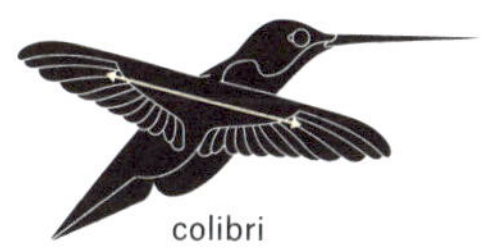

« J'AI DIVISÉ LE TRAITÉ DES OISEAUX en quatre livres : le premier traite du vol par battement d'ailes (vol ramé) ; le deuxième du vol par la faveur du vent (vol plané) ; le troisième du vol en général des chauves-souris, poissons, insectes ; le quatrième du vol artificiel », écrit Léonard de Vinci dans une note au sujet d'un traité qui ne verra jamais le jour. Il subsiste toutefois son *Codex* de 1505 sur le vol des oiseaux, où il retrace les études sur sa célèbre machine volante – qui ne fonctionnera jamais. Les ailes permettent à la plupart des oiseaux de voler grâce aux rémiges. Fixées le long des membres supérieurs, ces longues et fines plumes rendent possibles l'**envol**, l'**ascension** et la **portance** au cours du vol. La forme spécifique des ailes est caractéristique de chaque espèce et constitue également une technique d'identification – comme le chant (→ planche n° 32) ou les empreintes (→ planche n° 1). Cette forme est adaptée à un type de vol préférentiel – **battu**, **plané**, **piqué**, **à voile** ou **stationnaire** – et à une utilisation particulière. Le **condor** pratique le vol à voile pour parcourir un grand territoire à la recherche de charognes sans dépenser d'énergie. Le **faucon pèlerin** profite de la vitesse de son piqué pour chasser d'autres oiseaux. Le **colibri** glane le nectar des fleurs (→ planche n° 78) en vol stationnaire. •

Morphologie des glaciers

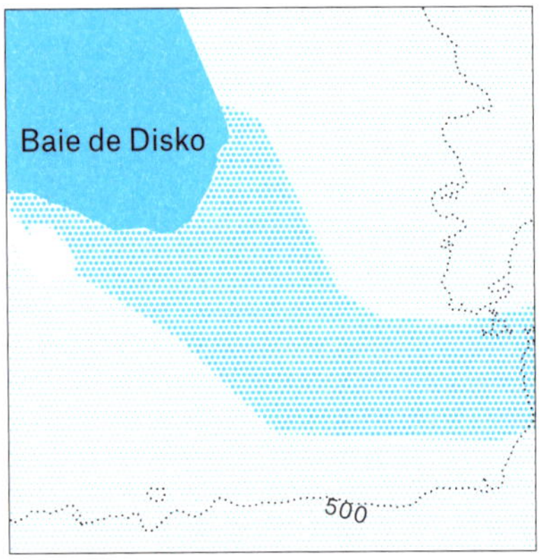

1. glacier Jakobshavn

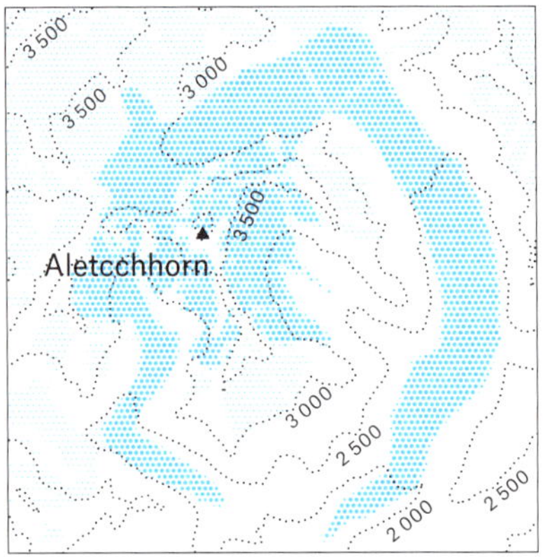

2. glacier d'Aletsch

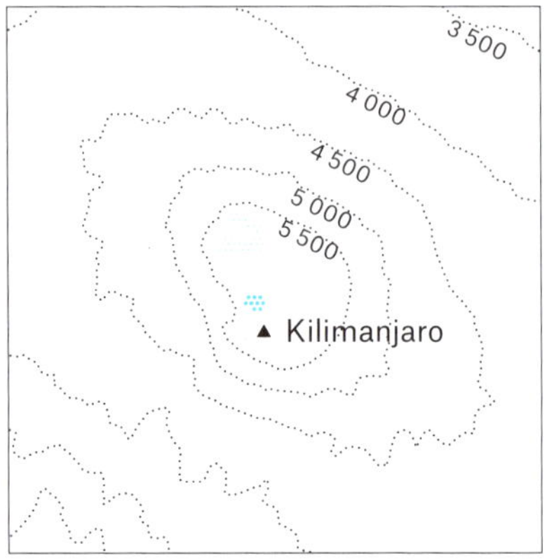

3. glacier Furtwängler

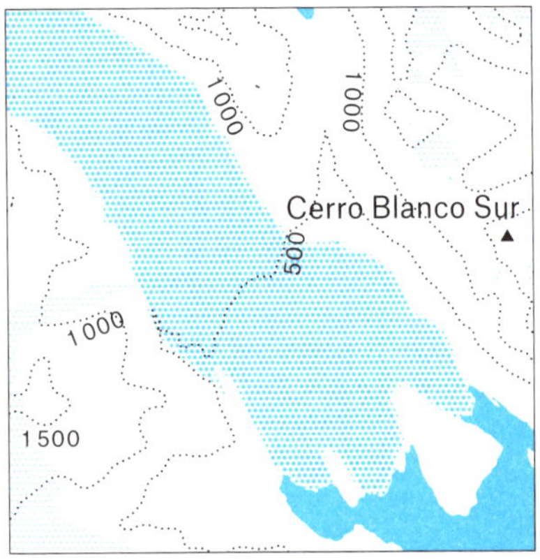

4. glacier Grey

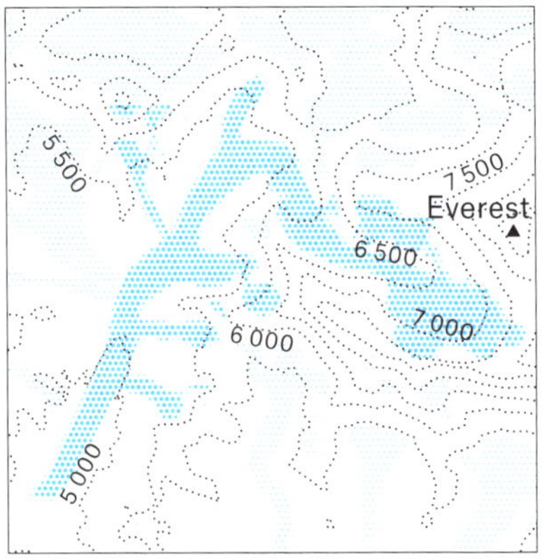

5. glacier du Khumbu

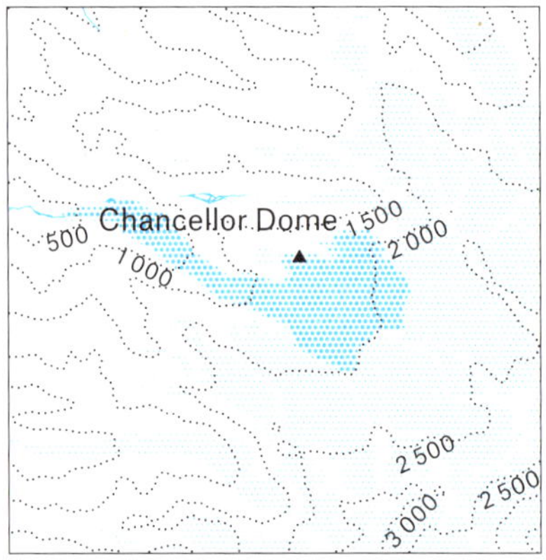

6. glacier Fox/Te Moeka o Tuawe

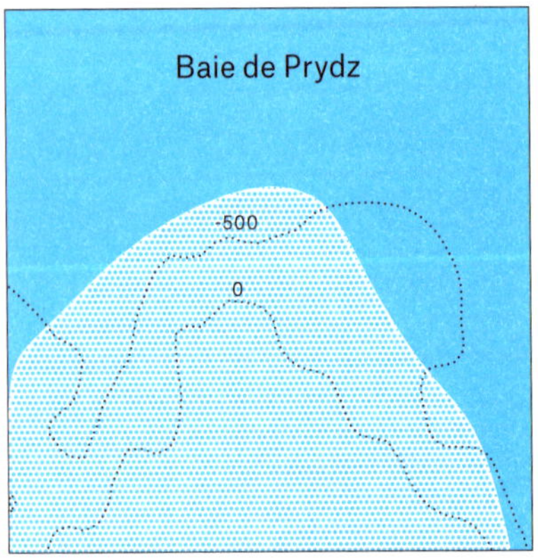

7. glacier Lambert

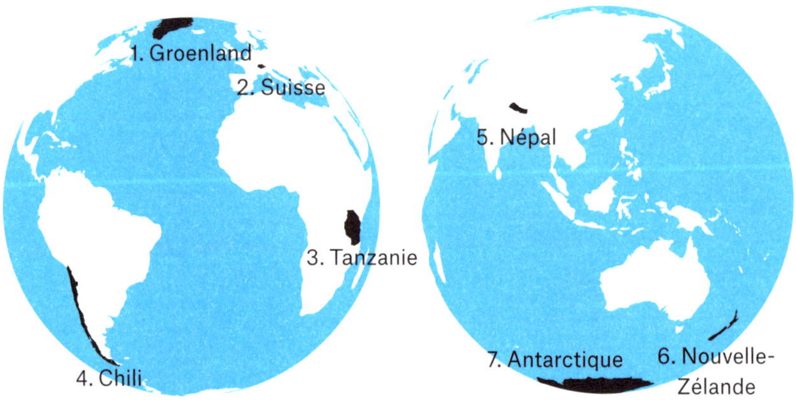

QU'ILS SOIENT EN FRONT DE MER (**1** et **4**) ou non, qu'ils mesurent 40 000 km² comme en **Antarctique** (**7**), ou 0,011 km² comme au sommet du **Kilimandjaro** (**3**), les glaciers sont des masses compactes de glaces accumulées durant des millénaires de précipitations neigeuses. Les couches annuelles de neige se densifient et se transforment en glace sous leur propre poids. On trouve de nombreux glaciers en altitude, au sommet des montagnes, mais ils peuvent aussi bien recouvrir des surfaces plates, comme au **Groenland** (**1**) où ils forment une calotte glaciaire. On remarque deux zones typiques : la zone d'accumulation, où se trouvent les neiges éternelles, et la zone d'ablation, qui se termine par le front du glacier. Ces fleuves de glaces massifs s'écoulent visqueusement le long des pentes sous l'effet de la gravité.

Le changement climatique fait reculer la plupart des glaciers, parfois de manière très spectaculaire, par fracturation et formation d'icebergs, quand ils se jettent dans des lacs comme au **Chili** (**4**) ou dans l'océan Antarctique (**7**). D'autres sont relativement stables, comme en **Suisse** (**2**), ou bien avancent – cas exceptionnels –, comme le **glacier Fox** en **Nouvelle-Zélande** (**6**). •

Sillage des icebergs

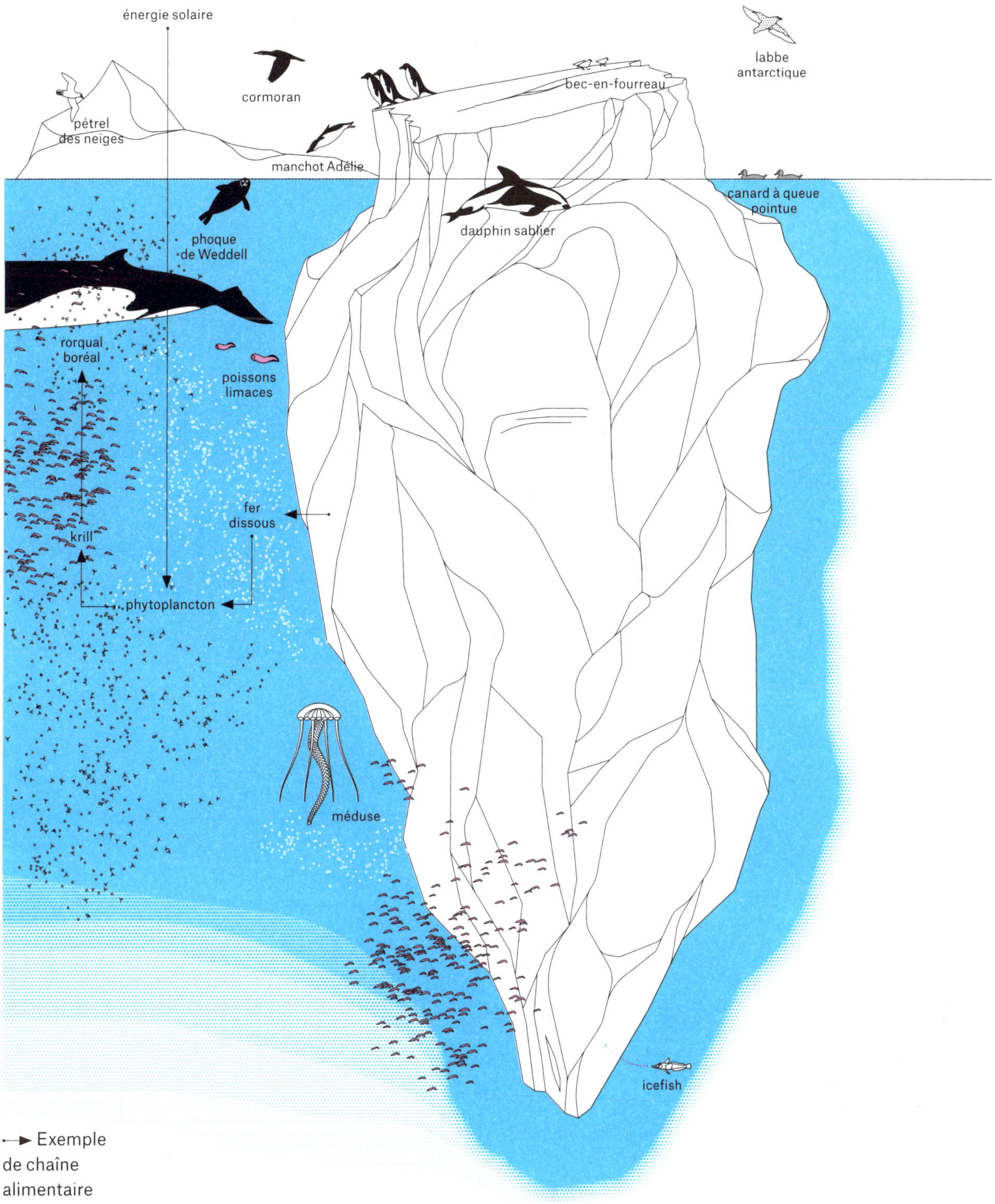

→ Exemple de chaîne alimentaire

« VERS LE 62E DEGRÉ DE LATITUDE SUD, nous vîmes nos premiers icebergs – en forme de plateaux aux parois verticales [...]. J'avais beaucoup souffert de la baisse de la température après notre long passage des tropiques, mais j'essayais de m'endurcir pour les pires rigueurs à venir », décrit Howard Phillips Lovecraft dans *Les Montagnes hallucinées* en 1936.

Blocs de glace détachés de la calotte glaciaire qui recouvre le continent, des milliers d'icebergs flottent dans l'océan Antarctique – ceux de l'Arctique provenant plutôt des glaciers qui coulent vers la mer. Cet océan est riche en matières nutritives (nitrates, phosphates...), mais aussi en **fer** accumulé lors de la fusion des couches de glace et dissous dans le **sillage** des icebergs. Ce fer favorise la croissance du **phytoplancton**, à la base des **chaînes alimentaires** (→ planche n° 19) antarctiques. De plus, les 75 à 90 % immergés des icebergs sont travaillés par les courants océaniques qui tourbillonnent et percutent la glace, formant de petits creux, refuges de nombreux animaux marins attirés par les nutriments, le fer et les algues (→ planche n° 92). Enfin, la stabilité du milieu – la température et la salinité varient peu au fil des saisons – fait de l'Antarctique le réservoir d'une grande diversité d'espèces marines et aériennes. ●

Algues

1. Sargasse
1 à 50 cm

2. Euglène
20 à 300 µm

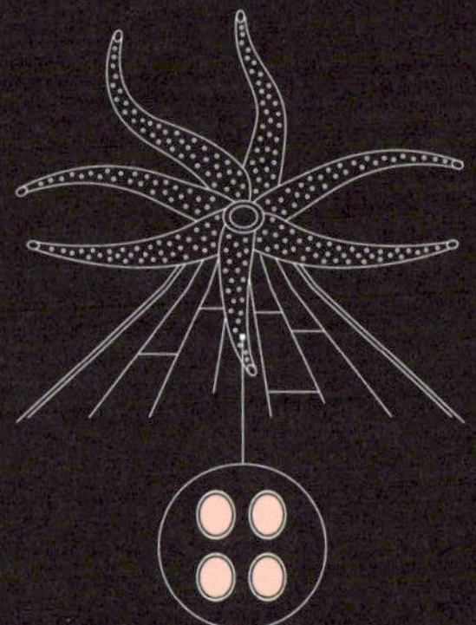

3. Zooxanthelle
≈ 10 µm

4. Phytoplancton
0,2 à 1 000 µm

5. Caulerpe
1 à 20 cm

6. Characée
1 à 50 cm

7. *Codium*
1 à 50 cm

8. *Scytosiphon*
2 à 20 cm

9. *Chondrus*
5 à 10 cm

10. *Macrocystis pyrifera*
≈ 50 m

taille

LES ALGUES REGROUPENT des organismes aquatiques variés capables de photosynthèse et sont souvent à la base des chaînes alimentaires (→ planche n° 19). Les **algues brunes** (**1**, **8**, **10**), abondantes dans les eaux froides et tempérées, forment des forêts sous-marines qui ont un rôle crucial dans les écosystèmes côtiers. Elles sont exploitées comme matière première industrielle. Parmi elles, les **sargasses** (**1**) sont maintenues en surface par des flotteurs dits pneumatocytes. ***Macrocystis pyrifera*** (**10**), elle, est systématiquement fixée au fond marin grâce à des crampons. Les **algues vertes** (**2**, **6**, **7**) et les **algues rouges** sont les plus proches des végétaux terrestres. Les algues rouges (**9**) seraient apparues il y a 1,4 milliard d'années. On compte également une grande variété de microalgues comme les **euglènes** (**2**), vivant principalement en surface des eaux stagnantes et parfois utilisés comme biocarburants ou les **zooxanthelles** (**3**), de couleur doré-brun, qui vivent en symbiose avec les coraux, dont elles absorbent le CO_2 qu'ils libèrent. Aussi, on appelle **phytoplancton** (**4**) l'ensemble de microalgues unicellulaires flottant dans les couches superficielles de la mer. Lorsqu'elles se développent en grande quantité, les algues occasionnent des phénomènes d'eaux rouges et de marées vertes ou brunes. •

PROFIL D'UNE MANGROVE
(Guadeloupe)

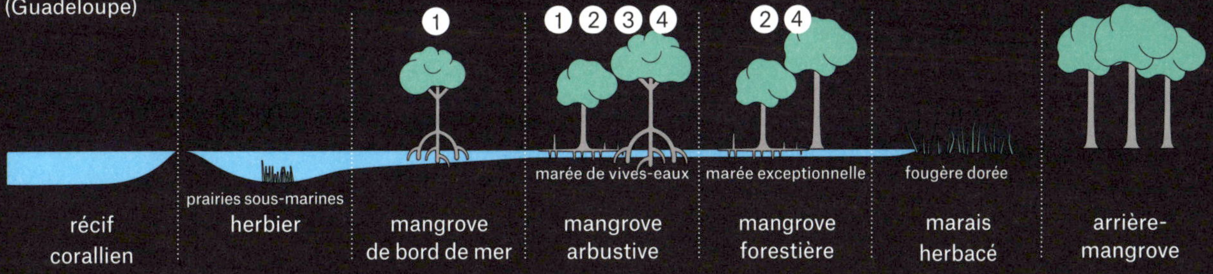

TYPES DE PALÉTUVIERS

1. Palétuvier rouge (*Rhizophora mangle*)

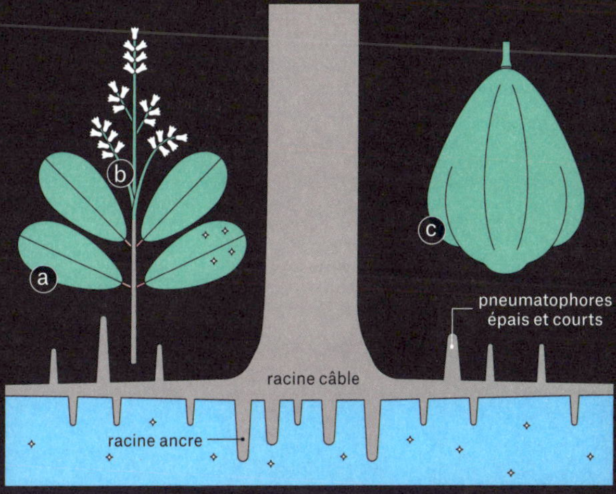

2. Palétuvier blanc (*Laguncularia racemosa*)

3. Palétuvier noir (*Avicennia germinans*)

4. Palétuvier gris (*Conocarpus erectus*)

a. Feuille
b. Fleur
c. Fruit
✦ Sel

ENTRE TERRE ET MER, entre **marais** et **récifs coralliens**, les mangroves se développent dans les eaux littorales saumâtres des zones tropicales ou subtropicales. Principalement constituées de palétuviers, elles couvrent au total 150 000 km² de surface vaseuse et inondée sur Terre. Ces forêts semi-immergées, avec leurs **prairies sous-marines** et leurs **racines aériennes**, abritent de riches écosystèmes peuplés de crustacés, d'oiseaux et d'insectes. Le bois mort, dont la décomposition très lente est causée par un sol humide et pauvre en oxygène, constitue une réserve impressionnante de carbone. Selon une étude publiée en 2011 dans *Nature*, certaines mangroves d'Indonésie stockent ainsi plus de 1 000 tonnes de carbone par hectare. Les différents types de **palétuviers** sont adaptés à l'environnement aquatique grâce à leurs racines aériennes, **échasses** ou **pneumatophores**, qui leur permettent tant de respirer que de filtrer le **sel** de l'eau littorale. L'inhospitalité des mangroves continue d'alimenter les mythes et les curiosités : pourvoyeuses de feuilles à usage médicinal ; refuges des negmarrons, ces esclaves guadeloupéens qui résistèrent aux colons ; mais aussi cachettes des djinns, créatures surnaturelles de la tradition arabo-musulmane. ●

Chimie de l'amour

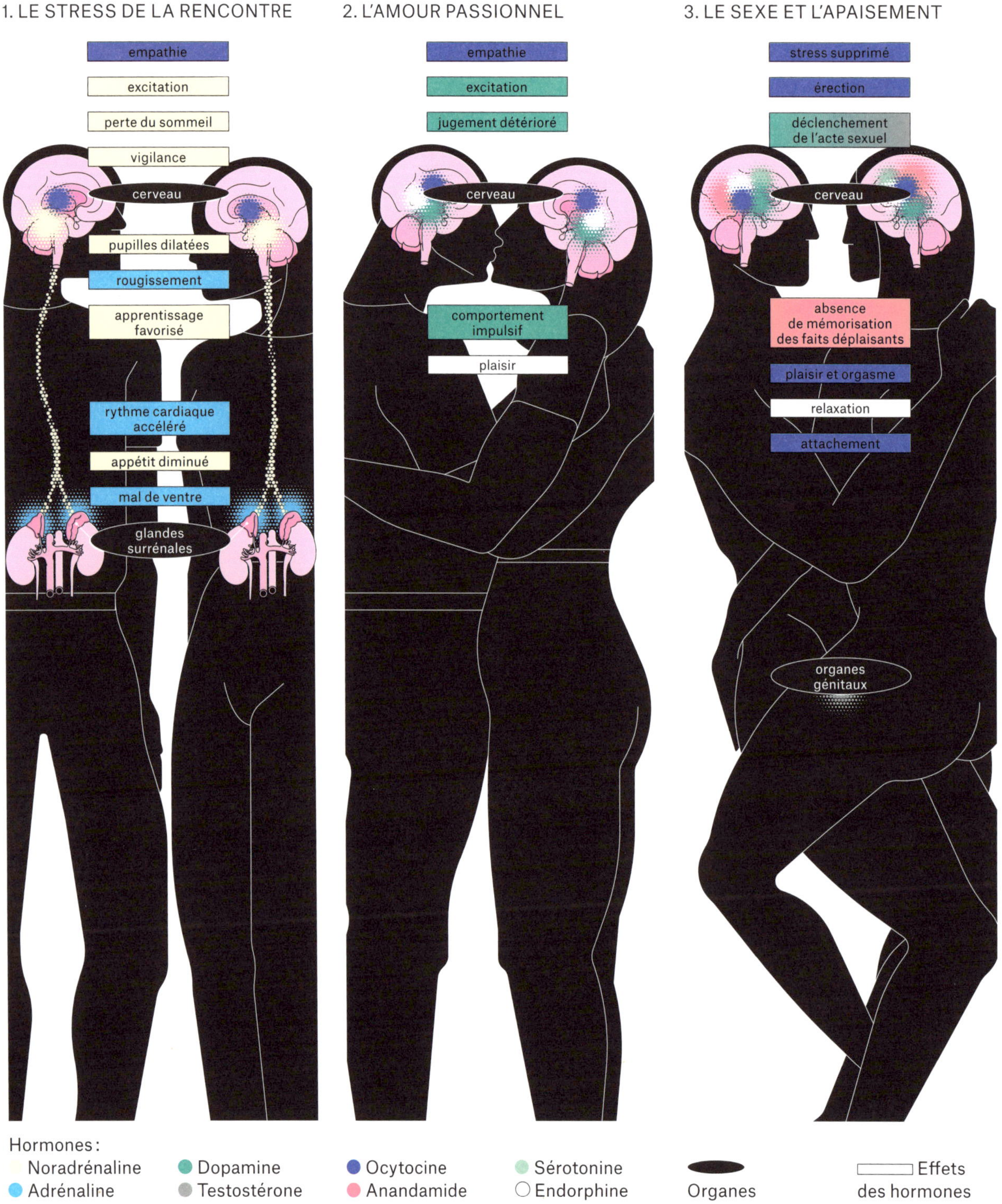

« LES AUTRES mettent des semaines et des mois pour arriver à aimer. [...] Dites-moi fou, mais croyez-moi. Un battement de ses paupières, [...] et ce fut la gloire et le printemps et le soleil et la mer tiède et sa transparence près du rivage et ma jeunesse revenue, et le monde était né », écrit Albert Cohen dans *Belle du Seigneur* (1968). Coup de foudre, romance, platonique, passionnel ou spirituel, l'amour ne cesse d'inspirer les artistes et passionne sociologues ou psychologues. Mais il est aussi une affaire de chimie : des chemins neuronaux, similaires à ceux responsables de l'empathie (→ planche n° 16), sont activés dans le **cerveau**, mettant en jeu un cocktail détonant d'**hormones**. La **rencontre** déclenche la diffusion des hormones du **stress**, responsables des mains moites et du cœur qui s'emballe. Puis l'**excitation** monte sous l'effet de la **dopamine**, l'« hormone du plaisir », également présente dans les comportements de dépendance ou d'addiction dus à la drogue ou à l'alcool. Elle peut ainsi conduire à un « état de manque » et à des **comportements** altérés, parfois obsessionnels. Lors de l'**acte sexuel**, c'est une nouvelle chimie qui se déploie jusqu'à un **apaisement** après l'**orgasme** où la pression sanguine, les **rythmes cardiaque** et respiratoire retrouvent leurs valeurs normales. •

Figuier étrangleur

● Figuier étrangleur
▬ Évolution du figuier

Arbre hôte
Arbre hôte mort

LES GRAINES DES FRUITS du figuier étrangleur sont transportées par les **matières fécales** (→ planche nº 74) d'**oiseaux** tropicaux repus. Il arrive alors qu'elles échouent sur un arbre, puis qu'elles y germent. D'apparence anodine, ce phénomène est en fait le résultat d'une incroyable adaptation des différentes espèces de figuiers du genre *Ficus*. Dense dans les zones tropicales, la canopée – strate supérieure de la forêt – n'offre que peu de lumière aux végétations les plus basses. Pour survivre et s'assurer une exposition suffisante au soleil, le figuier étrangleur a ainsi rendu ses fruits les plus appétissants, nourrissants et colorés possible, satisfaisant ainsi la faune qui disperse ses semences. Ces plantes sont « hémiépiphytes » : après la **germination**, elles développent leurs **racines aériennes** en direction du sol, s'enroulant autour du tronc et des branches de leur **hôte**, y puisant autant que dans le sol de nombreux **nutriments**. Formant peu à peu son **treillis racinaire**, le figuier étrangleur s'épanouit à la manière d'un parasite et finit inévitablement par étouffer celui qu'il enlace. Il n'est pas inhabituel de croiser ces mêmes ficus sur des murs ou des bâtiments. Ce sont eux, notamment, qui ont pris possession des ruines des temples d'Angkor, au Cambodge. ●

N° 96

Vagues

FORMATION

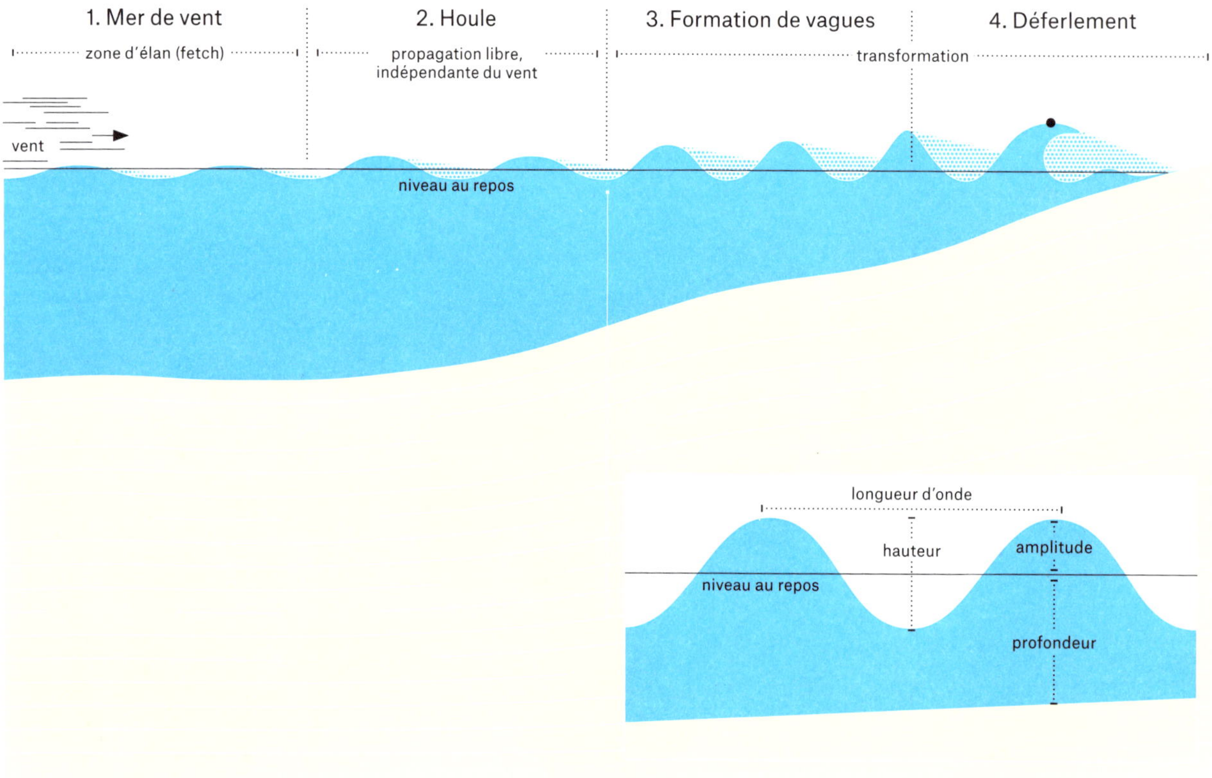

TYPES DE DÉFERLEMENT

Déferlement glissant (ou à déversement)

Déferlement plongeant

Déferlement à effondrement

Déferlement frontal (ou gonflant)

Masse d'eau

Sol

• Point de déferlement

« LA MER, LA MER, toujours recommencée ! » : c'est en ces termes que Paul Valéry évoquait les **ondulations** marines qui se répètent inlassablement. Imprévisibles, parfois meurtrières et destructrices, les vagues se forment le plus souvent par la **force du vent** (→ planche n° 18) qui, transférant son énergie à la surface d'une **masse d'eau**, y provoque des ondulations irrégulières, la **mer de vent**, qui se disperse dans toutes les directions. Si le vent souffle suffisamment longtemps sur la surface, la mer de vent croît, gagnant en puissance et en vitesse, et peut se transformer en houle. La houle peut se propager sur des distances très longues (plusieurs milliers de kilomètres), sans nécessité de vent pour la maintenir. Lorsque celle-ci s'échoue sur le **rivage**, on distingue plusieurs types de **déferlements** selon les formes que prennent les vagues. Ces « cassures » qui transforment la vague dépendent de la **profondeur** et de la **pente** du **fond marin** qui rejoint la terre émergée. Mais le vent n'est pas la seule source possible de vagues atteignant nos côtes. D'autres phénomènes naturels peuvent en être à l'origine, comme les tremblements de terre, les éruptions volcaniques ou les chutes de météorites. Lorsque les vagues ainsi provoquées sont très hautes, on parle alors de raz-de-marée ou de tsunami. •

Pôles magnétiques

MAGNÉTOSPHÈRE

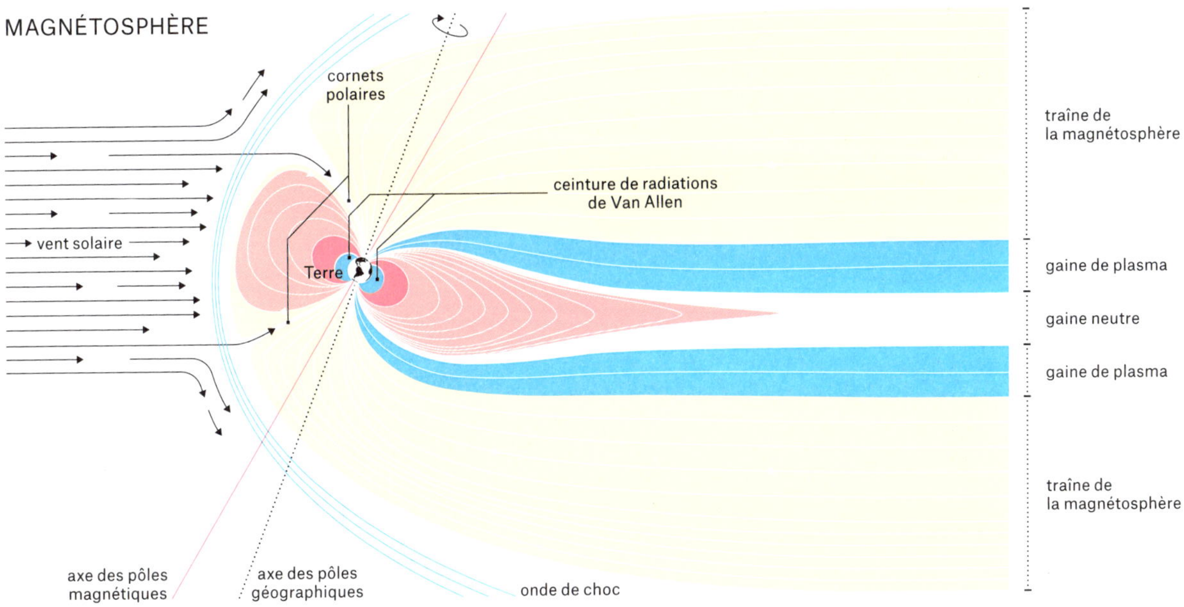

MOUVEMENT DES PÔLES MAGNÉTIQUES

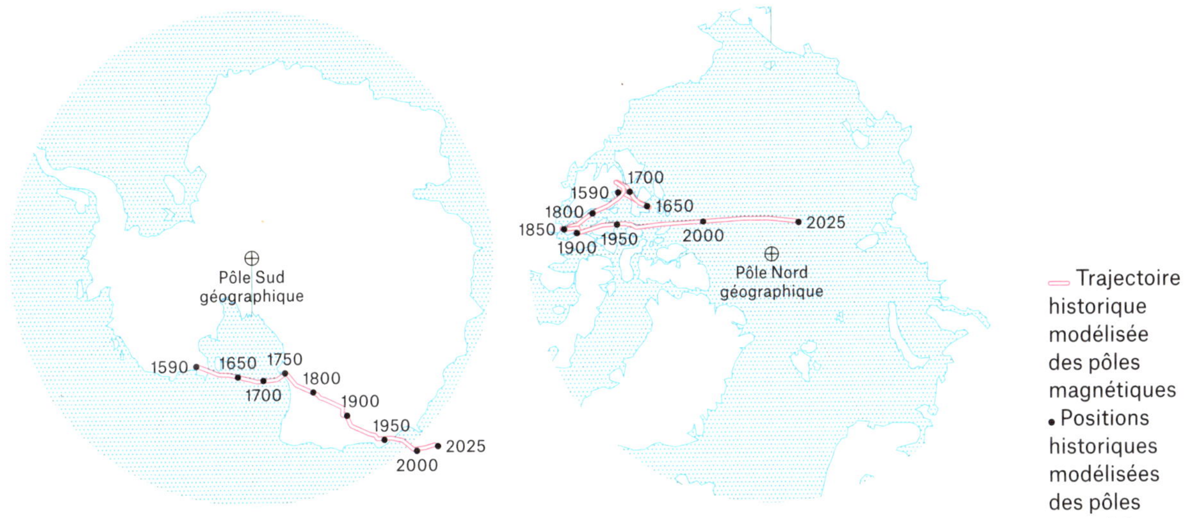

Pôle Sud magnétique

Pôle Nord magnétique

INVERSIONS DES PÔLES MAGNÉTIQUES

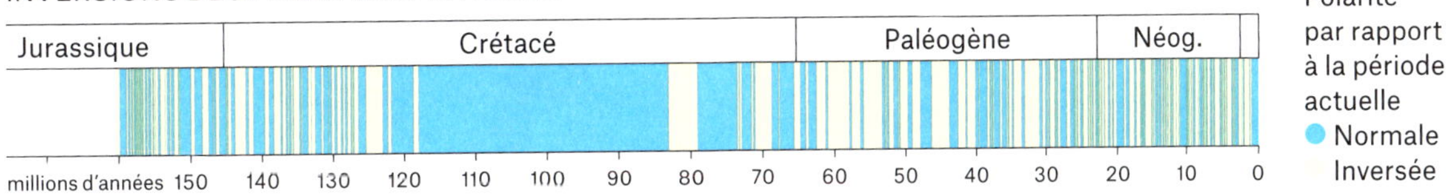

LE CHAMP MAGNÉTIQUE TERRESTRE agit comme un bouclier générant une enveloppe protectrice autour de la Terre, appelée « **magnétosphère** ». Située au-dessus de la ionosphère, au-delà de 800 km d'altitude, celle-ci dévie le plasma solaire nocif à la vie. L'action du **vent solaire** déforme la magnétosphère, lui donnant une allure de queue de comète. Les aurores boréales, qui éclairent le ciel nocturne de voiles vertes à rose aux pôles, sont la manifestation visible des particules chargées du plasma solaire (→ planche nº 51) arrivant dans l'atmosphère par les **cornets polaires**. C'est au cœur de la Terre qu'il faut aller chercher l'origine de son magnétisme, sous le manteau terrestre, au niveau du noyau externe. Celui-ci est constitué d'un alliage liquide de fer, avec un peu de nickel et d'autres éléments plus légers, qui est animé de mouvements de convection. Ces mouvements sont associés au refroidissement séculaire de la Terre et sont également modelés par sa rotation. Ils créent un effet de dynamo induisant un champ magnétique variable dans le temps, avec des pôles magnétiques se déplaçant au fil des années. À l'échelle de quelques millénaires, certaines variations peuvent même aboutir à une **inversion** des pôles magnétiques, le pôle Nord magnétique devenant un pôle Sud magnétique et vice versa. ●

Essais nucléaires

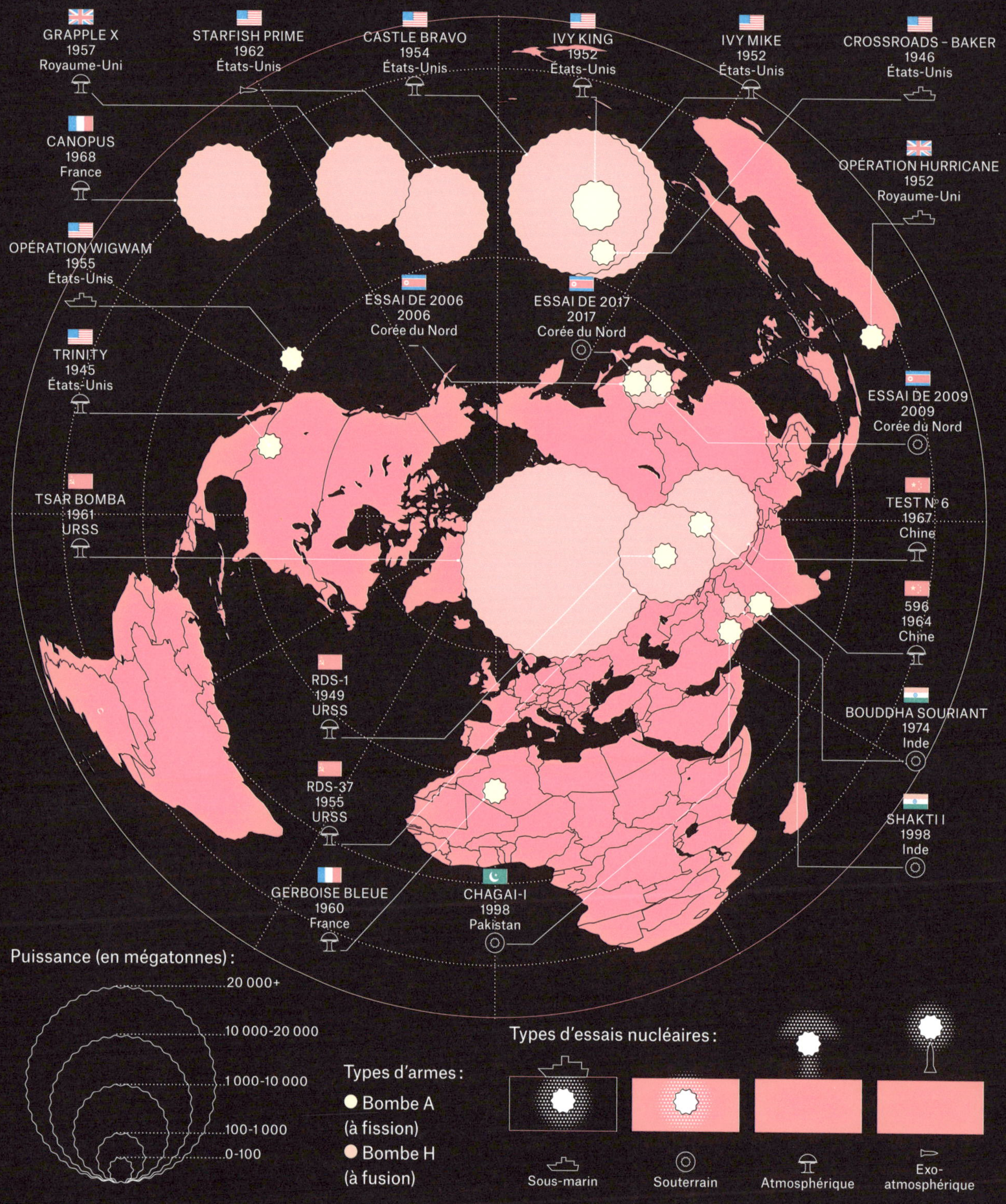

EN 1945, LES BOMBES d'Hiroshima et de Nagasaki (de puissances respectives 0,015 et 0,021 mégatonne de TNT) ont été les prémices d'une course folle à l'armement nucléaire entre les États-Unis, l'URSS et leurs alliés respectifs lors de la guerre froide. Tous les pays disposant de l'arme nucléaire ont depuis réalisé des essais pour tester leur arsenal, constitué de **bombes A** (à fission) ou de **bombes H** (à fusion). Depuis 1945, plus de 2 050 essais nucléaires ont ainsi été effectués par seulement huit nations : les États-Unis, l'URSS, le Royaume-Uni, la France, la Chine, l'Inde, le Pakistan et la Corée du Nord. Ces essais – réalisés sous l'eau, sous terre ou dans l'atmosphère – ne sont pas sans danger. Les retombées radioactives de ces explosions ont encore aujourd'hui des conséquences sur les populations (cancers, malformations, fausses couches, etc.) et l'environnement situés à proximité.

En 1996, un traité d'interdiction complète des essais nucléaires (TICE) a été mis en place par les Nations unies. Cinq puissances nucléaires ont signé ce traité mais ne l'ont pas ratifié : les États-Unis, la Chine, l'Égypte, l'Iran et Israël. La Corée du Nord, l'Inde et le Pakistan ne l'ont quant à eux ni signé ni ratifié. •

Trous noirs

ANATOMIE

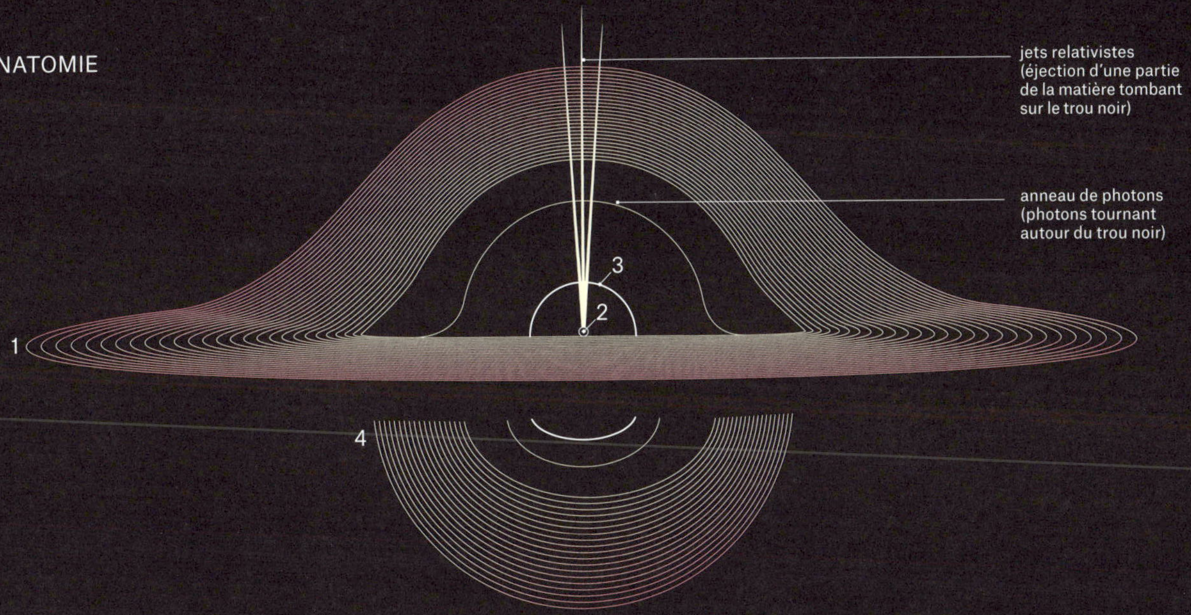

Vue d'ensemble

Vue de face

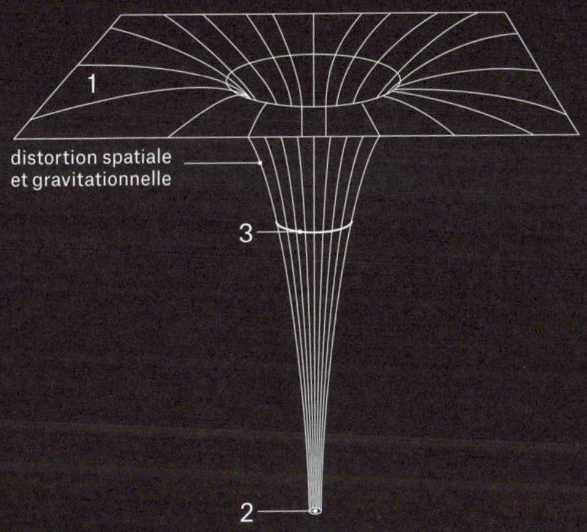

Vue de côté

1. Disque d'accrétion : gaz chaud et ionisé circulant à grande vitesse
2. Singularité du trou noir
3. Horizon des événements
4. Rayons lumineux provenant du dessous du disque d'accrétion par l'effet de lentille gravitationnelle

FORMATION

RECELANT ENCORE DE NOMBREUX MYSTÈRES, les **trous noirs** sont des objets célestes supermassifs issus d'un effondrement gravitationnel total, par exemple après une **supernova** thermonucléaire – explosion cataclysmique d'une **étoile massive**, c'est-à-dire au moins huit fois plus lourde que le Soleil. Sous l'effet de la gravitation, ils ne cessent de s'effondrer sur eux-mêmes, jusqu'à ce que leur masse se concentre en un point, la « **singularité gravitationnelle** », où les lois physiques de la relativité générale ne s'appliquent plus et où la gravité devient infinie. Le pourtour sphérique du trou noir, appelé « **horizon des événements** », n'est décelable qu'en négatif, là où la lumière disparaît au beau milieu d'un secteur très lumineux, peuplé d'un grand nombre d'étoiles. Autour, le **disque d'accrétion** est la zone où la matière tourne autour du trou noir, avant d'y tomber en spirale. On distingue les trous noirs stellaires – issus de l'effondrement d'une étoile massive – des trous noirs supermassifs – à l'origine incertaine et situés au centre des galaxies –, dont la masse peut varier de plusieurs millions à plusieurs milliards de fois celle du Soleil. Une fois capturées par un trou noir, aucune particule ni aucune lumière ne peut s'en échapper. •

Nº 100

Fossiles

1. Stromatolites

3,5 Ga, Pilbara (Australie)
contiennent des traces de matières organiques

2. Forêt pétrifiée de Lesbos

18 Ma, Lesbos (Grèce),
bois pétrifié

3. Ammonites

250 Ma, –,
fossile de coquille

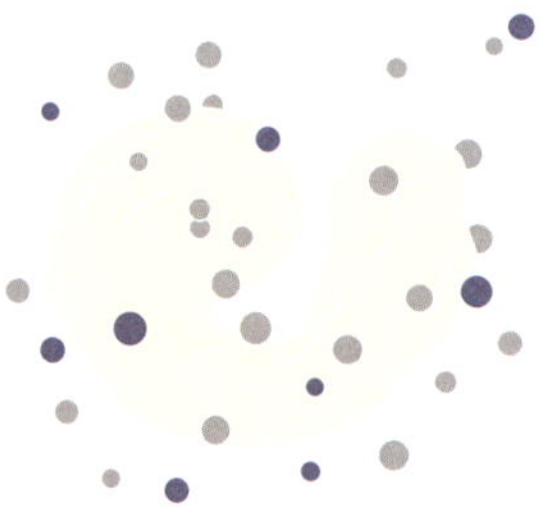

4. Foraminifères

540 Ma, fonds marins,
microfossile

5. Astériacites

251 Ma, Europe,
ichnofossile

6. Yarkov

20 380 ans, Khataganda (Sibérie),
« fossile parfait » conservé dans la glace

7. Guêpe-coucou

99 Ma, Birmanie,
résine fossile d'insecte inclus dans de l'ambre

8. Gingko biloba

contemporain, régions tempérées,
« fossile vivant »

9. Nautile

contemporain, océan Pacifique,
« fossile vivant »

APRÈS LEUR MORT, les restes solides d'un organisme vivant (animal ou végétal), rapidement dépossédé des parties molles et recouvert de plusieurs couches de sédiments, se transforment en roche au fil du temps par le processus de fossilisation. Les **stromatolites** sont les plus anciens fossiles connus et constituent ainsi la trace des premières formes de vie (**1**). Des **forêts** ont été figées après la chute de cendres volcaniques et des coulées de boues (**2**). La **coquille** univalve des **ammonites** est caractéristique de ces mollusques céphalopodes datés du Dévonien (**3**). Les **microfossiles** sont ainsi nommés à cause de leur taille. On les retrouve surtout dans les fonds marins (**4**). Lorsqu'ils concernent une empreinte de pas, ou une trace ancienne de l'activité d'un être vivant, on parle d'**ichnofossiles** (**5**). On emploie parfois le terme de « fossile » dans des expressions évoquant plus généralement des vestiges de formes de vie anciennes. L'appellation **« fossile parfait »** (**6**, **7**) concerne les organismes exceptionnellement bien conservés dans un matériau comme la glace ou l'ambre. Le terme **« fossile vivant »** fait quant à lui référence aux espèces encore en vie, n'ayant pas ou très peu évolué par rapport à leurs ancêtres lointains, comme le **gingko biloba** (**8**) ou le **nautile**, dont on retrouve des fossiles datant du Cambrien (**9**). •

Datation au carbone 14

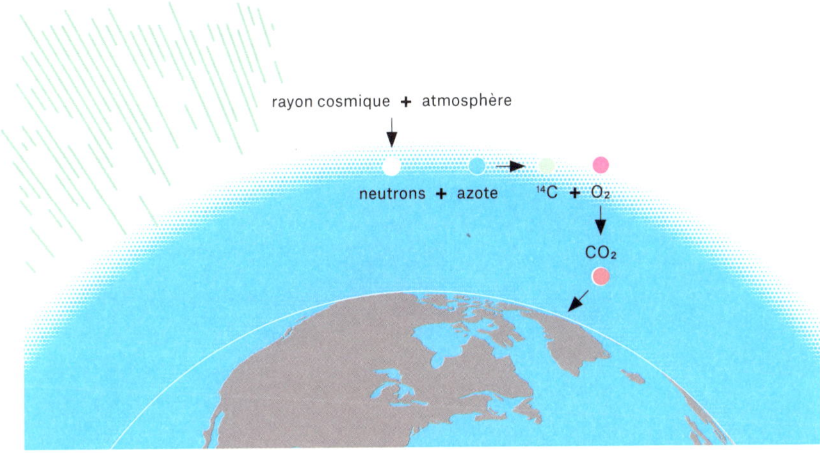

1. Formation du carbone 14

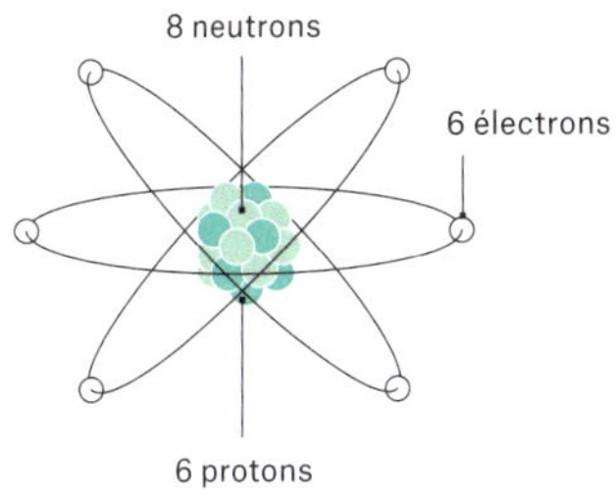

2. Structure de l'atome de carbone 14

3. Assimilation par les organismes vivants

4. Arrêt de l'assimilation

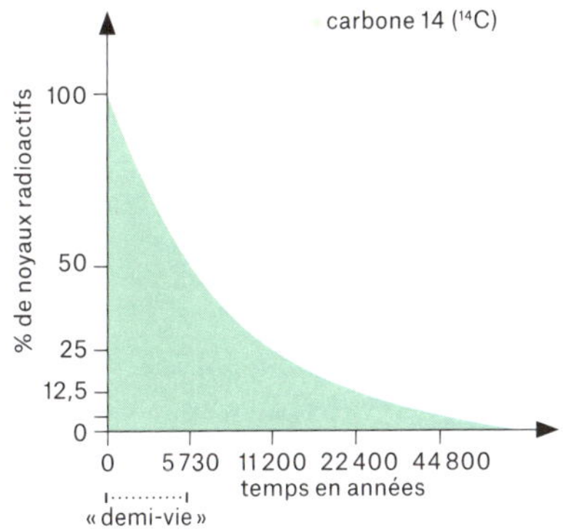

5. Diminution relative du taux du ^{14}C au cours du temps

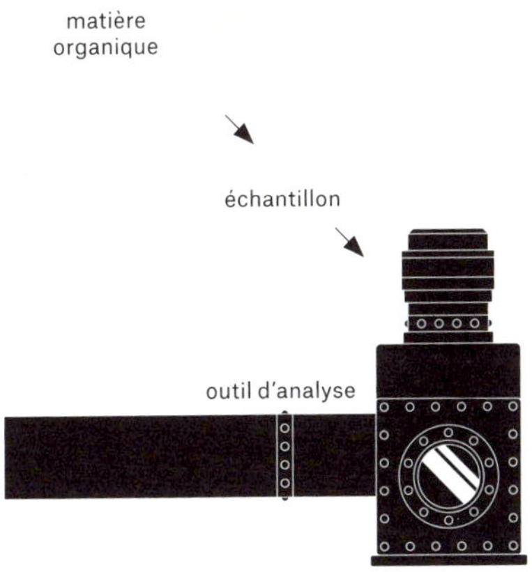

6. Analyse de l'échantillon

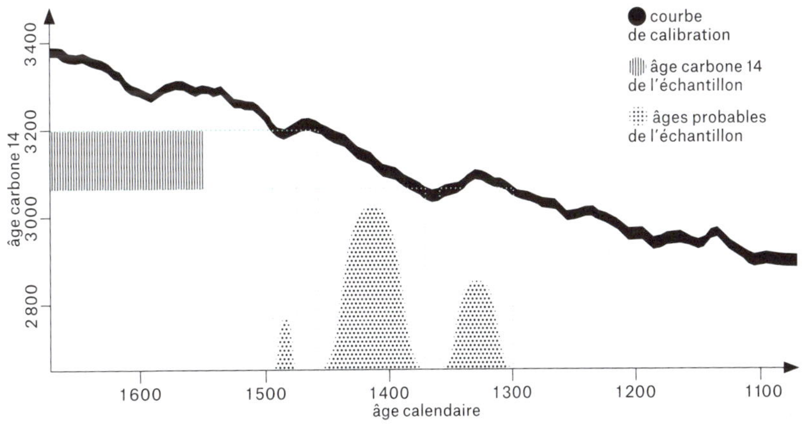

7. Courbe de calibration et de datation

DATER LE BOIS provenant d'une tombe égyptienne, c'est ce que le physicien américain Willard Frank Libby parvient à faire pour la première fois en 1949. En effet, le scientifique vient de découvrir la méthode de datation par le carbone 14. Formé dans l'**atmosphère** (**1**), cet isotope radioactif naturel du carbone (**2**) est assimilé par les **organismes** au cours de leur vie (**3**). Après sa **mort** (**4**), la matière organique garde en elle trois éléments utiles : du carbone 12, du carbone 13 et du carbone 14. Si les taux de carbone 12 et de carbone 13 restent stables, le **taux de carbone 14**, lui, **diminue** de moitié tous les **5 730 ans** – durée que les scientifiques nomment **« demi-vie »** –, jusqu'à devenir nul (**5**). Ce phénomène permet alors de dater les échantillons. À l'aide d'**outils d'analyse** (**6**), les chercheurs mesurent la radioactivité de l'**échantillon** pour le dater puis corrigeront le résultat en utilisant une **courbe de calibration et de datation** (**7**). Cette technique – qui a valu le prix Nobel de chimie à Libby en 1960 – connaît néanmoins quelques limites : elle ne peut s'appliquer qu'aux échantillons de moins de 50 000 ans et ne concerne que ce qui a été vivant. Il n'est donc pas possible de dater de la matière minérale par ce procédé. ●

Histoire des robots

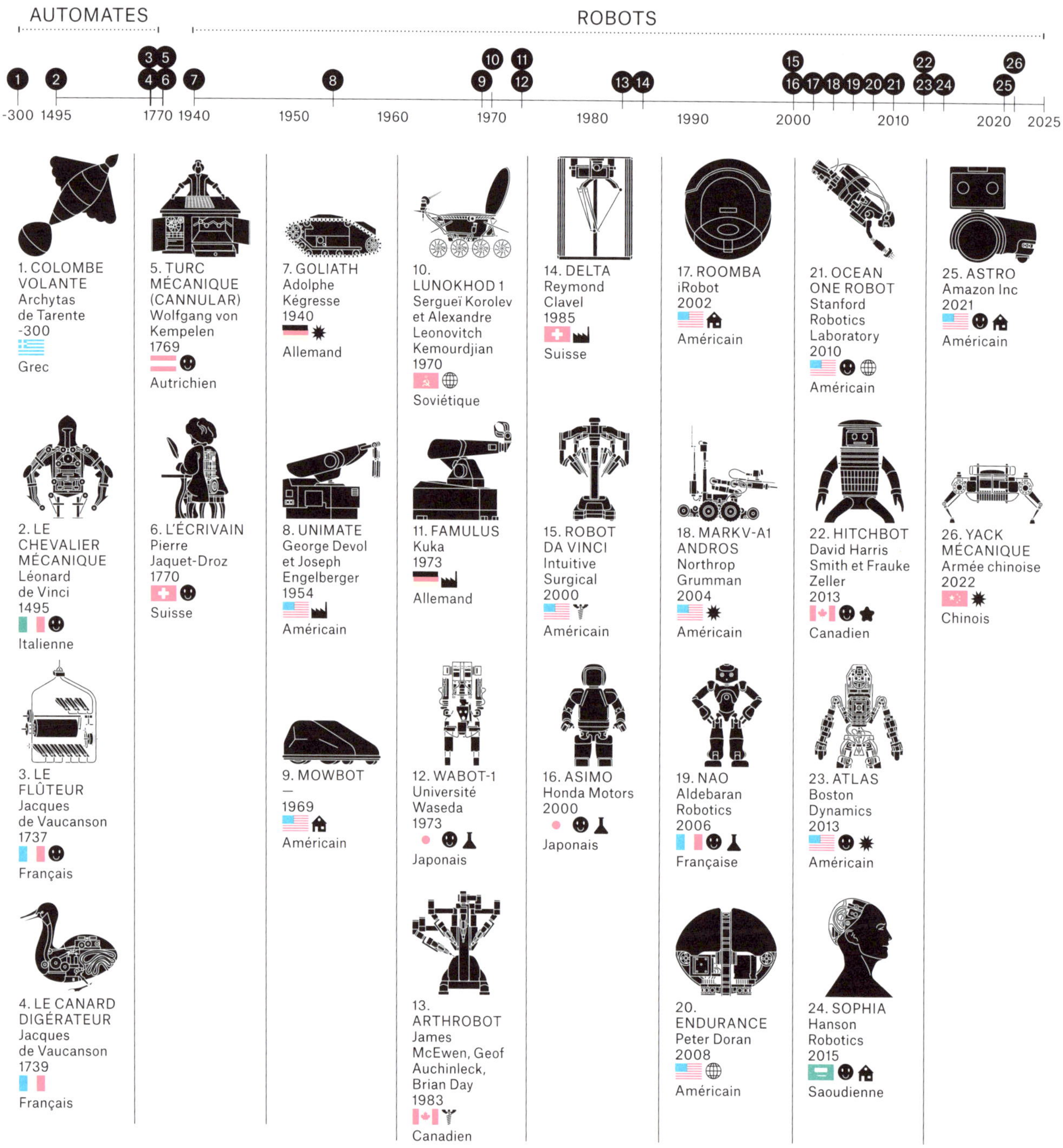

Aspect : Humanoïde ou anthropomorphique

Applications : Artistique, Domestique, Exploratoire, Médicale, Militaire, Industrielle, Scientifique

POUR ÊTRE QUALIFIÉ DE « ROBOT », un dispositif doit être capable d'accomplir des tâches de manière automatique et de répondre à son environnement. Dès l'Antiquité, et durant des siècles, de tels objets sont imaginés et programmés de manière exclusivement mécanique : ce sont les **automates**. À partir de la seconde moitié du XXe siècle, la combinaison de l'informatique et de l'électronique permet de programmer un objet pour qu'il agisse de manière indépendante à une commande humaine. Que son application soit **artistique**, **domestique**, **exploratoire**, **médicale**, **militaire**, **industrielle** ou **scientifique**, le **robot** peut remplacer le geste humain. Désormais, l'intelligence artificielle permet à l'objet de réagir en imitant les capacités cognitives d'un humain. « J'essaie de faire en sorte que chaque jour soit une expérience enrichissante qui me permette d'apprendre encore et encore », répond **Sophia** (**24**), souriante, à une journaliste l'interrogeant sur son emploi du temps. Car il est vrai qu'elle sait apprendre, ainsi que hocher la tête, rouler des yeux ou faire la grimace. Conçue pour tenir compagnie aux personnes âgées, la gynoïde – terme employé pour qualifier un robot ayant une apparence **humanoïde** féminine – est considérée comme l'une des plus intelligentes de son espèce. •

Vallée de l'étrange

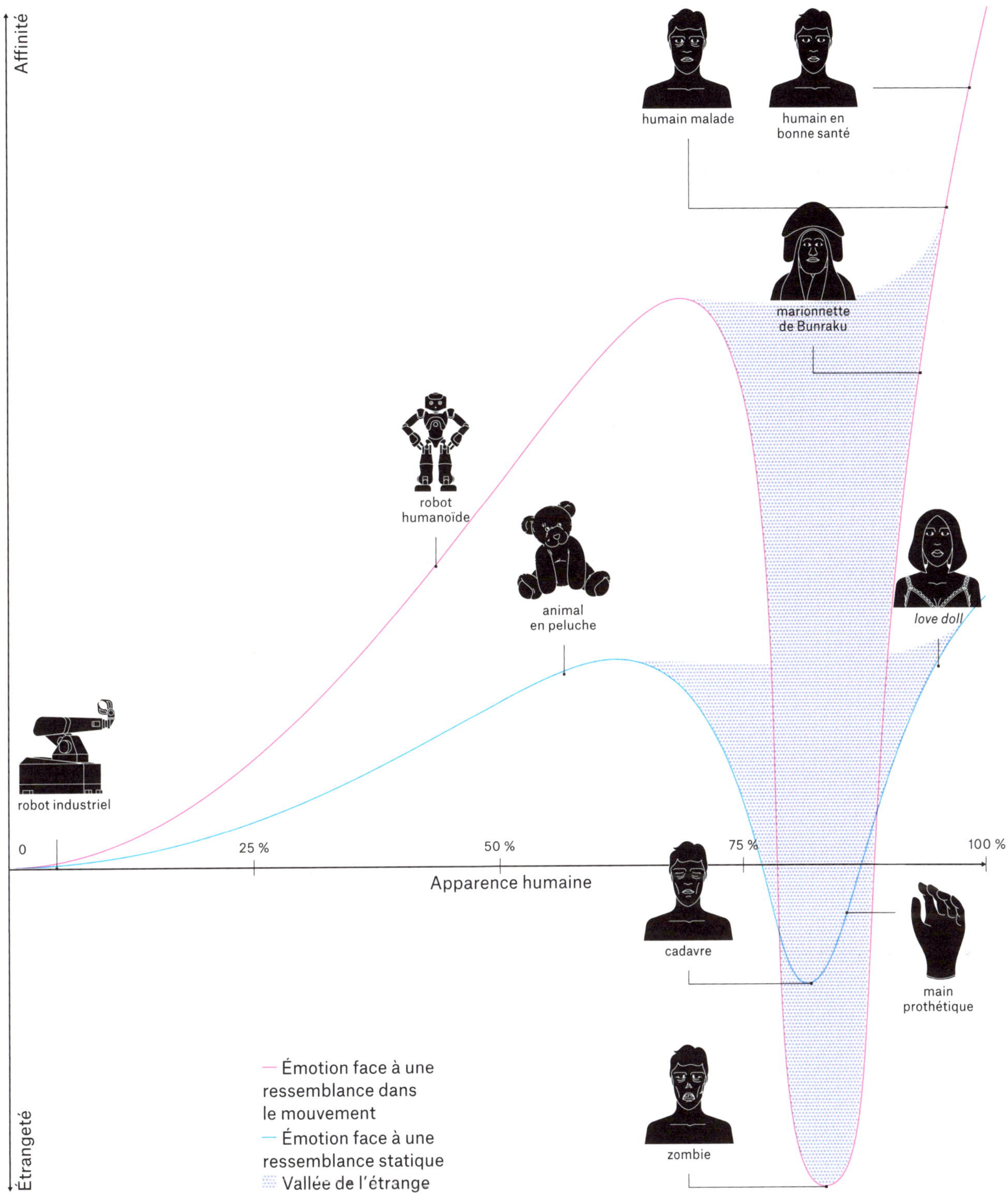

LES *LOVE DOLLS*, POUPÉES GONFLABLES ou siliconées particulièrement populaires au Japon – où elles ont été inventées –, comblent les désirs physiques de leurs propriétaires. Pourtant, en dehors de toute considération éthique ou morale, elles inquiètent. Cette peur suscitée par certains objets en **mouvement**, ou par des figurines **statiques** comme les poupées, a été conceptualisée en 1970 par le roboticien japonais Masahiro Mori. D'après lui, plus la **ressemblance** entre un objet (robot humanoïde, *love doll*, etc.) et l'**humain** est forte, plus elle provoque le rejet ; les similitudes déstabilisent et les marqueurs de différences angoissent. Parmi ces différences, Masahiro Mori précise qu'il peut s'agir du mouvement des objets **humanoïdes** – dont la gestuelle est souvent plus lente que celle des humains – ou, pour les objets statiques, de caractéristiques morphologiques comme une peau trop lisse, des traits inexpressifs ou un teint blafard. *A contrario*, l'apparence d'un **robot industriel** ne provoque pas de malaise. Représentée sur un schéma, la **courbe des émotions** positives ou négatives suscitées par divers objets en fonction de leurs ressemblances anthropomorphiques permet de déterminer cette zone de malaise que l'on appelle la **vallée de l'étrange**. •

Nº 104

Limites de la Terre

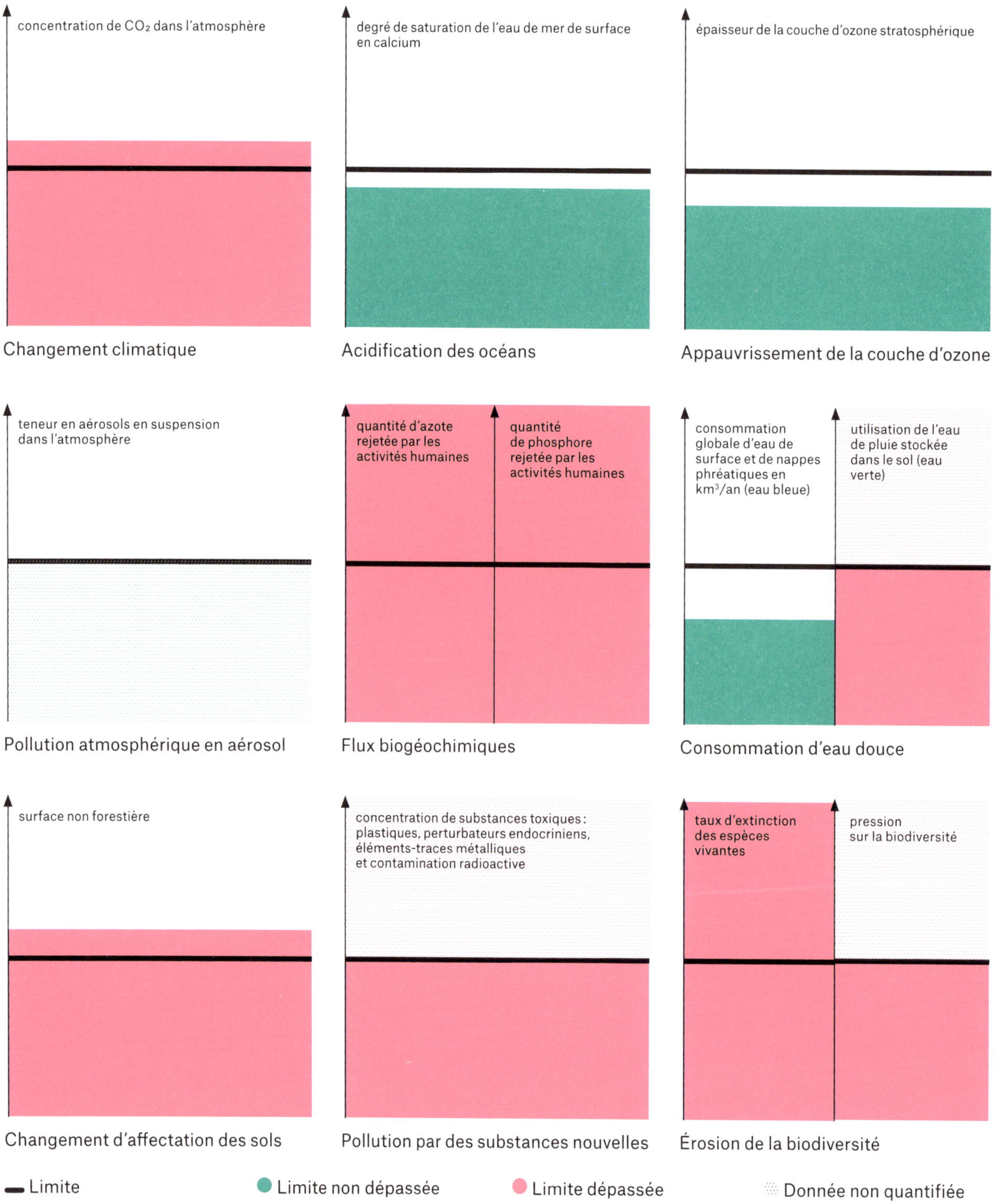

LE « TERRAIN DE JEU PLANÉTAIRE » est un cadre défini par certains scientifiques et composé de 9 **limites** que l'humanité ne doit pas **dépasser**, au risque de mettre en péril ses conditions d'évolution dans des écosystèmes sûrs et fonctionnels qui lui garantissent ses conditions de vie. En 2009, une équipe internationale de 26 chercheuses et chercheurs établit une liste de ces « limites de la Terre ». Pour chacune, une valeur seuil est définie. Le franchissement de ces valeurs ne permettrait plus d'éviter ou de prévoir des modifications de l'environnement dont les conséquences catastrophiques pourraient déstabiliser de manière durable la biosphère.

En 2022, 5 de ces 9 limites planétaires sont déjà dépassées : elles sont relatives au **changement climatique**, aux **flux biogéochimiques** (azote et phosphore), au **changement d'affectation des sols**, à la **pollution due à l'introduction de nouvelles substances** et à l'**érosion de la biodiversité**. Les scientifiques estiment en particulier que si les limites relatives au réchauffement climatique et à l'érosion de la biodiversité devaient continuer à être dépassées dans une plus large mesure, notre planète pourrait basculer vers un « nouvel état », probablement beaucoup moins favorable à la vie. ●

Limites de l'humain

N° 105

PERFORMANCES PHYSIQUES MONDIALES

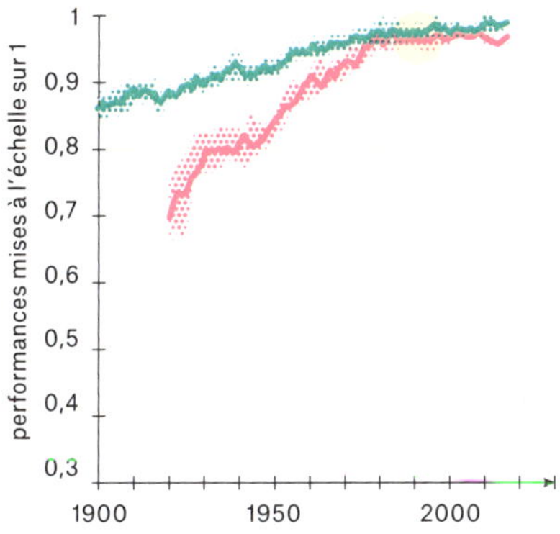

Course à pied (800 mètres)

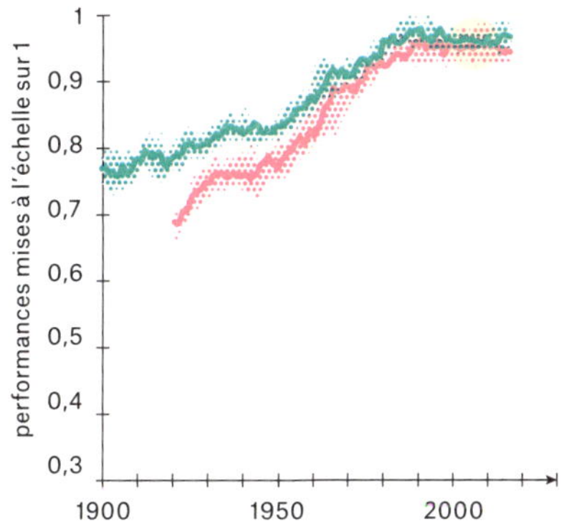

Saut en hauteur

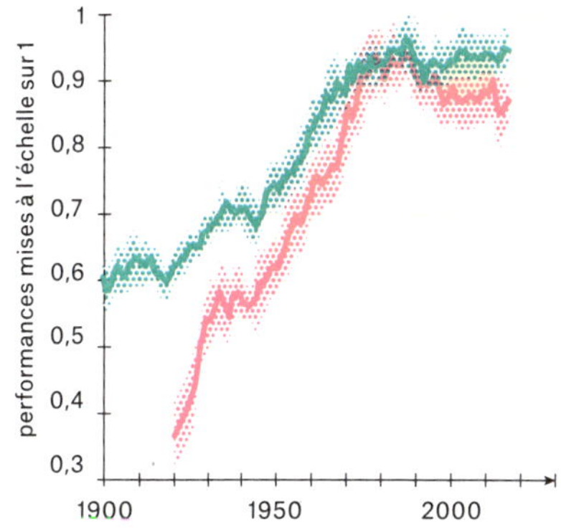

Lancer de poids

DÉMOGRAPHIE MONDIALE

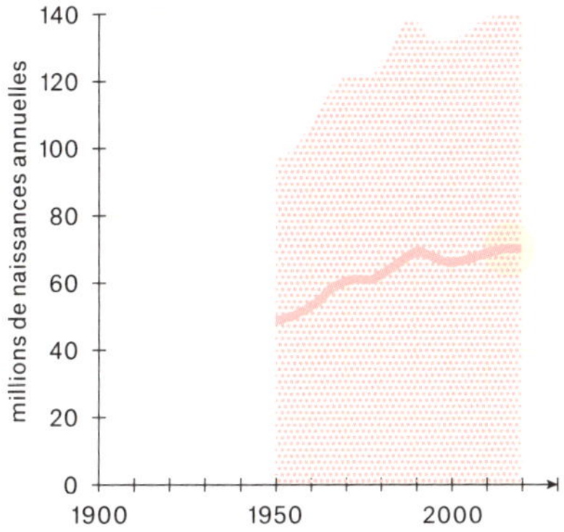

Naissances

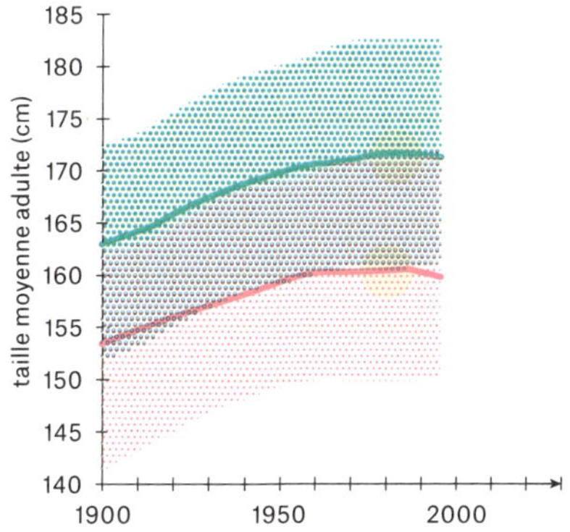

Taille par année de naissance

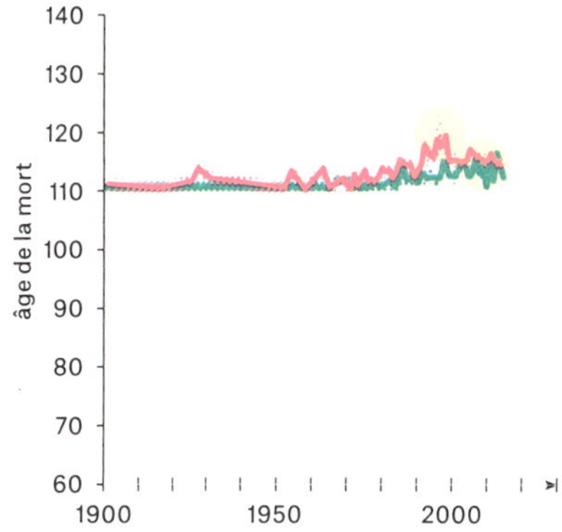

Records de durée de vie

ÉCONOMIE MONDIALE

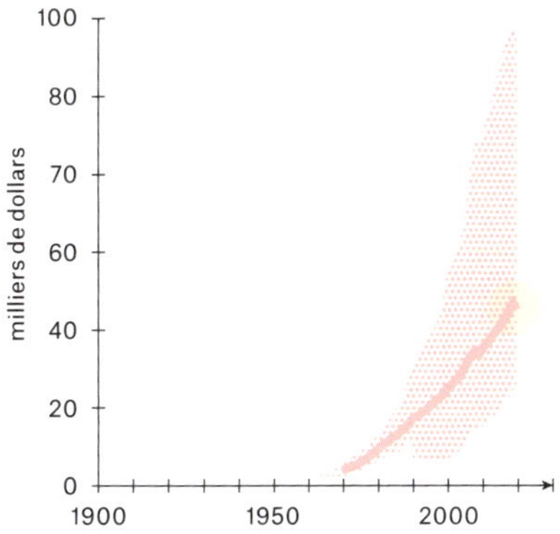

PIB par habitant (OCDE)

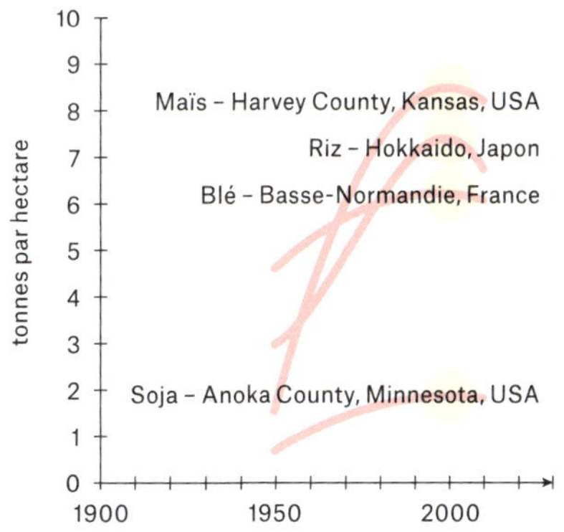

Rendement agricole

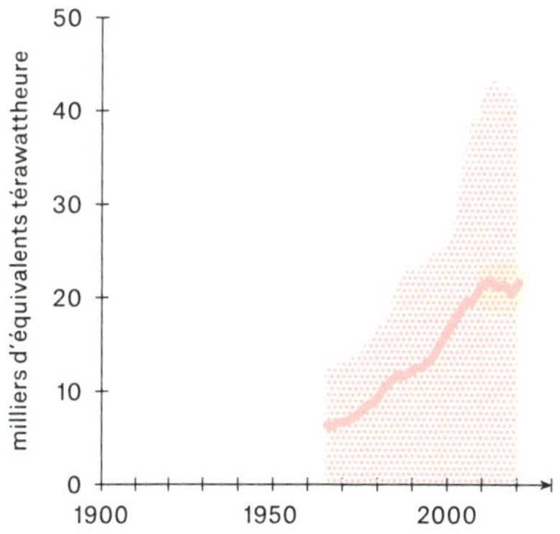

Consommation de charbon

● Homme ● Femme ● Autres ● Plateau ▩ Étendue des données ▬ Tendance

« L'HOMME PEUT-IL S'ADAPTER À LUI-MÊME ? », c'est la question posée par le professeur de physiologie Jean-François Toussaint dans un ouvrage collectif paru en 2012 auquel elle donne son titre. Les courbes de croissance des humains présentent une forte poussée dans les premières années de la vie, puis un **plateau** à l'âge adulte et enfin une diminution lors de la vieillesse. Il appelle cette courbe le « potentiel individuel ». Le « potentiel de l'espèce » est la mise en commun de l'ensemble de ces potentiels individuels. Dans des champs d'étude comme la **démographie** (nombre de naissances, durée de vie…), les **performances physiques** individuelles (notamment les records sportifs) ou encore l'**économie**, certaines valeurs présentent des **tendances** comparables : une forte croissance initiale, puis un plateau – soit une croissance exponentielle suivie d'une phase dite « asymptotique ». La projection de ces évolutions dans l'avenir pose question. Pourrons-nous courir le 800 mètres en moins de 1 min 30 s ? Vivrons-nous jusqu'à 200 ans ? Le PIB moyen dans les pays de l'OCDE atteindra-t-il 80 000 dollars par habitant ? D'autant plus que l'activité humaine, qui a durablement modifié la faune et la flore dans l'ensemble des écosystèmes, se trouve déjà face aux limites de la Terre (→ planche n° 104). •

Plongées profondes

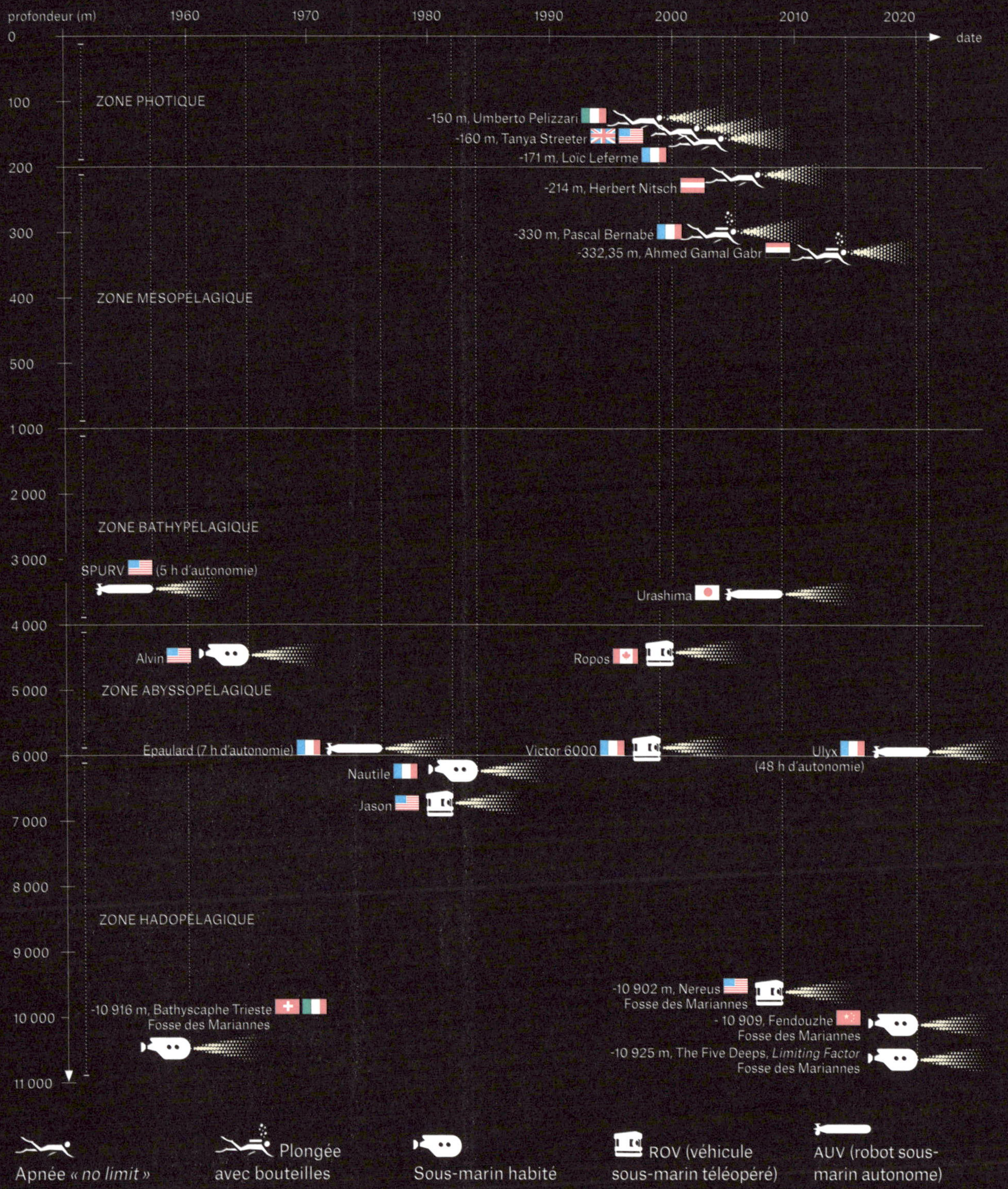

LES ABYSSES SONT LES TERRITOIRES les moins explorés sur Terre, car il est plus difficile d'établir une communication avec un engin dans les profondeurs de l'océan qu'avec un rover sur Mars. Pourtant, les premières traces d'activités de plongée datent d'il y a au moins 7 000 ans. Depuis, de nombreuses avancées techniques ont permis de repousser les limites des profondeurs accessibles : l'invention de la **plongée avec bouteilles** en 1839 par James Elliot et Alexander McAvity ; des **sous-marins habités** par la marine française en 1863 ; du scaphandre autonome par Jacques-Yves Cousteau en 1943 ; ou encore des **AUV** par Stan Murphy et Bob Francois en 1957 et des **ROV** par Robert Ballard en 1985. On distingue l'exploration « technique », qui vise à démontrer les performances matérielles d'un équipement, de l'exploration de recherche scientifique, qui récolte de nombreuses données pour décrire l'environnement profond. Cette dernière connaît des avancées notoires, notamment grâce aux ROV qui permettent l'intervention humaine, à distance, par le biais de prélèvements ou d'observations visuelles. Indépendamment de ces progrès techniques, la plongée en **apnée** – ou ***« no limit »*** – est désormais pratiquée comme un sport extrême, notamment en raison de la pression que l'eau exerce sur le corps. ●

Gratte-ciels

SUR LE PLATEAU DE GIZEH, la **pyramide de Khéops** (→ planche n° 23) a toisé le monde du haut de ses 137 mètres – les 146 mètres initiaux ayant subi l'érosion – pendant plus de 4 400 ans avant que la **tour Eiffel** ne vienne mettre un terme à cette suprématie en 1887, rapprochant de 163 mètres l'humanité du Soleil. Nées aux États-Unis, à Chicago, après le grand incendie de 1871, les premières tours étaient hautes d'une centaine de mètres. Depuis, les projets se sont succédé, établissant toujours de nouveaux records, grâce à des techniques et des matériaux de plus en plus performants – notamment en matière de résistance au vent.

On peut distinguer trois grands types de structures de gratte-ciel : le **World Trade Center**, par exemple, a été construit à partir d'un noyau central sur lequel était montée une ossature extérieure métallique ; à Chicago, le **John Hancock Center** a une ossature extérieure construite en diagonale ; enfin, l'assemblage de plusieurs tours effilées sur une même base, comme la **Sears Tower** – elle aussi à Chicago –, renforce la stabilité au sol. En Arabie saoudite, le projet de la tour Djeddah, de 1 000 mètres de haut et à base triangulaire, devrait détrôner de 172 mètres le précédent record établi en 2010 par le **Burj Khalifa** de Dubaï. •

Big data

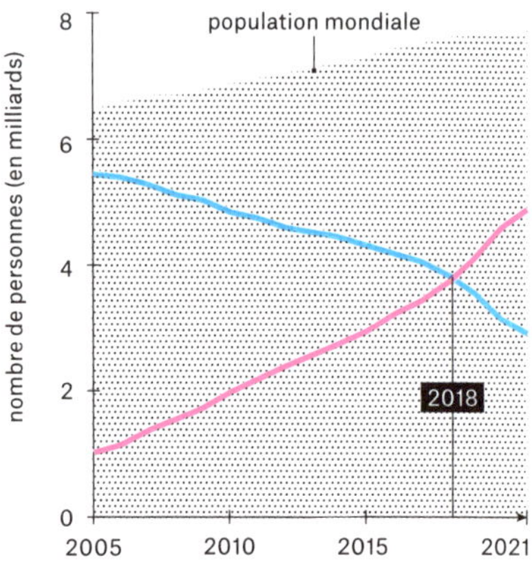

Accès à Internet

connectées — non connectées

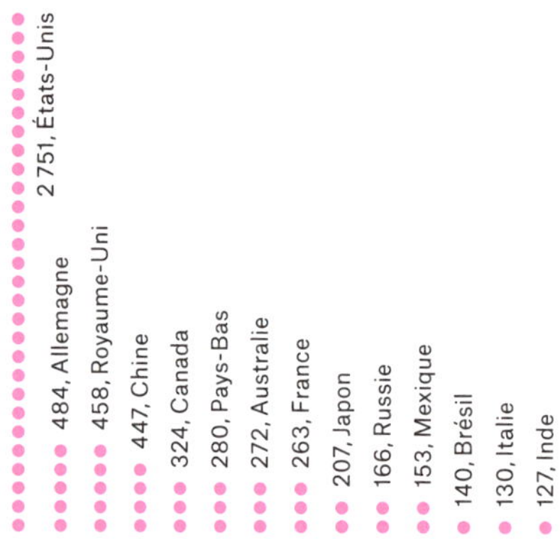

Nombre de *data centers* en 2022

• = 100 *data centers*

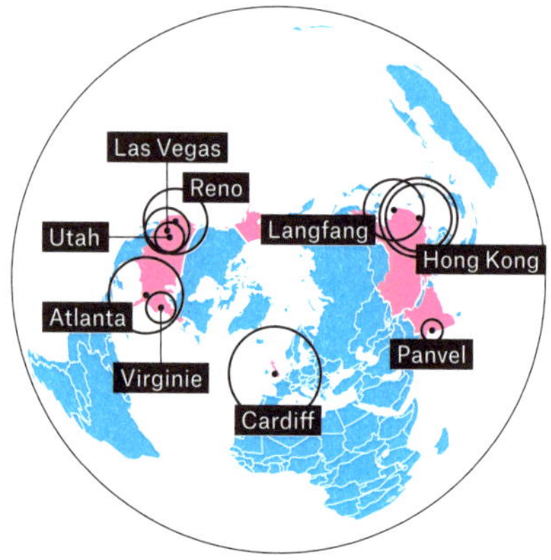

Les dix plus grands *data centers*

o importance en superficie

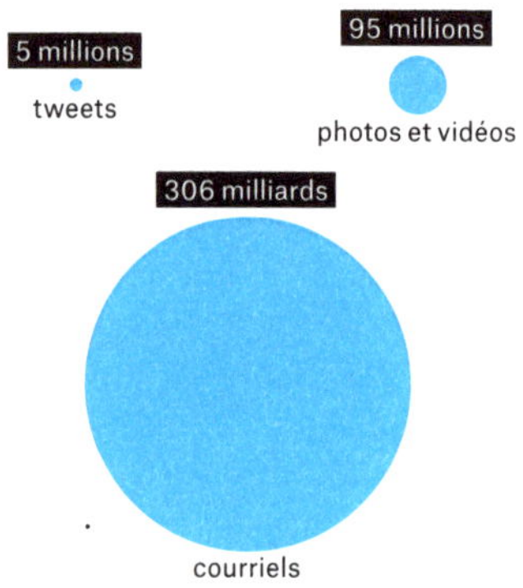

Un jour sur Internet

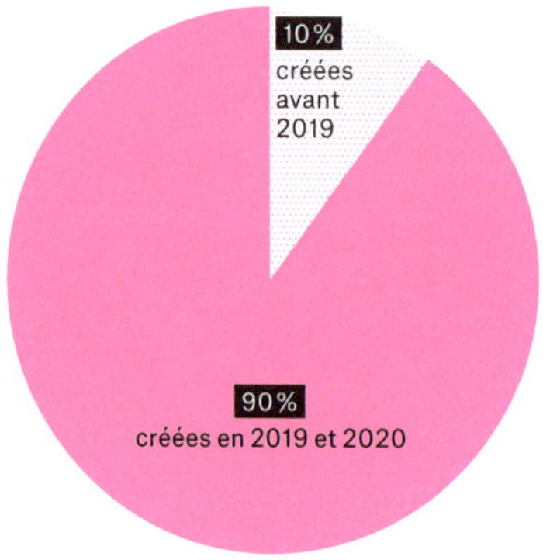

Données mondiales en 2020

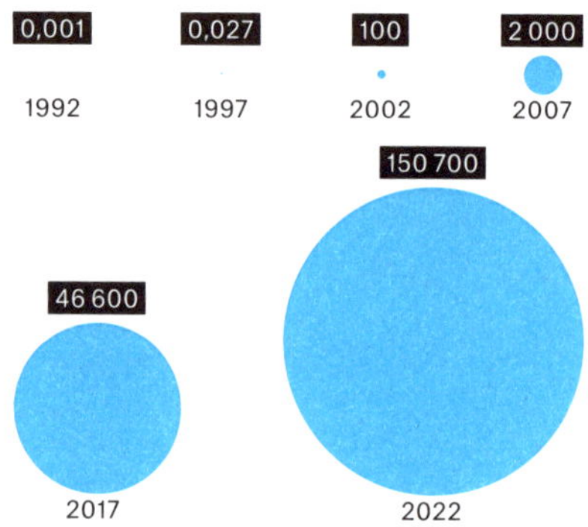

Trafic Internet global (en Go/s)

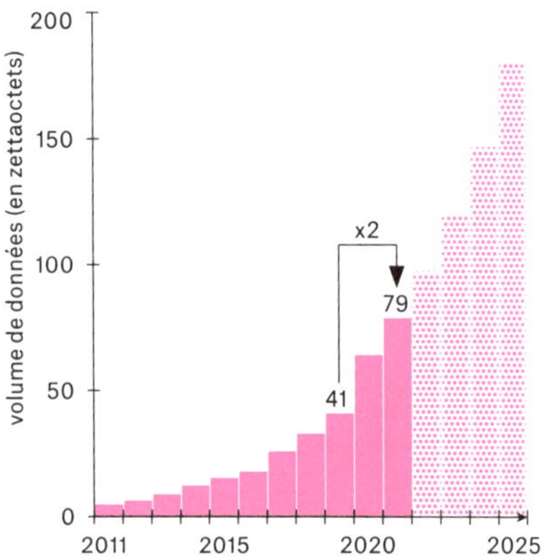

Volume de données créées, capturées, copiées et utilisées à travers le monde

prévision

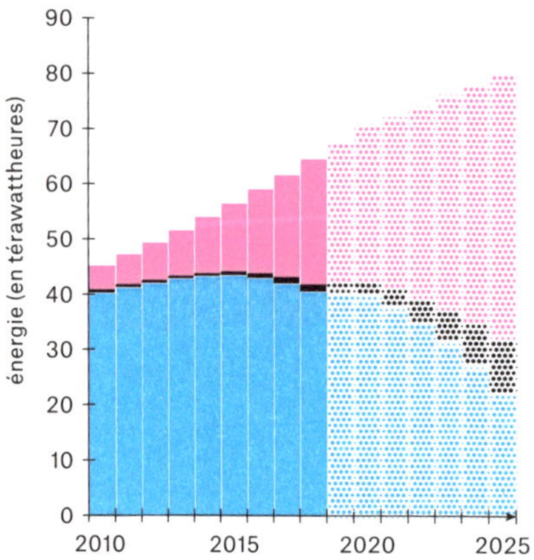

Consommation d'énergie (UE) par type de *data centers*

• traditionnel • cloud • edge ∵ prévision

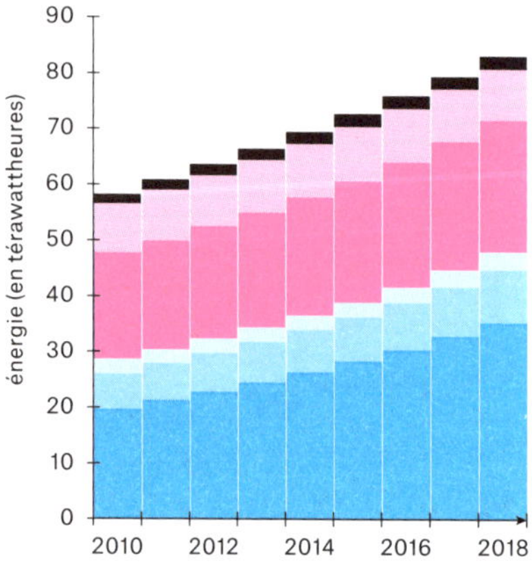

Consommation d'énergie (UE) des *data centers*

• serveurs • stockage • réseaux • refroidissement • onduleur • autres

RÉSEAUX SOCIAUX, médias, *open data*, Web, bases de données privées et publiques, commerciales ou scientifiques ont généré pas moins de 79 zettaoctets (79 000 milliards de gigaoctets) de **données sur Internet** en 2021 par le biais de 12 milliards d'objets connectés à travers le monde. C'est deux fois plus qu'en 2019 mais deux fois moins que les prévisions faites pour 2025. On nomme « big data » la production de données de natures variées et complexes, en grand **volume** et en quantité croissante, nécessitant pour leur analyse et leur tri des technologies aux capacités de calcul toujours plus puissantes. Leur stockage se fait dans des ***data centers,*** immenses structures physiques sécurisées, dont les surfaces dépassent souvent les centaines de milliers de mètres carrés. Ces infrastructures consomment une **énergie** considérable – entre 2 et 4 % de la consommation mondiale d'électricité –, et seraient responsables d'une quantité d'émissions de CO_2 comparable à celle du trafic aérien.

Considéré comme l'un des grands défis de l'informatique pour les années à venir, le big data constitue une priorité pour la recherche dans ce domaine. Le développement croissant des intelligences artificielles rend déjà possibles l'exploration et le traitement de volumes massifs de données. •

Intelligence de la pieuvre

ANATOMIE

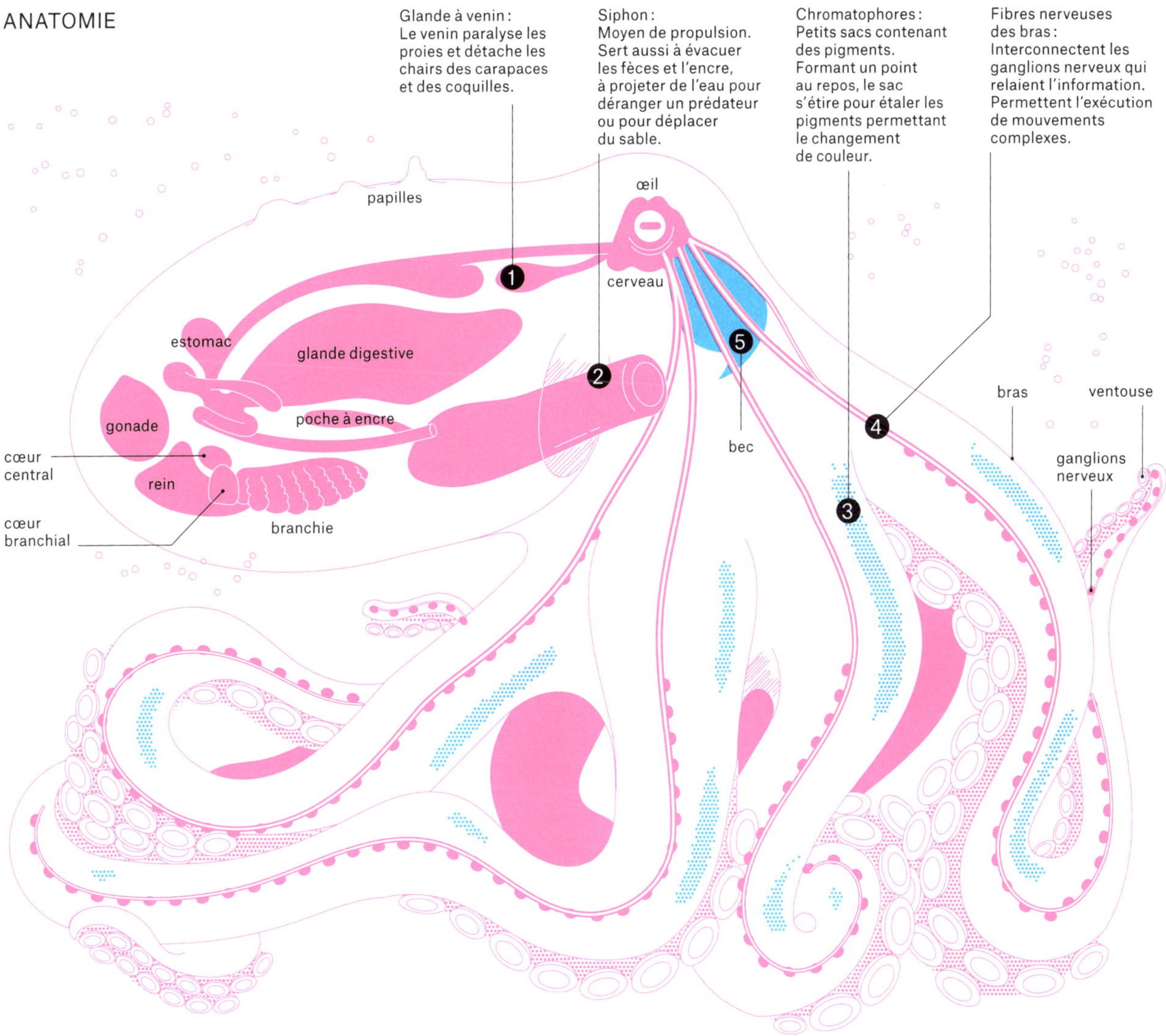

COMPORTEMENTS

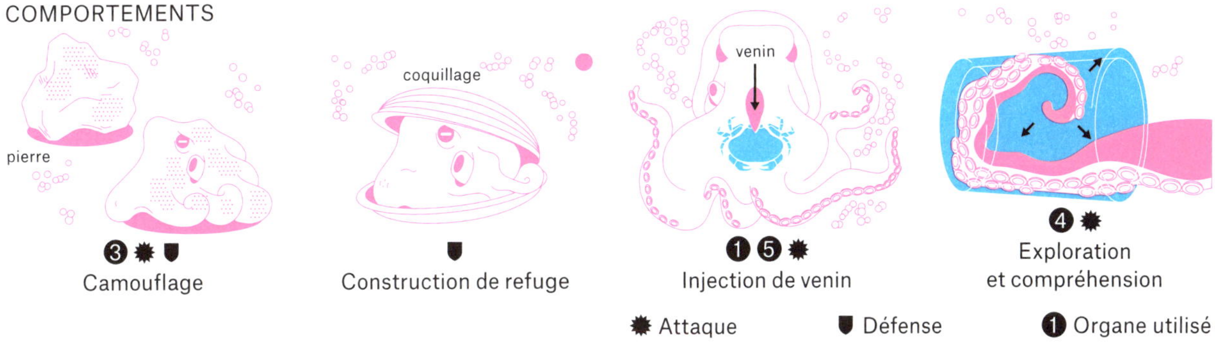

« CES ANIMAUX SONT FANTÔMES autant que monstres », écrit Victor Hugo, dans *Les Travailleurs de la mer*, à propos de ces mollusques rasant le fond des océans à l'aide de leurs huit **bras** recouverts de **ventouses** et de leur **siphon** propulseur. Souvent qualifiées de « reines de l'évasion » grâce à leur capacité à s'enfuir en toute discrétion, les pieuvres – aussi appelées « poulpes » – peuplent les imaginaires et intriguent marins et scientifiques depuis des siècles. Habiles et intelligentes, elles se révèlent être de redoutables prédatrices, en injectant leur **venin** par le **bec**. Outre leurs deux (ou trois) **cœurs**, le grand atout de ces céphalopodes reste sans doute leurs 500 millions de neurones, répartis entre leur cerveau central et leurs bras ! Cette particularité leur permet d'observer, d'apprendre, de faire **remonter les informations** et surtout de les mémoriser. Les pieuvres sont ainsi capables, selon les situations d'**attaque** ou de **défense**, de dévisser puis d'**explorer** un bocal, de **trouver refuge** dans un coquillage, ou encore de se **camoufler** en imitant leur environnement et en changeant de pigmentation… Pour Peter Godfrey-Smith, philosophe des sciences, ces créatures seraient « probablement ce qui se rapproche le plus d'une rencontre avec un extraterrestre intelligent ». •

Rotation des cultures

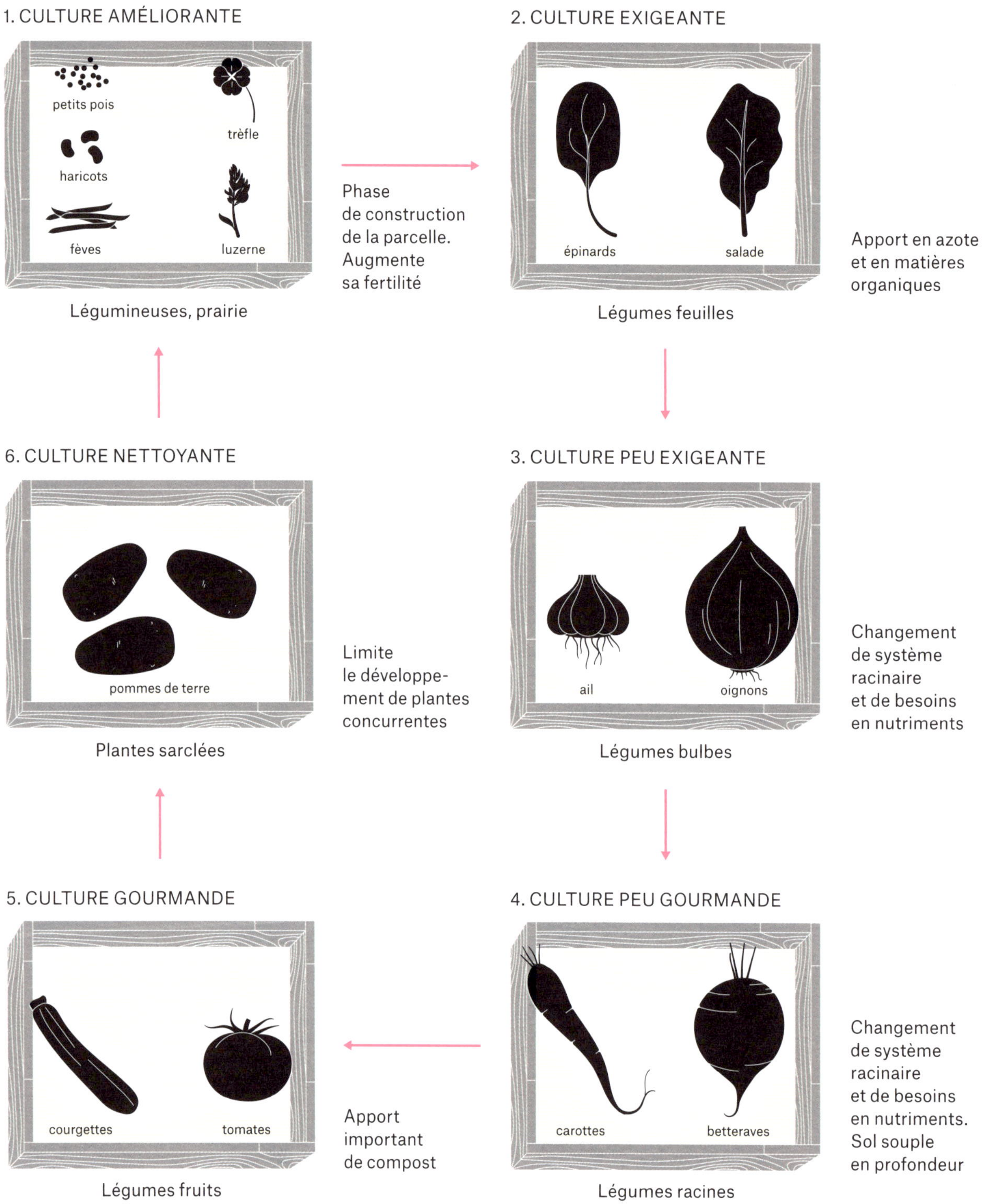

FAIRE POUSSER de manière échelonnée des plantations différentes sur une même parcelle, tel est le principe de rotation des cultures qui s'organise selon des cycles réguliers. Cette pratique, qui existe depuis le Moyen Âge, a été délaissée au profit de la monoculture au XIXe siècle, marqué par la mécanisation – avec l'apparition des moissonneuses – et l'utilisation de produits chimiques, comme les engrais et les pesticides. Toutefois, parce qu'elle améliore la structure et l'activité biologiques des sols et qu'elle permet de maîtriser les mauvaises herbes, la rotation culturale a été réintroduite ces dernières décennies dans le cadre de l'agriculture durable.

Plusieurs systèmes de rotation et différentes durées de cycle sont possibles, selon la nature du sol et les besoins. Au potager, on peut choisir un cycle sur 6 ans, consistant à commencer par une culture **améliorante**, qui permet d'enrichir le sol et de le rendre plus **fertile** afin, les deux années suivantes, d'y faire pousser des cultures **exigeantes** en azote, puis peu exigeantes, comme les légumes bulbes. On alterne ensuite des cultures peu **gourmandes** et gourmandes en nutriments, et on finit le cycle par une culture **nettoyante**, qui permet d'éliminer les mauvaises herbes. •

Systèmes racinaires

PIVOTANT

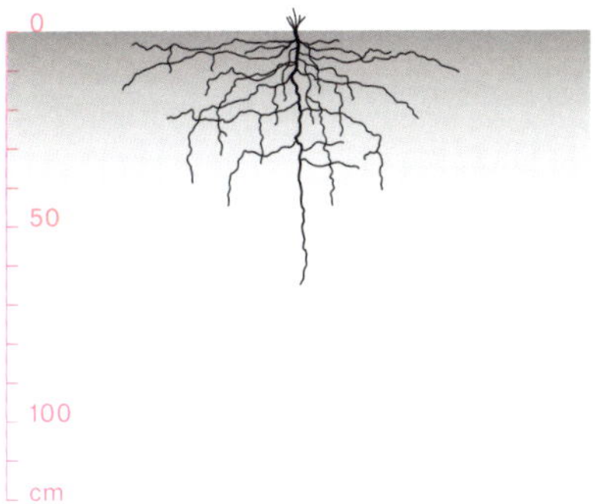

Cumin

FASCICULÉ

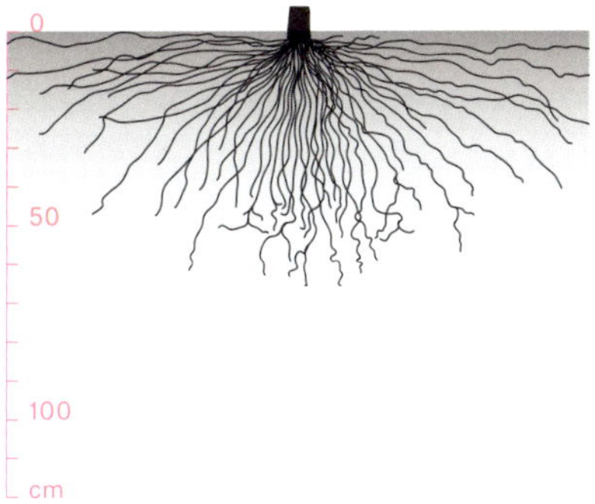

Poireau

TRAÇANT

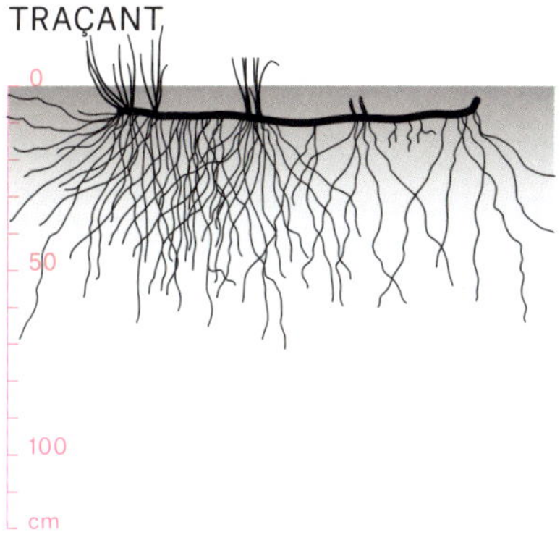

Jonc odorant

TUBÉREUX PIVOTANT

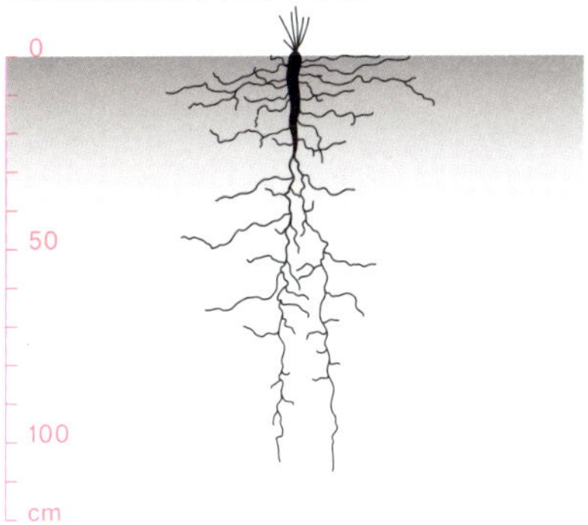

Carotte

TUBÉREUX FASCICULÉ

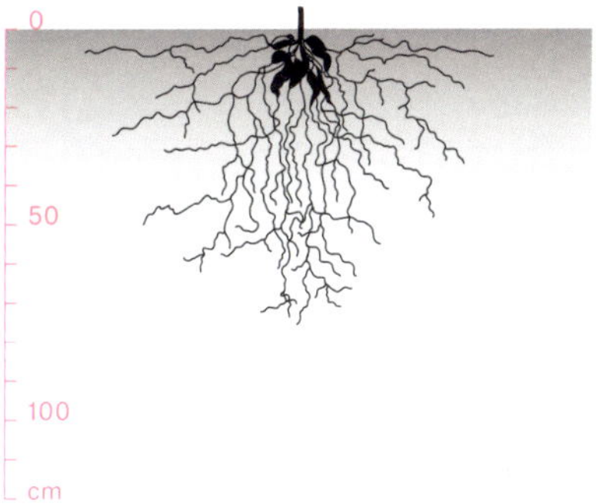

Patate douce

ADVENTIF

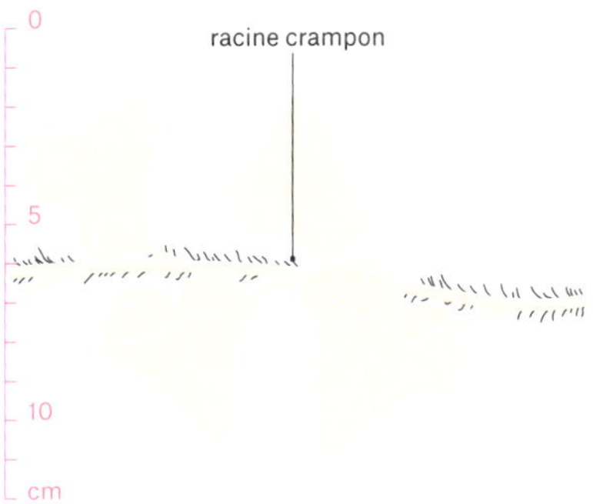

Lierre grimpant

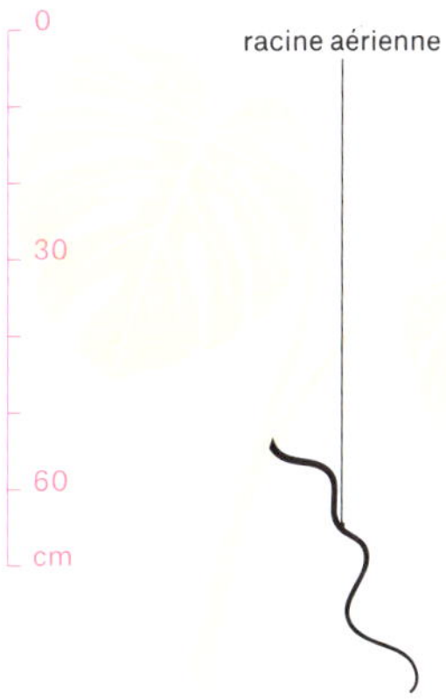

Monstera

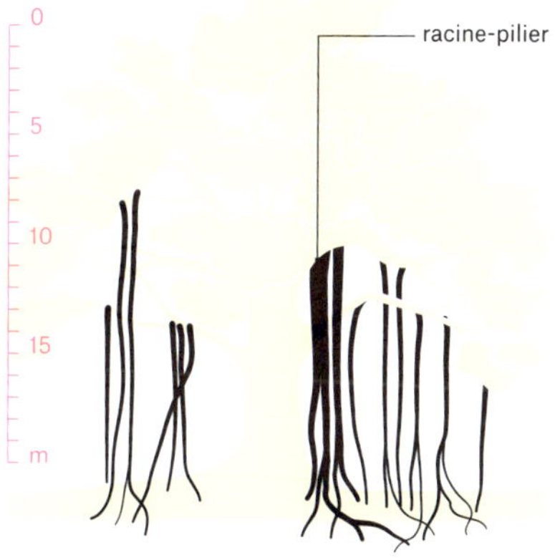

Figuier banian

ORGANES ESSENTIELS AUX PLANTES, les racines leur permettent de se fixer au sol et d'y puiser les nutriments et l'eau indispensables à leur survie. Dans de nombreuses espèces, les racines s'associent à des champignons grâce à un mécanisme mutualiste appelé « symbiose mycorhizienne » (→ planche n° 67), dans lequel la plante apporte les sucres qu'elle produit au champignon, tandis que ce dernier lui fournit de l'eau et des minéraux. Il existe une grande variété de **systèmes racinaires**, qui dépendent généralement de l'espèce, mais également de la nature du sol. Ainsi, les racines peuvent être **pivotantes**, lorsqu'elles s'organisent autour d'une racine principale plantée verticalement dans le sol ; **fasciculées** quand elles partent toutes d'un même point ; **traçantes** quand elles se développent horizontalement. Les racines **tubéreuses**, plus épaisses, peuvent également être pivotantes ou fasciculées. Lorsqu'elles se forment sur la tige, les racines sont dites **« adventives »** : chez le lierre, elles constituent alors de véritables **crampons** qui lui permettent de s'accrocher à son support, mais elles peuvent aussi être **aériennes** (→ planche n° 95) lorsqu'elles poussent au-dessus du sol, contreforts ou **piliers** quand elles permettent de consolider ou d'étayer le tronc. •

N° 112

Migrations climatiques

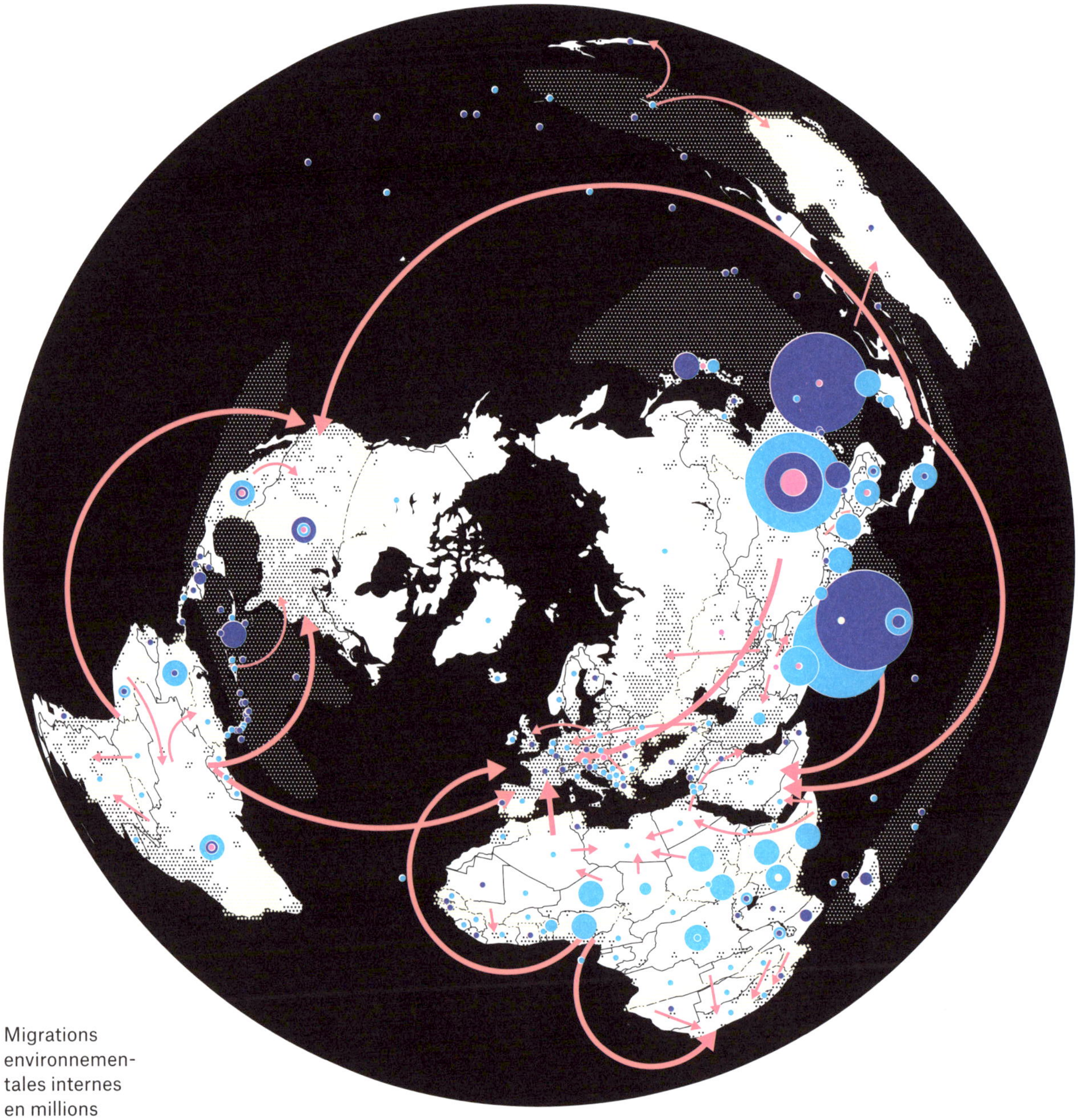

Migrations environnementales internes en millions de personnes (2008-2021) :

40+
20-30
10-20
1-10
0,5-1
0-0,5

Causes :
Sécheresses
Inondations
Tempêtes
Températures extrêmes

Flux migratoires mondiaux :
Flux intercontinentaux
Flux régionaux

Désertification
Zones urbanisées
Zones à haute intensité cyclonique

200 MILLIONS DE RÉFUGIÉS climatiques en 2050 : voilà l'estimation réalisée en 1995 par Norman Myers, chercheur à l'université d'Oxford. On peut mettre ce nombre en regard des 305 millions de **migrations internes** – c'est-à-dire au sein d'un même pays – spécifiquement causées par des phénomènes environnementaux extrêmes ayant eu lieu entre 2008 et 2021 (d'après le Centre de surveillance des déplacements internes). Ces catastrophes peuvent être des **inondations**, des **tempêtes**, des épisodes de **température extrême** ou de **sécheresse**, et sont parfois liées indirectement à l'activité humaine et au réchauffement climatique.

Pour Bernadette Mérenne-Schoumaker, géographe, « les migrations climatiques ne constituent qu'une part des migrations environnementales, à savoir des déplacements de populations liés à des bouleversements environnementaux, incluant également les événements géophysiques tels que les séismes, les éruptions volcaniques ou l'érosion des sols ». Ces types de déplacements étant amenés à croître au cours des prochaines décennies, les organismes internationaux en charge de cette problématique appellent à la reconnaissance du statut juridique de réfugié environnemental. •

Comportements des foules

PSYCHOLOGIE – Expérience d'attention collective (Milgram *et al.*, 1969)

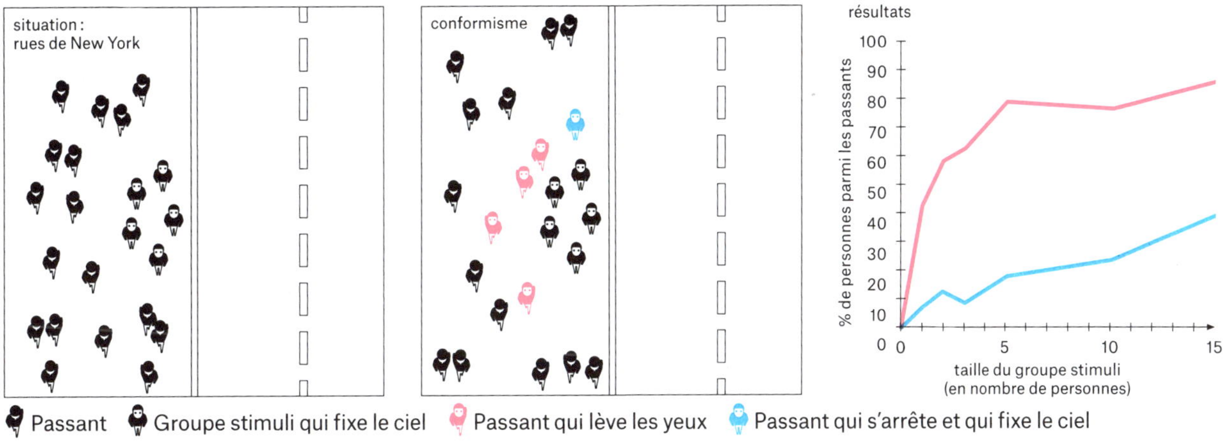

ÉTHOLOGIE – Expérience du trafic des fourmis légionnaires (Couzin & Franks, 2003)

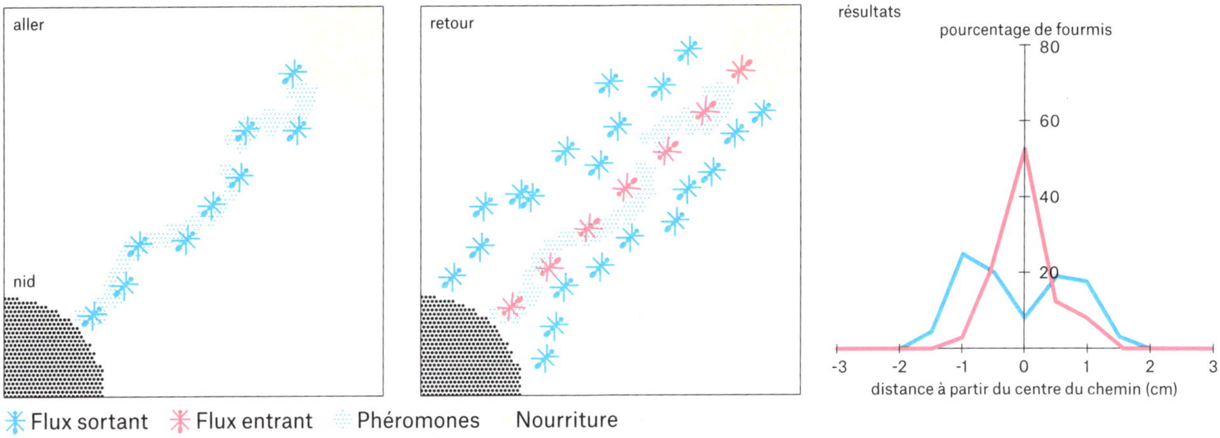

PHYSIQUE – Expérience de l'effet *Faster-Is-Slower* (Garcimartín *et al.*, 2014, d'après Helbing *et al.*, 2000)

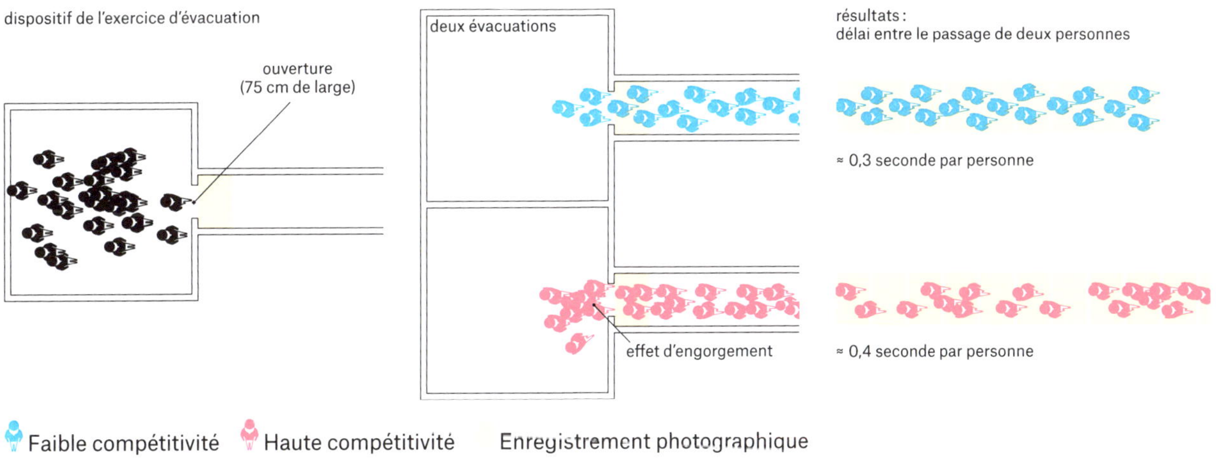

SYSTÈMES COMPLEXES, les foules reposent sur un principe d'auto-organisation. Bancs de poissons ou colonies de fourmis obéissent à des principes comparables : un individu entraînant les autres ou l'évitement d'un obstacle changent la structure du groupe. Des expériences ont été menées dans différents domaines : en **psychologie**, Stanley Milgram montre que lorsqu'un groupe dit « stimuli » de cinq personnes fixe le ciel, on peut attendre de la foule que quatre passants lèvent les yeux et qu'une personne s'arrête pour fixer le ciel. Cet effet de contagion augmente selon la taille du groupe stimuli. À observer le mouvement des fourmis légionnaires (*Eciton burchelli*), les **éthologues** notent une répartition spatiale des flux entrants et sortants du nid : les fourmis de retour, chargées de nourriture, empruntent le chemin le plus court. En **physique**, l'effet *Faster-Is-Slower* – que l'on pourrait traduire par « la rapidité ralentit » – permet d'évaluer l'impact de deux tactiques d'évacuation d'un groupe par une petite porte. Une haute compétitivité augmente la durée d'évacuation. Les **bousculades**, résultats du remous incontrôlé d'une foule, peuvent être terriblement meurtrières, comme lors du pèlerinage de 2015 à La Mecque, où 1 608 personnes ont péri. •

Évolution bio-géologique de la Terre

DES ORIGINES À AUJOURD'HUI

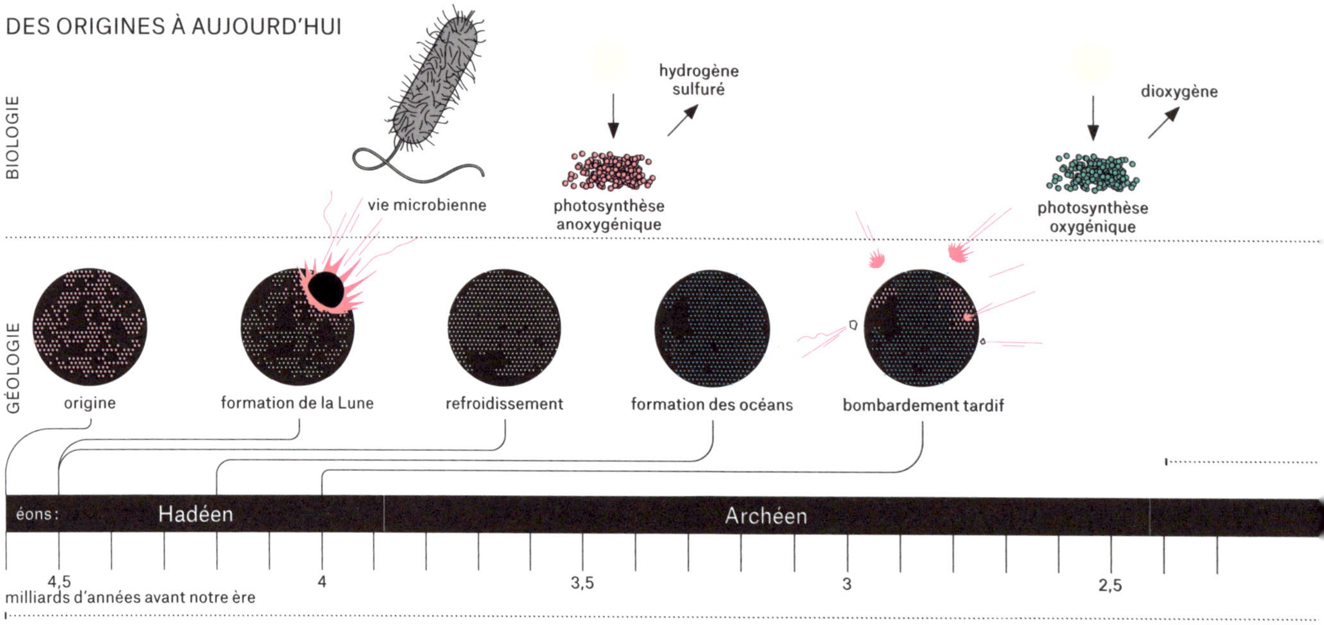

EXPLOSION DE LA VIE

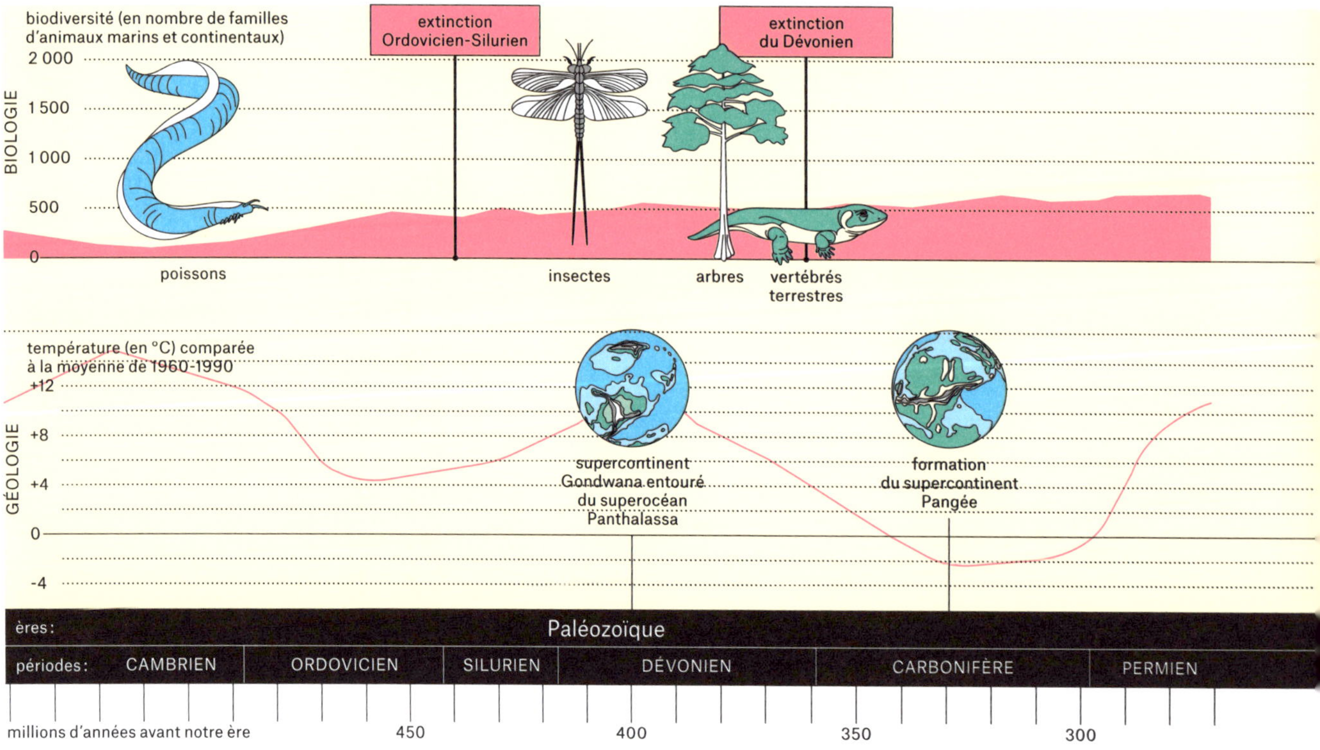

LA PLANÈTE TERRE EST NÉE il y a 4,6 milliards d'années lorsque le Soleil, alors jeune étoile, ne brillait qu'à 70 % de son intensité actuelle. Elle a subi bien des transformations avant de prendre le visage qu'on lui connaît aujourd'hui : une planète bleue qui héberge la vie. On distingue quatre grandes périodes (éons) dans l'histoire de la Terre. Durant l'**Hadéen**, elle aurait été percutée par une protoplanète, provoquant l'inclinaison de son axe et la **naissance de la Lune**, satellite responsable de la stabilité de notre climat et du phénomène des marées. Tout au long de l'**Archéen** et du **Protérozoïque**, la composition des gaz et la température de l'atmosphère, puis des océans, ont évolué au cours de périodes alternées de **glaciations** et de réchauffements. Puis l'apparition d'une tectonique des plaques a créé un supercontinent appelé **Rodinia**, scindé en plusieurs morceaux il y a quelque 750 millions d'années. On regroupe les trois premiers éons sous le terme **Précambrien**. L'éon le plus récent, le **Phanérozoïque** – qui signifie « trace des êtres vivants » –, s'est ouvert avec l'**explosion cambrienne**, qui a vu l'apparition d'une grande variété d'organismes. Dès lors, le vivant s'est rapidement diversifié, malgré des épisodes d'**extinctions** massives, pour former des tissus écologiques de plus en plus complexes.

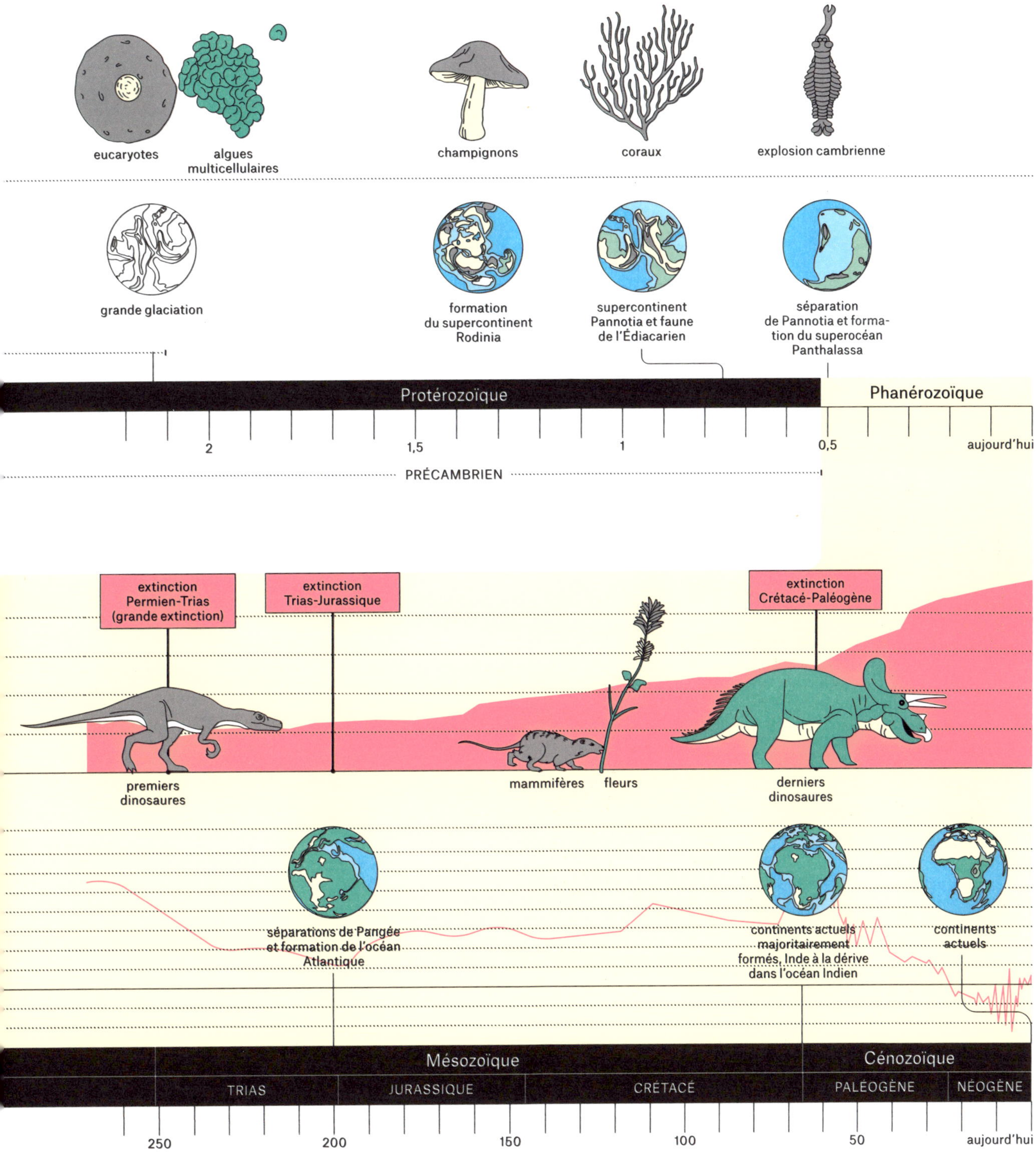

« Je parle de pierres qui [...] sont du début de la planète, parfois venues d'une autre étoile. Elles portent alors sur elles la torsion de l'espace comme le stigmate de leur terrible chute. Elles sont d'avant l'homme ; et l'homme, quand il est venu, ne les a pas marquées de l'empreinte de son art ou de son industrie. [...]
Elles ne perpétuent que leur propre mémoire.

Je parle de pierres plus âgées que la vie et qui demeurent après elle sur les planètes refroidies, quand elle eut la fortune d'y éclore. Je parle des pierres qui n'ont même pas à attendre la mort et qui n'ont rien à faire que laisser glisser sur leur surface le sable, l'averse ou le ressac, la tempête, le temps. »

Pierres, Roger Caillois, 1966 •

Dionée attrape-mouche

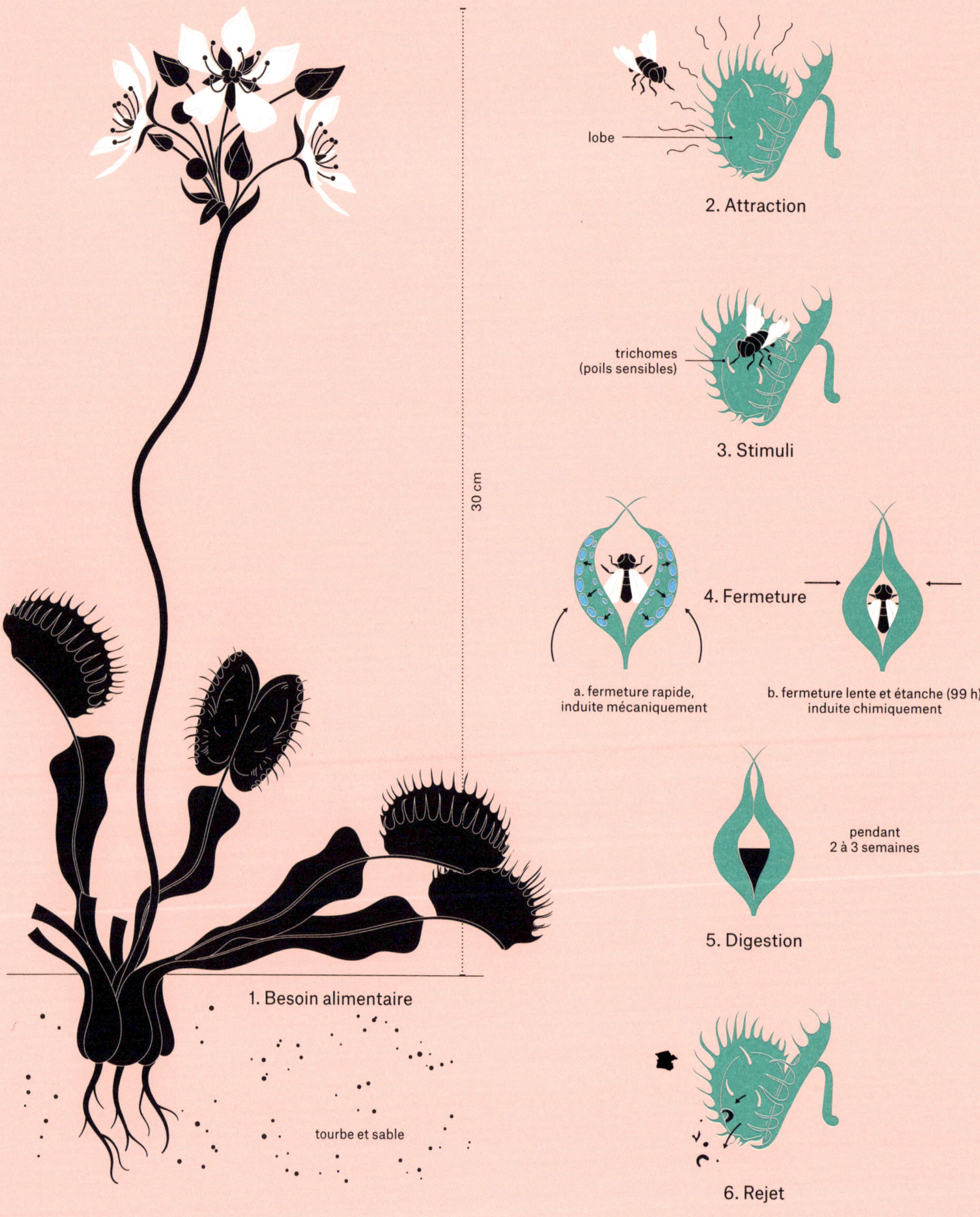

MALGRÉ SA TAILLE PEU IMPRESSIONNANTE – 25 cm en moyenne –, la dionée attrape-mouche est décrite par Charles Darwin comme « l'une des plantes les plus merveilleuses du monde » en raison de ses feuilles aux allures de mâchoires aux dents acérées à l'intrigant mécanisme de fermeture. Une réputation qui perdure, puisque qu'elle est la plante carnivore la plus cultivée au monde. Menacée à l'état sauvage, elle pousse dans les sols sableux pauvres en matières organiques d'Amérique du Nord ou dans les tourbières – zones humides où la végétation recouvre la surface de l'eau jusqu'à former une sorte de plancher aquatique. La *Dionaea muscipula* a besoin d'insectes pour compléter ses apports nutritifs (**1**) et les attire grâce à l'odeur de son nectar, riche en glucides, sécrété par les glandes au bord de ses lobes (**2**). Le piège ne se referme sur la proie que lorsque les **trichomes** – poils très sensibles situés à l'intérieur de chaque lobe – sont titillés (**3**). Emprisonné, l'insecte va bouger et se débattre, incitant la dionée à resserrer son étau (**4**). La plante peut alors sécréter un liquide acide et absorber les nutriments dont elle a besoin (**5**). À l'issue d'une digestion complète, qui peut durer entre 14 et 21 jours, les feuilles se rouvrent pour **rejeter** l'exosquelette de l'insecte (**6**). •

Momies

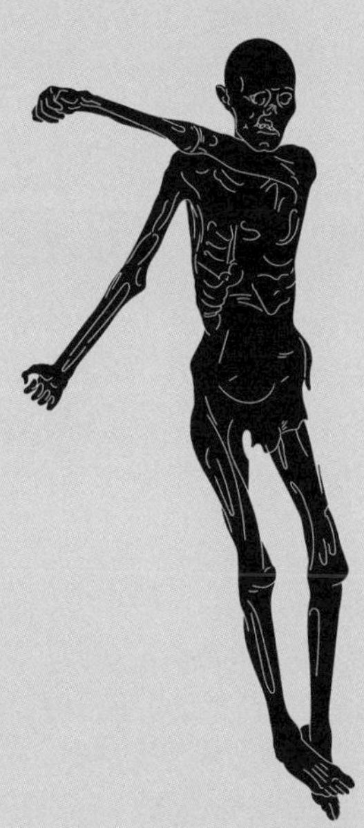

1. Ötzi
1991 3300 av. J.-C.
Alpes de l'Ötztal, Autriche/Italie

2. Rosalia Lombardo
1920 1920
Palerme, Italie

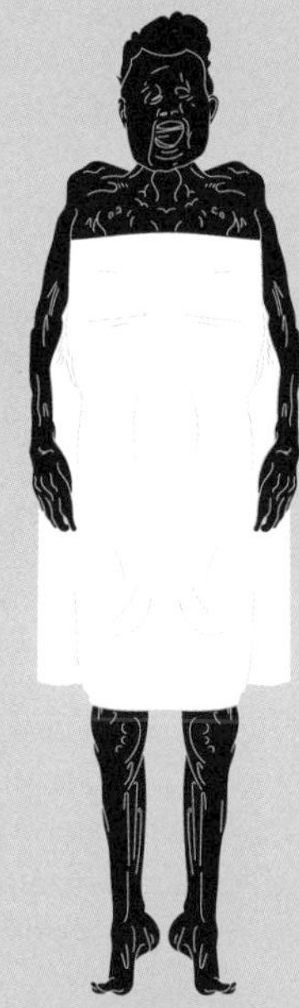

3. Xin Zhui
1972 -2150
Hunan, Chine

4. Juanita
1995 -7000
Arequipa, Pérou

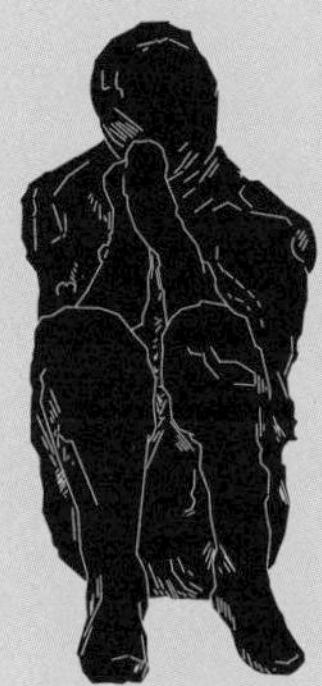

5. Pompéi
XVIIe siècle 79 apr. J.-C.
Pompéi, Italie

6. Tollund
1950 375 et 210 av. J.-C.
Danemark

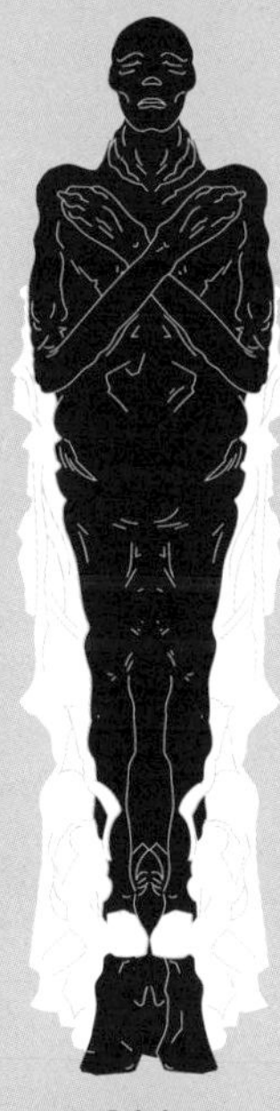

7. Séthi Ier
1817 1279 av. J.-C.
Vallée des Rois, Égypte

8. Lénine
1924 1924
Moscou, Russie

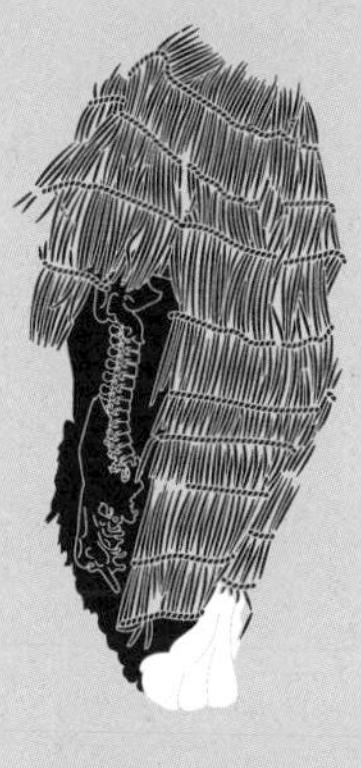

9. Momie de Fallon
1940 -9400
Nevada, États-Unis

CADAVRES PRÉSERVÉS naturellement ou grâce à des techniques d'embaumement, les momies fascinent, car elles recèlent des secrets qui ont traversé les âges avec elles. **1. Ötzi** a été assassiné d'une flèche dans la tête, il y a 5 300 ans. **2. Rosalia** n'avait pas 2 ans lorsqu'elle est morte d'une pneumonie et a été embaumée par le célèbre Alfredo Salafia. **3. Xin Zhui**, ou « madame Dai », riche femme de gouverneur décédée à 50 ans, a été découverte dans une tombe scellée à l'argile. Son état de conservation est remarquable. **4.** L'adolescente inca **Juanita**, droguée et sacrifiée sur les sommets du volcan Ampato, a été retrouvée en position fœtale, grâce à la fonte des glaces provoquée par l'éruption du volcan voisin, le Sabancaya. **5.** Pétrifiés par la cendre et la lave, un millier de corps ont été retrouvés dans l'antique cité de **Pompéi**. **6.** Le corps de ce pendu a été naturellement momifié dans la tourbière de **Tollund**. **7. Séthi Ier** fut momifié alors que les techniques d'embaumement égyptiennes étaient à leur apogée. **8.** Depuis près de 100 ans, **Lénine** repose dans un mausolée humide à basse température, entretenu par des scientifiques chargés notamment de renouveler sa peau. **9.** Emmaillotée de nattes tressées, la **momie de Fallon** est la plus ancienne découverte en Amérique du Nord. •

Pergélisol

SOL AVEC PERGÉLISOL

DÉGEL DU PERGÉLISOL

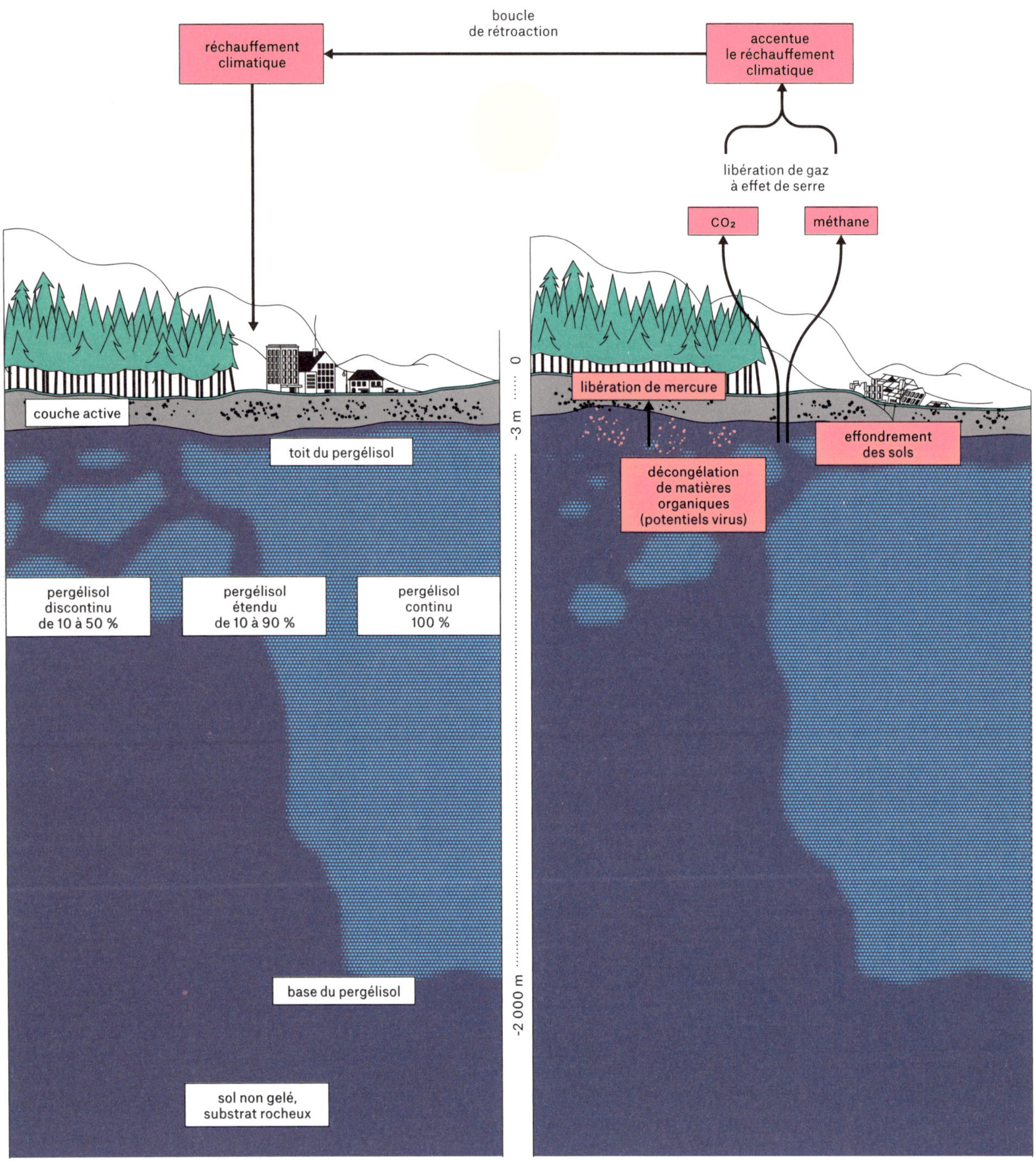

SOL DONT LA TEMPÉRATURE n'excède pas 0 °C durant au moins deux années, le pergélisol – parfois désigné par le terme anglais de *permafrost* – représente un peu moins de 20 % des terres émergées. Le pergélisol polaire est celui situé dans les hautes latitudes – au Groenland, en Alaska, au Canada et essentiellement dans la partie sibérienne de la Russie. On appelle pergélisol alpin celui présent sous certains hauts reliefs du globe. Ce type de sol peut s'étendre **jusqu'à 2 000 mètres de profondeur**. La couche superficielle, dite « active », dégèle tous les étés sur une épaisseur de 10 cm à 3 m. Sous 10 mètres, le pergélisol ne dégèle pas mais subit des variations de température et d'état – **discontinu**, **continu** ou **étendu**. 90 % de ces sols pourraient dégeler, d'ici à 2100, sous l'effet du **réchauffement climatique**. Ce dernier est d'ailleurs aggravé par le dégel du pergélisol, qui libère des **gaz à effet de serre** créant une **boucle de rétroaction** qui va amplifier les modifications du climat. De plus, les sols concernés, autrefois durs, ne cessent de se ramollir jusqu'à s'effondrer par endroits. Enfin s'ajoute la menace supplémentaire du rejet de certaines substances toxiques, comme le **mercure** ou d'anciens virus jusque-là prisonniers des glaces, faisant craindre la propagation d'épidémies. ●

Cristaux de glace

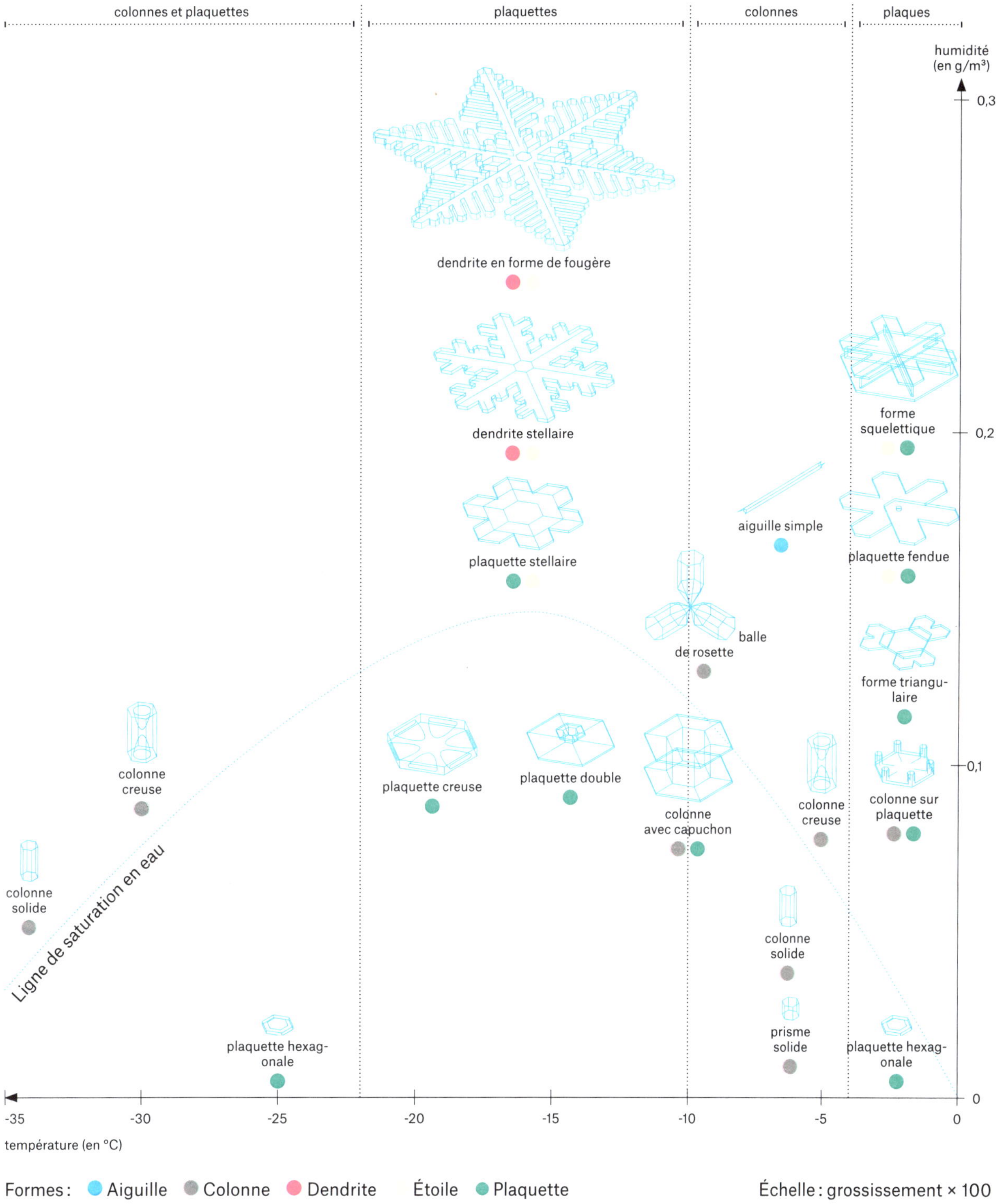

« FLEURS DE NEIGE », c'est le terme employé par le photographe américain Wilson Bentley pour parler des flocons qu'il photographia durant toute sa vie. Après sa première photographie de cristal de glace, prise en 1885 à l'aide d'un microscope relié à une chambre photographique, il réalisa plus de 5 000 clichés témoignant du fait qu'« aucun flocon de neige n'est semblable ». Dans les années 1930, les recherches du physicien japonais Ukichiro Nakaya sur la toute première neige artificielle vont permettre de retracer le chemin de formation du cristal de glace au flocon de neige, dans des conditions maîtrisées en laboratoire, et d'en comprendre ainsi les **formes** extraordinaires. En effet, ces cristaux se transforment en permanence, selon les conditions météorologiques qu'ils rencontrent. Dans les nuages de haute altitude, leur forme initiale et leur taille sont conditionnées par la **température**, le taux d'**humidité** et la **saturation en eau** de l'air : de 0 à −4 °C pour de minces **plaques hexagonales** ; de −4 à −6 °C pour des **aiguilles**, de −6 à −10 °C pour des **colonnes creuses** ; de −10 à −12 °C pour des cristaux à six pointes longues ; de −12 à −16 °C pour des **dendrites** filiformes. Le flocon de neige, agrégat de ces cristaux, est ensuite modelé par le vent, l'évolution de la température, l'ensoleillement ou la pluie. ●

Zones inaccessibles

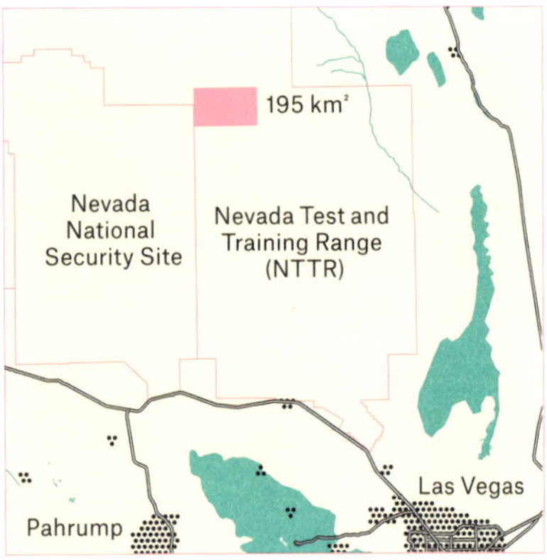

1. Zone 51
États-Unis

2. Îles Heard et McDonald
Antarctique australien

3. Surtsey
Islande

4. Île de North Sentinel
Inde

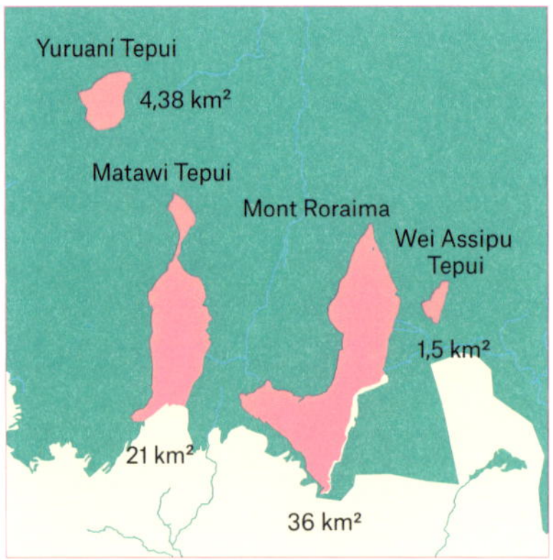

5. Tepuis de l'Est vénézuélien
Vénézuela

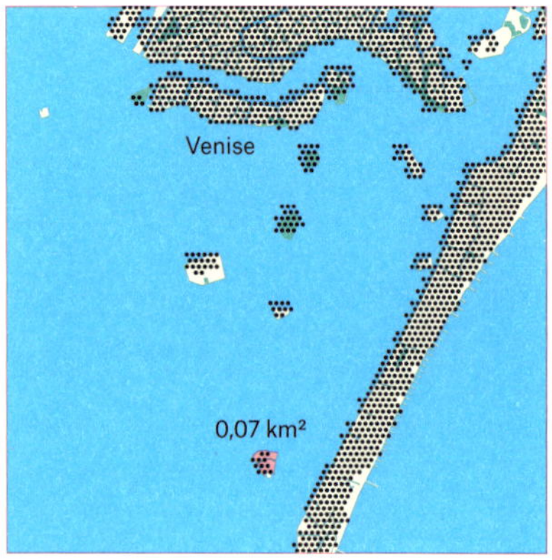

6. Poveglia
Italie

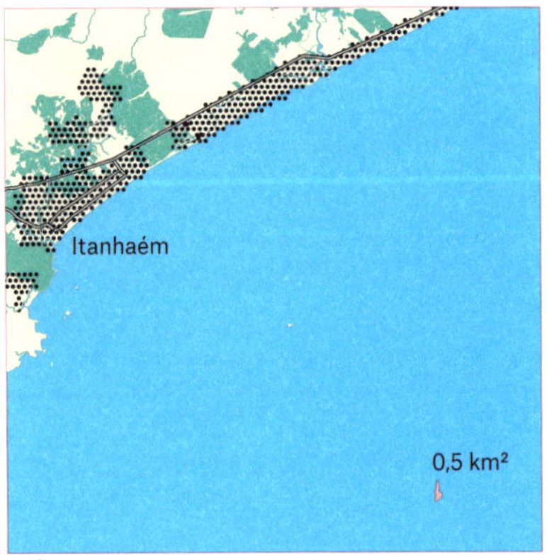

7. Île de Queimada Grande
Brésil

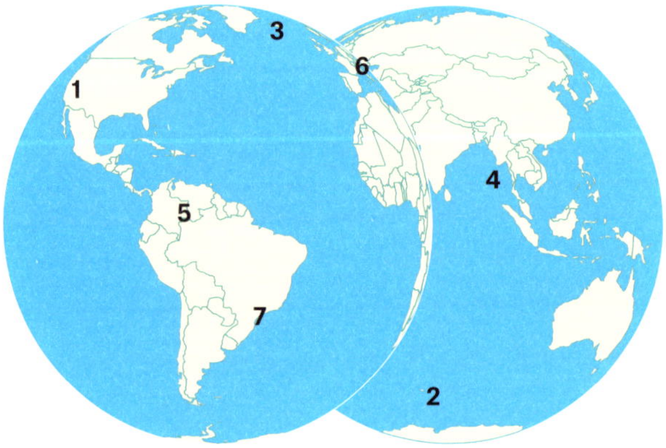

- Zone inaccessible, (superficie)
- Zone militaire
- Zone urbaine
- Accès interdit
- Accès difficile
- Dangereux

PLUSIEURS LIEUX sur la planète sont réputés pour être extrêmement difficiles, voire interdits d'accès. **1.** Située dans le désert du Nevada, la **Zone 51** abrite une mystérieuse base militaire américaine, reconnue par l'armée en 2013 mais dont les activités restent secrètes. **2.** Au XIXe siècle, des chasseurs de phoques ont découvert cet archipel volcanique inhabité et désormais interdit d'accès pour des raisons écologiques. **3.** Terre émergée apparue après une éruption volcanique entre 1963 et 1967, l'**île de Surtsey** est étudiée par des scientifiques triés sur le volet. **4.** L'île de **North Sentinel**, territoire de l'une des dernières tribus isolées de chasseurs-cueilleurs, est interdite d'accès par l'Inde depuis 2010. **5.** Montagnes aux plats sommets, les **tepuis** sont par endroits si difficiles d'accès qu'ils n'ont jamais été foulés par l'Homme. **6. Poveglia** porte en elle le douloureux souvenir de l'épidémie de peste du XVIe siècle. Au large de Venise, c'est sur cette terre aujourd'hui interdite aux touristes que les malades étaient placés en quarantaine. 160 000 personnes y seraient enterrées. **7.** La population quasi exclusive de serpents, parmi les plus venimeux au monde, fait de cette île brésilienne l'un des endroits les plus dangereux pour l'Homme. Son accès est réservé aux scientifiques. •

Navigation par satellite

1. PRINCIPE DE FONCTIONNEMENT

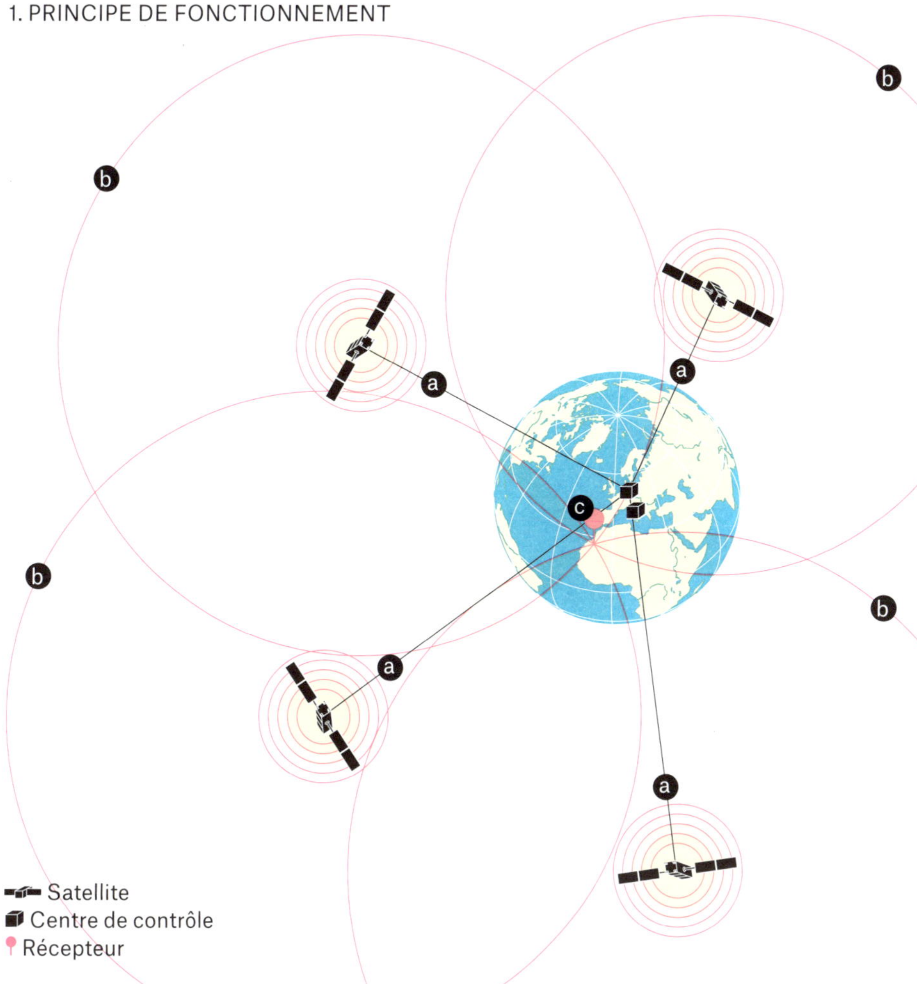

a. Pilotage au sol des satellites : contrôle et calcul précis de leur position dans l'espace

b. Émission permanente de signaux voyageant à la vitesse de la lumière (299 792 458 m/s)
Contenu des signaux : heure de départ du signal et position du satellite

c. Réception des signaux par une puce de navigation (ex. : téléphone mobile) : identification des satellites visibles, mesure de la distance entre le récepteur et au moins 4 satellites, synchronisation du récepteur avec la constellation puis calcul de la position de l'utilisateur par trilatération

2. CONSTELLATION DE SATELLITES EN ACTIVITÉ (2022)

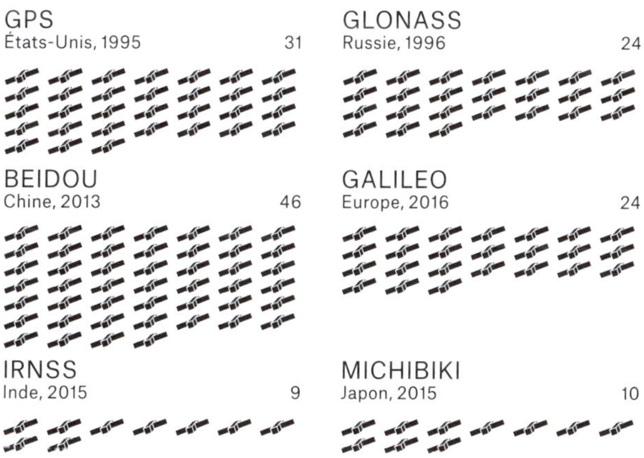

3. ORBITES DE LA CONSTELLATION GALILEO

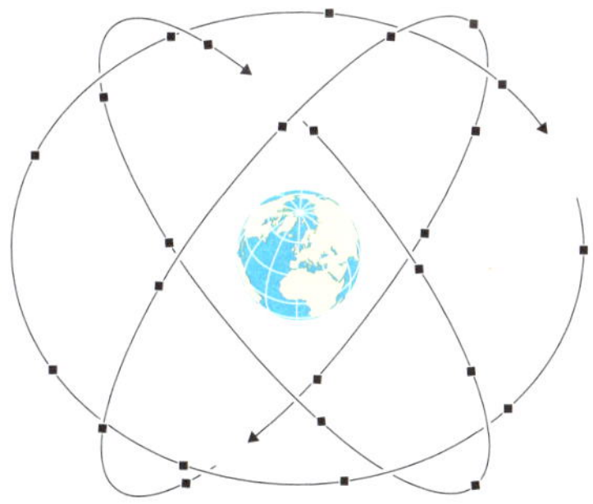

▪ Satellites (24 + 6 de réserve)

EN QUELQUES DIXIÈMES DE SECONDE, il est possible de connaître sa position exacte grâce aux signaux envoyés depuis l'espace par des **constellations de satellites** de navigation. C'est à partir de 1973 que le département de la Défense des États-Unis a déployé un système de 24 satellites, appelé Navstar GPS. Le Global Positioning System (**GPS**) – « système mondial de positionnement » – repose sur le principe de la **trilatération**, une méthode géométrique qui permet de déterminer la position d'un point en mesurant sa distance à trois autres points de l'espace (**1**). Au moins 4 satellites, chacun embarquant une **horloge** atomique (→ planche nº 87), sont nécessaires pour synchroniser et déterminer la position exacte du **récepteur** sur Terre – véhicule ou appareil muni d'une puce de navigation – avec une précision de 1 à 10 mètres selon les systèmes. Au vu de l'importance stratégique d'un tel système, les grandes puissances spatiales ont lancé leurs propres **constellations** pour s'affranchir des systèmes satellites voisins en cas de conflit (**2**). C'est ainsi que l'Union européenne a développé le système **Galileo** (**3**). •

Communication extraterrestre

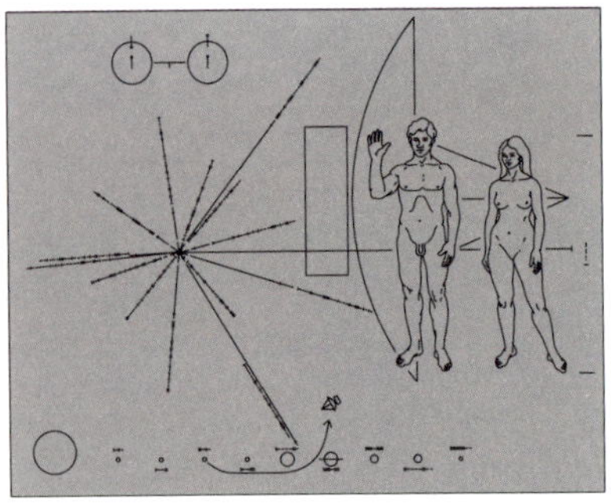

1. Plaque de Pioneer

Eric Burgess, Carl Sagan & Linda Salzman Sagan
Sondes Pioneer 10 et 11
Milieu interstellaire
1972 et 1973 → 2057 et 2027

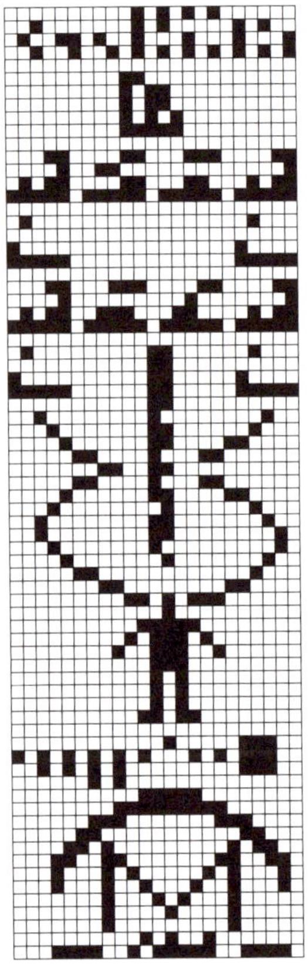

2. Message d'Arecibo

Frank Drake, Carl Sagan (SETI)
Radiotélescope Arecibo (Porto Rico)
Amas globulaire M13 (Amas d'Hercule)
1974 → 27 074

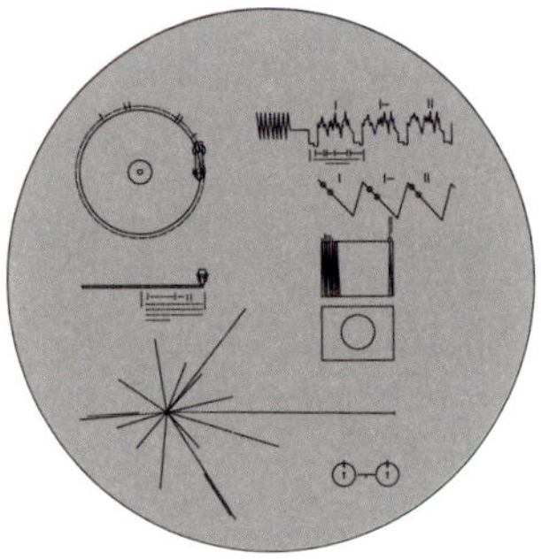

3. Disque d'or de Voyager

NASA, Jet Propulsion Laboratory
Sondes Voyager 1 et 2
Milieu interstellaire
1977 →

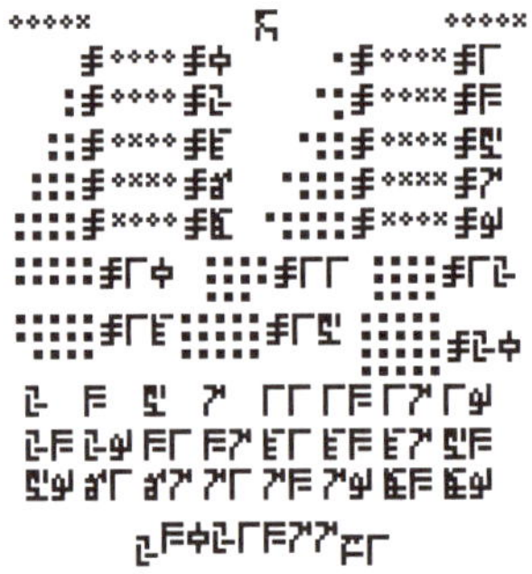

4. Cosmic Call 1 et 2

Yvan Dutil et Stephane Dumas
Team Encounter
Radiotélescope d'Eupatoria (Ukraine)
Constellations Cygnus, Flèche, Cygne, Cassiopée, Orion, Cancer, Andromeda et Grande Ourse
1999 et 2003 → entre 2036 et 2069

5. DVD « Vision of Mars »

Planetary Society
Sonde Phoenix Lander
Mars
2007 → 2008

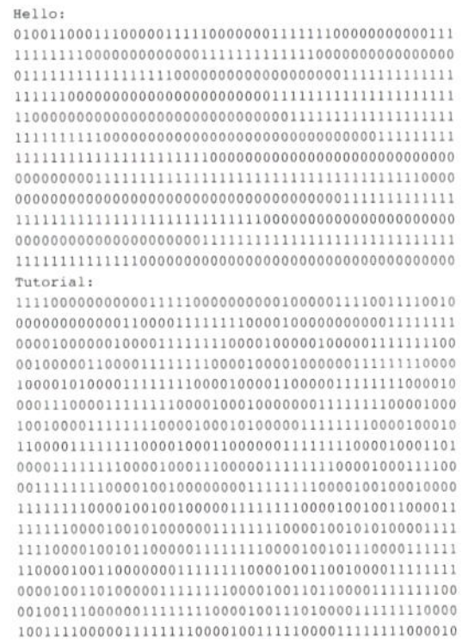

6. Sónar Calling GJ273b

IEEC METI
Antenne EISCAT (Svalbard)
Luyten Star (GJ 273), constellation Canis Minor
2017-2018 → 2030

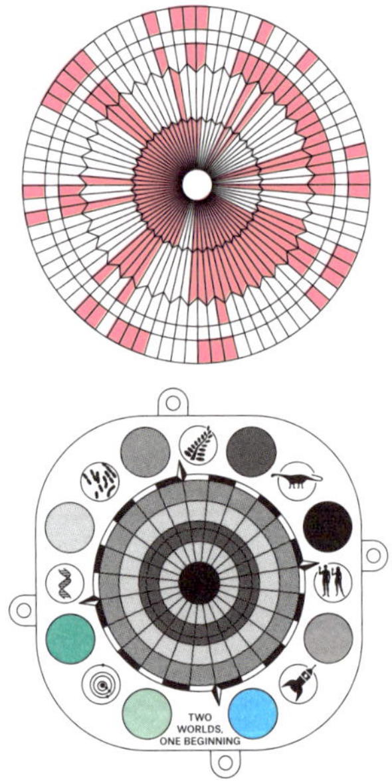

7. Parachute et mire du Mastcam-Z

NASA
Rover Perseverance
Mars
2020 → 2021

Expéditeur
Émetteur
Destination
Date d'envoi → Date d'arrivée à destination envisagée

DES MESSAGES À DESTINATION de potentielles civilisations extraterrestres – ou des générations futures – sont envoyés par différentes agences d'observation et d'exploration spatiale. **1.** Cette plaque métallique représente un homme, une femme, deux états de l'atome d'hydrogène, la position de la Terre par rapport aux pulsars et le Système solaire. **2.** Ce message radio indique les chiffres de 1 à 10, les atomes à la base du vivant, la structure de l'ADN, ainsi qu'un croquis de l'être humain et du Système solaire. **3.** Des enregistrements du vent, du tonnerre, de cris d'animaux et de nourrisson, de textes littéraires, de musique et des photographies sont gravés sur un disque en or, accompagnés d'un mode d'emploi. **4.** Ces messages radio sont constitués de graphiques, de symboles et de pixels exprimant des formules mathématiques et chimiques, ainsi que des questions. **5.** Ce mini-DVD en verre contient des messages retraçant l'histoire de la planète rouge. **6.** Le METI et le festival Sónar émettent un message contenant des salutations, des formules mathématiques, 33 morceaux de musique et le message **4** simplifié. **7.** Les motifs du parachute codent son orientation. La mire d'étalonnage du rover représente l'ADN, des microbes, une fougère, un dinosaure, un homme et une femme, une fusée et le système solaire. •

Paradoxe de Fermi

N° 122

1. LES CIVILISATIONS EXTRATERRESTRES N'EXISTENT PAS

Hypothèse a.
Car l'environnement nécessaire à leur développement est rare

Hypothèse b.
Car l'intelligence est rare

2. LES CIVILISATIONS EXTRATERRESTRES EXISTENT MAIS NOUS N'AVONS PAS ENCORE COMMUNIQUÉ AVEC ELLES

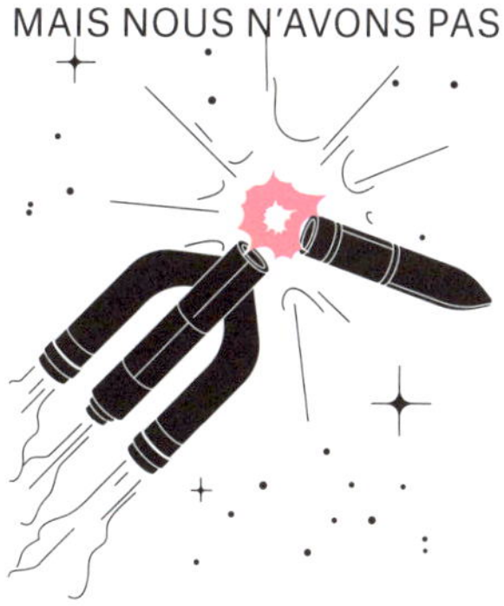

Hypothèse a.
Car les voyages interstellaires sont difficiles

Hypothèse b.
Car nous ne détectons pas leurs signaux

Hypothèse c.
Car elles s'y refusent

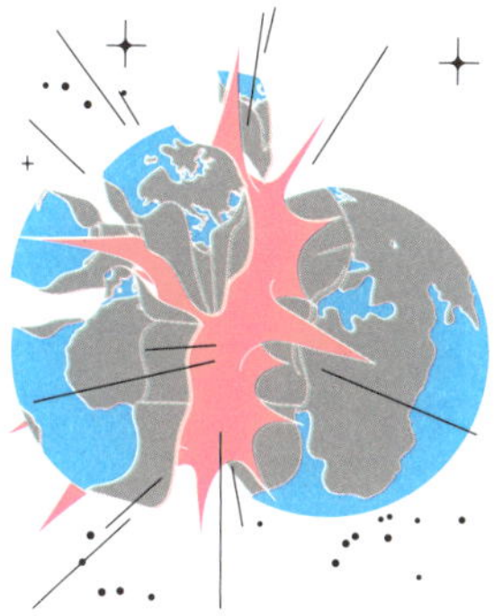

Hypothèse d.
Car elles ont disparu avant d'arriver à maturité

3. LES CIVILISATIONS EXTRATERRESTRES EXISTENT ET NOUS RENDENT VISITE

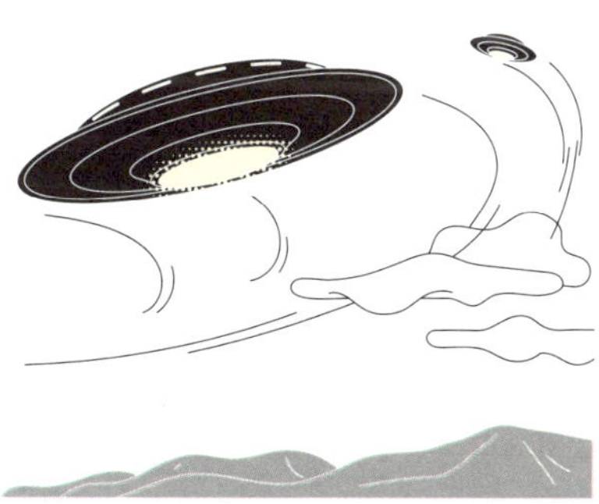

Hypothèse a.
Car le phénomène OVNI en est la preuve

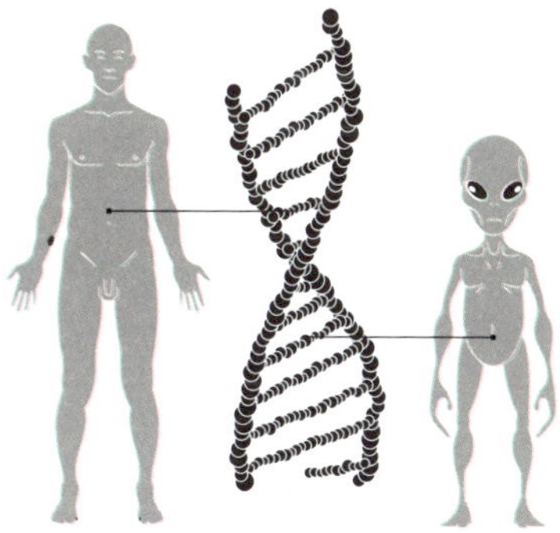

Hypothèse b.
Car la vie terrestre est d'origine extraterrestre (théorie de la panspermie)

Hypothèse c.
Car elles nous observent depuis l'espace (hypothèse du zoo)

« MAIS OÙ SONT-ILS ? », c'est la question que pose le Prix Nobel de physique italien Enrico Fermi en 1950 au sujet des extraterrestres. Il énonce ce paradoxe : selon le principe de médiocrité – qui décrit les caractéristiques de notre planète comme « banales » – et au vu du nombre d'étoiles dans notre galaxie et du nombre de galaxies dans l'Univers, d'autres civilisations devraient exister, mais on ne les voit pas. Depuis, trois scénarios ont été proposés pour répondre à la question de Fermi : les civilisations extraterrestres n'existent pas (**1**) ; elles existent mais ne sont pas entrées en communication avec nous (**2**) ; elles existent et nous rendent visite sans être vues (**3**), pour des raisons développées dans des thèses proches de la science-fiction – comme, par exemple, l'hypothèse de la panspermie, selon laquelle notre civilisation aurait été placée sur Terre par les extraterrestres eux-mêmes. L'hypothèse de l'existence d'une forme de vie – voire de civilisations – en dehors de notre planète existe depuis l'Antiquité. En 1877, les *canali* – tracés rectilignes observés à la surface de Mars par l'astronome Giovanni Schiaparelli – ont ravivé le mythe populaire de l'existence d'une civilisation sur la planète rouge. Les améliorations de nos capacités d'observation ont depuis prouvé qu'il s'agissait de formations géologiques. •

N° 123

Parade de la luciole

ANATOMIE (genre *Photinus*)

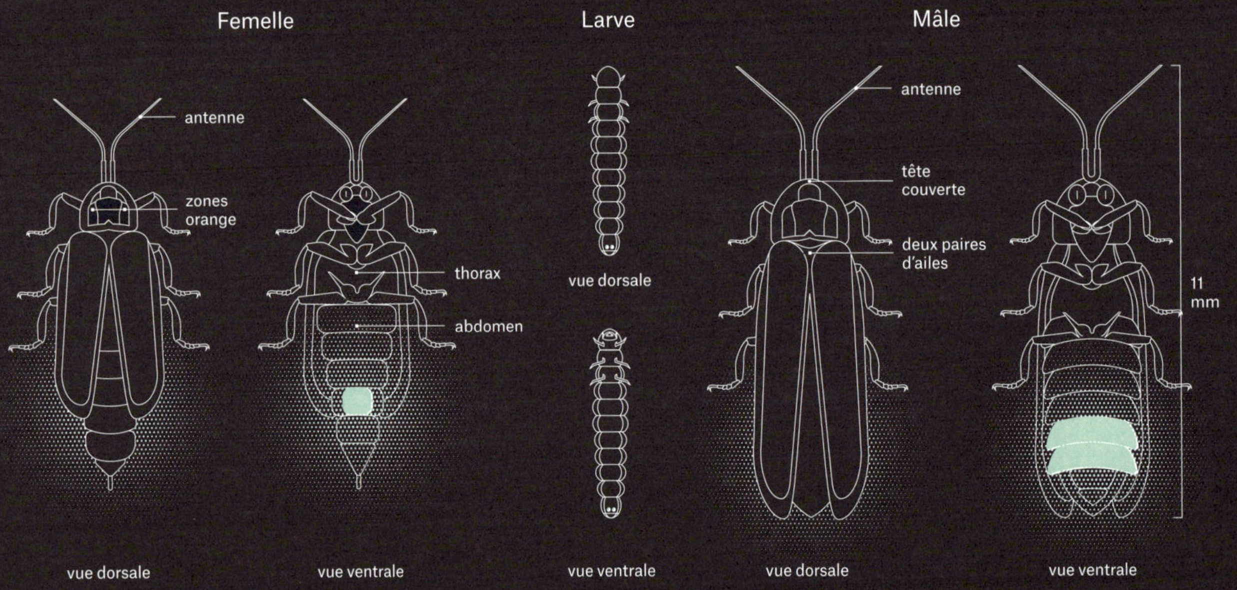

● Lanterne bioluminescente

MÉCANISME DE SYNCHRONISATION (parade nuptiale)

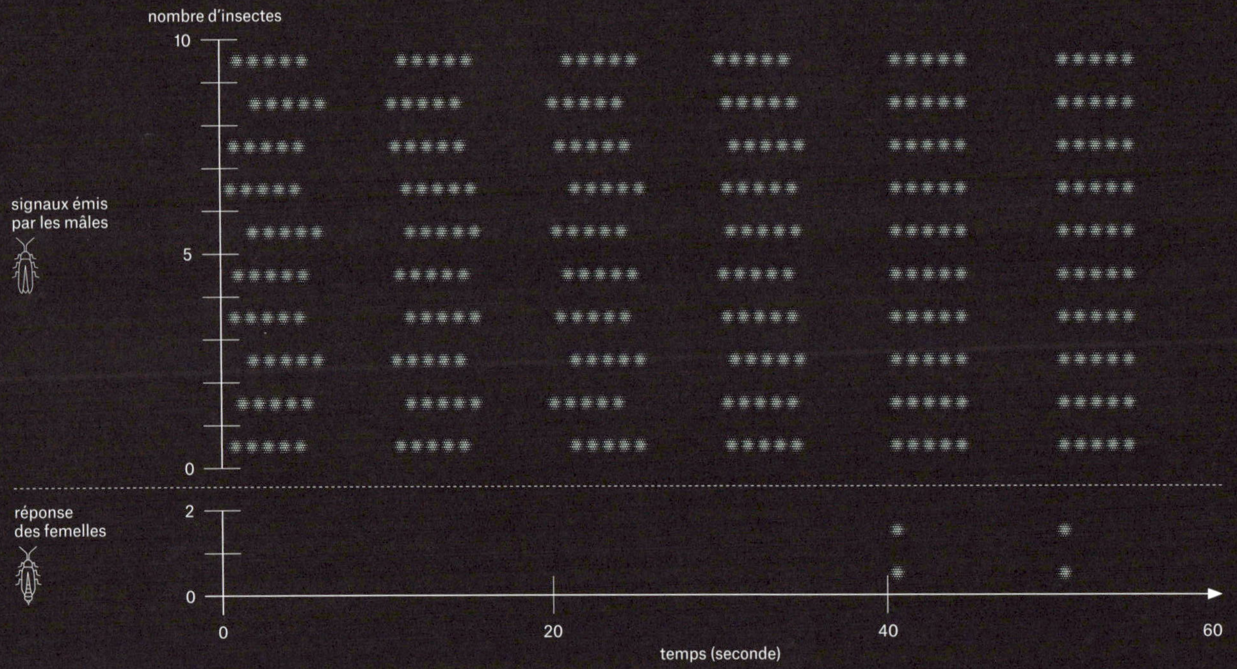

✱ Flash bioluminescent

À LA NUIT TOMBÉE, les lucioles produisent de la lumière grâce à la **lanterne bioluminescente** située sur des segments de leur abdomen. Une réaction chimique permet l'émission de photons, qui forment un signal lumineux de couleur jaune verdâtre permettant aux mâles et aux femelles de se rencontrer pour la reproduction. Une équipe de chercheurs belges, allemand et colombien s'est penchée sur la **parade nuptiale** de ces insectes en étudiant la régularité des **flashs** émis par les mâles et le type de réponse induite chez les femelles. En laboratoire, un groupe de huit à dix « mâles » – en réalité des diodes lumineuses – envoie une série de flashs lumineux peu intenses, et une à deux femelles – vivantes, elles – reçoivent ces flashs. Elles répondent par deux flashs lumineux intenses une fois que les signaux des mâles automates sont synchronisés. Dans la nature, cette réponse doit permettre aux mâles de localiser leurs partenaires dans l'obscurité, à l'aide de leurs paires d'yeux hypertrophiés. Cette expérience démontre l'existence d'un principe de communication collective appelé « synchronisation-réponse ». De tels comportements nuptiaux auto-organisés pourraient se retrouver chez d'autres espèces comme les grillons – par le chant – ou les crabes – par la danse. ●

Big Bang

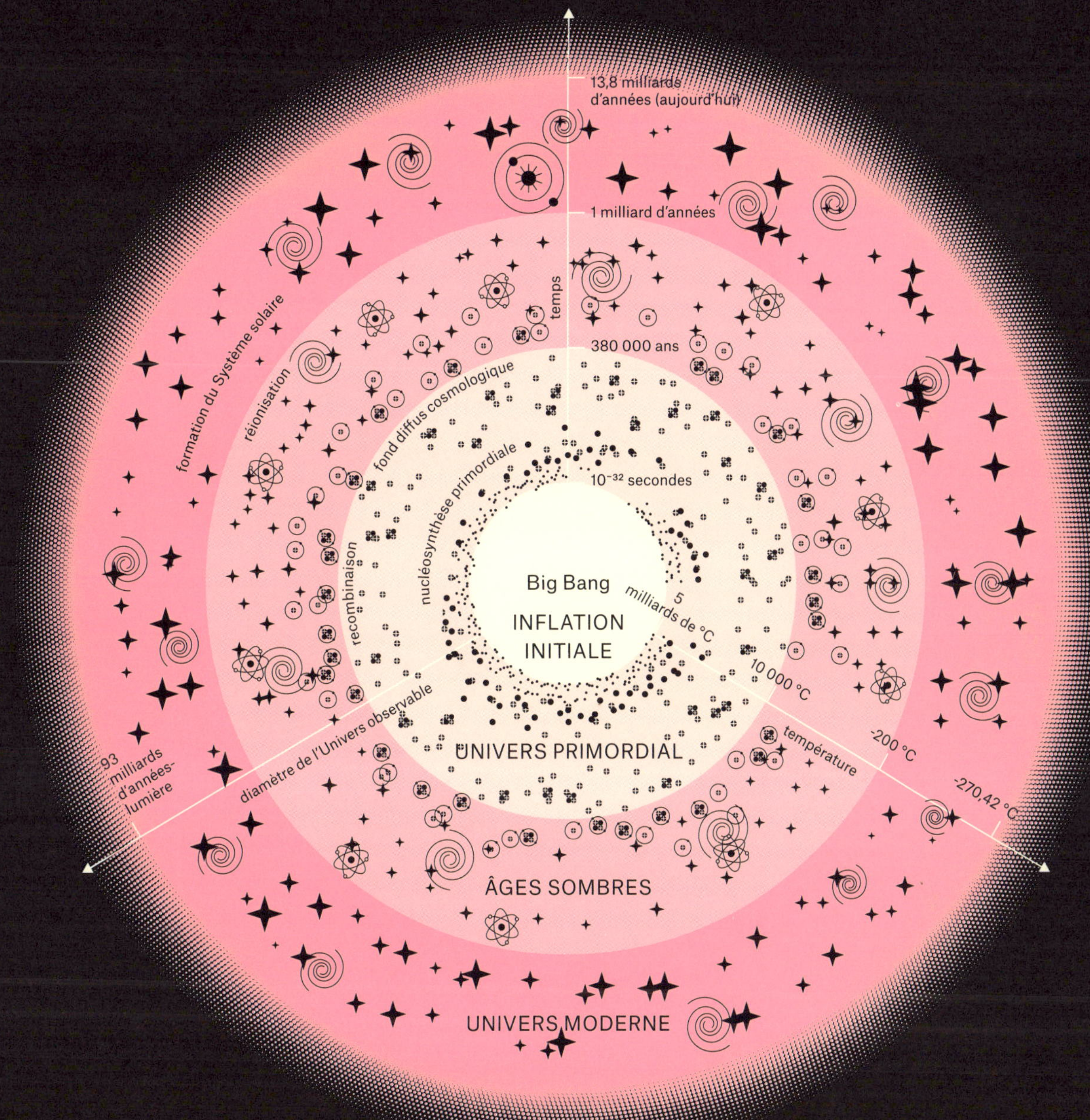

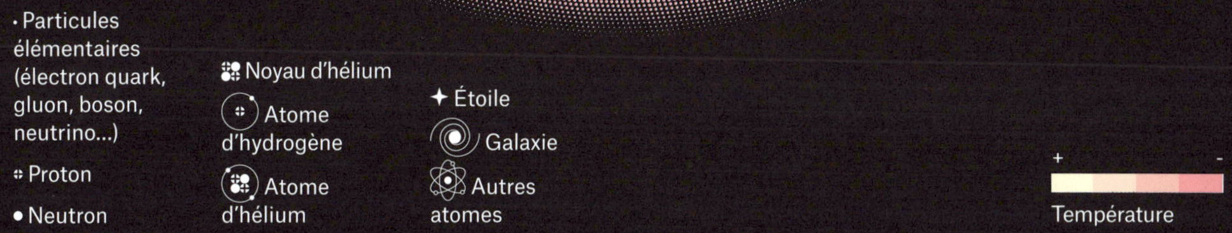

EN 1964, LES ASTRONOMES AMÉRICAINS Arno Allan Penzias et Robert Woodrow Wilson travaillent sur un nouveau type d'antenne astronomique lorsqu'ils découvrent un « bruit de fond » sur les relevés. Le pensant d'abord dû à des débris à l'intérieur de leur instrument, ils comprennent par la suite qu'il s'agit en réalité de la captation d'un rayonnement thermique, émis à un moment où l'Univers était petit, chaud (environ 2 700 °C) et dense. Ce **fond diffus cosmologique**, aussi appelé « rayonnement fossile », est l'« image » électromagnétique la plus ancienne de l'Univers. Il soutient la confirmation du modèle d'un Univers en expansion, appelé communément « **Big Bang** ». L'image d'une explosion originelle est fausse : on sait que l'Univers est en réalité issu d'une dilatation rapide, survenue il y a 13,8 milliards d'années. Lors de la phase d'**inflation initiale**, la forte quantité d'énergie a permis la création de particules, qui ont interagi en s'entrechoquant. Puis les noyaux d'hélium, d'hydrogène et de lithium se sont formés lors de la **nucléosynthèse primordiale**. Avec la **recombinaison**, l'Univers est devenu suffisamment froid pour permettre l'apparition des atomes, des étoiles et des galaxies : l'**Univers moderne** était né. •

Liste des planches

Index des disciplines scientifiques

Anthropologie

Étude des sociétés humaines d'un point de vue culturel, socioreligieux, psychologique ou géographique.

Astronomie

Étude des astres, basée sur l'observation, pour en comprendre l'origine, l'évolution et les propriétés physiques et chimiques.

Botanique

Étude de l'ensemble des végétaux, en milieu naturel ou cultivé.

Climatologie

Étude du climat et des états de l'atmosphère sur de longues périodes.

Géologie

Étude de l'origine et de la nature des roches et des terrains constituant la croûte terrestre.

Physiologie
Étude des fonctions et des propriétés des organes et des tissus des êtres vivants.

Physique
Étude qui vise à la modélisation de l'ensemble des phénomènes naturels selon des lois qui définissent le temps et l'espace.

Sciences cognitives
Étude de systèmes complexes associant principalement la psychologie, la linguistique, l'intelligence artificielle et les neurosciences.

Technologies
Étude des outils et des techniques, des premiers silex à l'informatique.

Zoologie
Étude des espèces animales, dans leur milieu naturel ou en laboratoire.

Comité scientifique

Abdelaziz, Youssef.
Mathématicien et épistémologue
[→ planche n° 21]

Appert-Rolland, Cécile.
Directrice de recherche au CNRS
[→ planche n° 113]

Assié, Marlène.
Chargée de recherche au CNRS
[→ planche n° 34]

Ayet, Alex.
Chercheur au CNRS
en océanographie et météorologie
[→ planche n° 96]

Bardintzeff, Jacques-Marie.
Volcanologue à l'université Paris-Saclay [→ planche n° 52]

Belzung, Catherine.
Professeure de neurosciences
à l'université de Tours
[→ planche n° 16]

Biémont, Émile.
Directeur de recherche honoraire
du FRS-FNRS et membre
de l'Académie royale de Belgique
[→ planches nos 26 et 57]

Birlouez, Éric.
Ingénieur agronome, spécialiste
de l'histoire et de la sociologie
de l'alimentation [→ planche n° 9]

Biver, Nicolas.
Chargé de recherche au CNRS,
au LESIA (Laboratoire d'Études
Spatiales et d'Instrumentation
en Astrophysique), Observatoire
de Paris – PSL [→ planche n° 77]

Boisgard, Raphaël.
Chef de service du SGOF (Service
de Gestion Opérationnelle
des Filières) au CEA de Saclay
[→ planche n° 45]

Bonnal, Christophe.
Chercheur au CNES [→ planche n° 12]

Boutaud, Aurélien.
Consultant et chercheur indépendant,
docteur en sciences de la Terre
et de l'environnement
[→ planche n° 104]

Bouzeghoub, Mokrane.
Spécialiste de la gestion des
données, professeur émérite
à l'université de Versailles, ancien
directeur scientifique de l'INS2I
au CNRS [→ planche n° 108]

Bovet, Dalila.
Éthologue [→ planche n° 14]

Buyl, Pierre de.
Physicien et scientifique à l'Institut
royal météorologique de Belgique
[→ planche n° 48]

Cadiou, Hervé.
Maître de conférences à l'université
de Strasbourg/International Space
University Adjunct Faculty
[→ planche n° 83]

Causse-Védrines, Romain.
Vulgarisateur scientifique,
assistant-ingénieur au CNRS
en tant que biologiste moléculaire
[→ planche n° 10]

Chambon, Olivier.
Docteur, psychiatre
et psychothérapeute
[→ planche n° 71]

Chopin, Olivier.
Chargé d'enseignement
à Sciences Po et chercheur associé
à l'EHESS [→ planche n° 84]

Combes, Françoise.
Professeure au Collège de France,
astrophysicienne à l'Observatoire
de Paris
[→ planches nos 29, 46 et 99]

Couzi, Laurent.
Responsable du service connaissance
au pôle protection de la nature
de la LPO (Ligue pour la Protection
des Oiseaux)
[→ planches nos 1 et 27]

Curt, Thomas.
Directeur de recherche à l'Inrae
d'Aix-en-Provence, équipe RECOVER
[→ planche n° 4]

Darrouzet, Éric.
Enseignant-chercheur à l'université
de Tours [→ planche n° 22]

Debarre, Thomas.
Sept fois champion de France
de go et tenant du titre (2022)
[→ planche n° 20]

Descamps, Pascal.
Astronome au service de calculs
astronomiques et de renseignements
de l'Institut de mécanique céleste
et de calcul des éphémérides
de l'Observatoire de Paris
[→ planche n° 82]

Djian, Cassandre.
Médecin ORL [→ planche n° 50]

Domine, Florent.
Directeur de recherche au CNRS,
laboratoire international Takuvik,
université Laval, Québec
[→ planche n° 117]

Durand, Bernard.
Ex-directeur de la division
Géologie-Géochimie à l'IFPEN
(Institut Français du Pétrole
et des Énergies Nouvelles)
[→ planche n° 11]

Ferrari, Chiara.
Astronome à l'Observatoire
de la Côte d'Azur et directrice
de SKA-France
[→ planche n° 43]

Fournier, Meriem.
Inrae [→ planche n° 67]

Gaie-Levrel, François.
Docteur [→ planche n° 44]

Gallet, Yves.
Directeur de recherche au CNRS
à l'Institut de physique
du globe de Paris
[→ planche n° 97]

Gillet-Chaulet, Fabien.
Chercheur à l'Institut des
géosciences de l'environnement
[→ planche n° 90]

Gronfier, Claude.
PhD HDR, chercheur neuro-biologiste de l'Inserm au CRNL
(Centre de Recherche
en Neurosciences de Lyon)
[→ planche n° 72]

Hibert, Marcel.
Professeur émérite à la Faculté
de Pharmacie de Strasbourg
[→ planche n° 94]

Jacquemin, Bénédicte.
Chargée de recherche de l'Inserm
à l'Irset (Institut de Recherche
en Santé, Environnement et Travail)
[→ planche n° 44]

Jacquet, Emmanuel.
Maître de conférences du Muséum
national d'histoire naturelle de Paris
[→ planche n° 3]

Jaubert, Jean-Noël.
Ancien enseignant-chercheur
[→ planche n° 25]

Jeanneau, Louise.
Consultante scientifique au CNRS
[→ planche n° 42]

Jeanson, Matthieu.
Maître de conférences
en géographie au Centre
universitaire de Mayotte.
[→ planche n° 93]

Jost, Jean-Pierre.
Biologiste [→ planche n° 61]

Kriaa, Quentin.
Doctorant 2020-2023
du laboratoire IRPHE,
Aix-Marseille université
[→ planche n° 39]

Landragin, Frédéric.
Directeur de recherche au CNRS,
laboratoire Lattice
[→ planche n° 121]

Le Gall, Line.
Professeure au Muséum national d'histoire naturelle de Paris [→ planche n° 92]

Lourau, Julie.
Docteure en anthropologie sociale et ethnologie à l'EHESS [→ planche n° 33]

Ludes, Bertrand.
Directeur de l'Institut médico-légal de Paris [→ planche n° 2]

Mabillot, Vincent.
Maître de conférences à l'université Lyon 2 et membre du laboratoire MARGE (EA 3712) [→ planche n° 15]

Malherbe, Jean-Marie.
Docteur, astronome à l'Observatoire de Paris, section de Meudon [→ planche n° 51]

Maréchal, Jean.
Responsable de programme Navigation et Localisation au CNES [→ planche n° 120]

Mérenne-Schoumaker, Bernadette.
Docteur en sciences géographiques, professeur émérite à l'université de Liège [→ planche n° 112]

Merlin, Francesca.
IHPST, CNRS & université Paris 1-Panthéon-Sorbonne [→ planche n° 47]

Meyer, Julien.
Chargé de recherche au CNRS, Gipsa-lab [→ planche n° 17]

Michelot-Antalik, Alice.
Maître de conférences à l'université de Lorraine, laboratoire agronomie et environnement Nancy-Colmar [→ planche n° 78]

Milinkovitch, Michel C.
Professeur, laboratoire d'évolution naturelle et artificielle, département de génétique et évolution à l'université de Genève [→ planche n° 65]

Monnier, Franck.
Ingénieur, chercheur associé au CNRS, UMR7041 [→ planche n° 23]

Morel, Camille.
Docteure, chercheuse associée à l'IESD (institut d'études de stratégie et de défense) de l'université Jean-Moulin-Lyon III [→ planche n° 68]

Nectoux, Didier.
Conservateur du musée de Minéralogie Mines Paris – PSL [→ planche n° 59]

Oberlin, Christine.
Ingénieure de Recherche (IR) au CNRS, responsable de la plateforme « Datation » de l'UMR 5138 ArAr (Archéologie et archéométrie) [→ planche n° 101]

Opderbecke, Jan.
Responsable de l'unité Systèmes sous-marins, Direction de la flotte océanographique française – Ifremer [→ planche n° 106]

Pagani, Laurent.
Directeur de recherche au CNRS [→ planche n° 76]

Peduzzi, Pascal.
Directeur UNEP/GRID-Geneva au programme des Nations unies pour l'environnement et professeur à la faculté des sciences de l'université de Genève, Suisse [→ planche n° 64]

Perga, Marie-Élodie.
Docteure en écologie et professeure en limnologie à l'université de Lausanne et professeure associée au sein de l'Institut des dynamiques de la surface terrestre [→ planche n° 19]

Petit, Régis.
Spécialiste de modélisation systémique et ancien ingénieur en informatique chez EDF [→ planche n° 32]

Piccoli, Raymond.
Directeur du Laboratoire de recherche sur la foudre [→ planche n° 69]

Poncet, Lisa.
Docteure, chercheuse en éthologie des céphalopodes, laboratoire EthoS de l'université de Caen-Normandie [→ planche n° 109]

Quiamzade, Alain.
Maître d'enseignement et de recherche à la faculté de psychologie et des sciences de l'éducation de l'université de Genève [→ planche n° 38]

Rosset, Émilie.
Vétérinaire spécialiste en reproduction animale, enseignante à l'école vétérinaire de Lyon (VetAgro Sup Lyon) [→ planche n° 28]

Rouhan, Germinal.
Maître de conférences à l'ISYEB (Institut de Systématique, Évolution, Biodiversité) et responsable scientifique de l'herbier au Muséum national d'histoire naturelle de Paris [→ planche n° 7]

Selosse, Marc-André.
Professeur du Muséum national d'histoire naturelle de Paris [→ planche n° 35]

Sénépart, Ingrid.
Docteur en préhistoire au pôle archéologie du musée d'Histoire de Marseille, UMR 5608 du CNRS [→ planche n° 6]

Toussaint, Jean-François.
Professeur de physiologie à l'université Paris-Cité, et directeur de l'IRMES (Institut de Recherche Médicale et d'Épidémiologie du Sport) [→ planche n° 105]

Tréguer, Paul.
Océanographe à l'UBO (université de Bretagne occidentale), Brest [→ planche n° 91]

Vaillant, Pascal.
Enseignant-chercheur en informatique et sciences du langage à l'université Paris-Nord [→ planche n° 56]

Vial, Hélène.
Professeur de latin à l'université Clermont-Auvergne et spécialiste d'Ovide [→ planche n° 37]

Voix, Raphaël.
Anthropologue, chargé de recherche au CNRS, Centre d'études de l'Asie du Sud et de l'Himalaya [→ planche n° 8]

Wackenheim, Quentin.
Malacologue au laboratoire de Géographie physique, CNRS/P1/UPEC [→ planche n° 5]

Bibliographie sélective

Publications

Biro, Dora, et coll.
« Chimpanzee mothers at Bossou, Guinea carry the mummified remains of their dead infants », *Current Biology*, 2010

Blaser, Nicole, et coll.
« Gravity anomalies without geomagnetic disturbances interfere with pigeon homing – a GPS tracking study », *J Exp Biol*, 2014

Bulinge, Franck, et coll.
« Le renseignement comme objet de recherche en SHS : le rôle central des SIC », *Communication et organisation*, 2018

Charbonnel, A.
Compas magnétique, présentation PDF, ENSM (École Nationale Supérieure Maritime), Le Havre, 2016

Couzin, Iain D., et coll.
« Self-organized lane formation and optimized traffic flow in army ants », *Proceedings of the Royal Society B: Biological Sciences*, 2003

Dagois-Bohy, Simon.
« Le chant des dunes, mouvements collectifs dans un écoulement granulaire », Acoustique [physics. class-ph]. Thèse, université Paris-Diderot (Paris-VII)

Environment Agency Austria & Borderstep Institute.
Energy-efficient Cloud Computing Technologies and Policies for an Eco-friendly Cloud Market, Directorate-General for Communications Networks, Content and Technology, European Commission, 2020

Falchi, Fabio, et coll.
« The new world atlas of artificial night sky brightness », *Science Advances*, 2016

Faust, Lynn.
« Life History and Updated Range Extension of Photinus scintillans (Coleoptera: Lampyridae) with New Ohio Records and Regional Observations for Several Firefly Species », *Ohio Biological Survey*, 2019

Faust, Lynn.
« Natural History and Flash Repertoire of the Synchronous Firefly Photinus carolinus (Coleoptera: Lampyridae) in the Great Smoky Mountains National Park », *Florida Entomologist*, 2010

Fournier, Meriem, et coll.
« Sensibilité et communication des arbres : entre faits scientifiques et gentil conte de fée », *Forêt nature, Forêt wallonne*, 2018

Garcimartín, Ángel, et coll.
« Experimental evidence of the "Faster Is Slower" effect », *Transportation Research Procedia*, 2014

Goldenberg, Shifra, et coll.
« Elephant behavior toward the dead: A review and insights from field observations », *Primates*, Smithsonian Conservation Biology Institute, San Diego Zoo Institute for Conservation Research, 2019

Gounelle, Matthieu.
Une belle histoire des météorites, Flammarion, 2017

Hehner, Barbara.
Blissymbols for Use, Blissymbols Communication Institute, 1980

Helbing, Dirk, et coll.
« Simulating Dynamic Features of Escape Panic », *Nature*, 2000

Kelman, Herbert C.
« Compliance, identification, and internalization three processes of attitude change », *Journal of Conflict Resolution*, Harvard University, vol. II, nº I, 1958

Kikuchi, Katsuhiro, et coll.
A global classification of snow crystals, ice crystals, and solid precipitation based on observations from middle latitudes to polar regions, Working group members for new classification of snow crystals, 2013

Lichtenegger, Erwin, et Kutschera, Lore.
Wurzelatlas mitteleuropäischer Waldbäume und Sträucher, Leopold Stocker Verlag, 2002

Landragin, Frédéric.
Comment écrire à un alien ? Quand science-fiction et sciences se rejoignent, conférence lors de la journée d'étude « Prospectives graphiques » en partenariat avec le Signe, Centre national du graphisme à Chaumont, 2020

Libbrecht, Kenneth.
Field Guide to Snowflakes, Voyageur Press, 2016

Mangin, Alain.
Représentation du système karstique, dessin, 1975

Marck, Adrien, et coll.
« Are We Reaching the Limits of Homo sapiens? », *Frontiers in Physiology*, 2017

Martin, Alexis.
Petit Guide illustré des crottes de mammifères, Club CPN des Sittelles, 1999

Marzluff, John.
Awareness of Death and Personal Mortality: Responses to Death in Corvid Birds, conférence de la série CARTA, University of California Television, 2017

Meyer, Julien.
Description typologique et intelligibilité des langues sifflées, approche linguistique et bio-acoustique, laboratoire de dynamique du langage, Institut des sciences de l'Homme, 2005

Milgram, Stanley, et coll.
« Note on the Drawing Power of Crowds of Different Size », *Journal of Personality and Social Psychology*, 1969

Milgram, Stanley.
Conformity and Independence, Alexandria (VA), Alexander Street, vidéo, 1975

Monnier, Franck.
L'Univers fascinant des pyramides d'Égypte, Éditions Faton, 2021

Mori, Masahiro.
« The Uncanny Valley Phenomenon », *Energy*, 1970

Moussaïd, Mehdi.
« Étude expérimentale et modélisation des déplacements collectifs de piétons », thèse, université Toulouse-3, 2010

Nakagaki, Toshiyuki, et coll.
« Maze-solving by an amoeboid organism », *Nature*, nº 407, 2000

Ogg, James.
« Geomagnetic Polarity Time Scale », *Geologic Time Scale 2020*, Elsevier BV., 2020

Ramírez-Ávila, Gonzalo Marcelo, et coll.
« Firefly courtship as the basis of the synchronization-response principle », *Europhysics Letters Association*, 2011

Riley, Wiliam B., et coll.
« A comprehensive review and call for studies on firefly larvae », *PeerJ.*, 2021

Saigusa, Tetsu, et coll.
« Amoebae anticipate periodic events », Phys. Rev. Lett., 2008

Scotese, Christopher R.
« PALEOMAP PaleoAtlas for GPlates and the PaleoDataPlotter Program », *Abstracts with Programs*, vol. 48, nº 5, Geological Society of America, 2016

Scotese, Christopher R., et coll.
« Phanerozoic paleotemperatures: The earth's changing climate during the last 540 million years », *Earth-Science Reviews*, 2021

T. Hall, Edward.
La Dimension cachée [*The Hidden Dimension*], Points, 1978

Toussaint, Jean-François.
L'homme peut-il s'adapter à lui-même ?, éditions Quæ, 2012

Urrea, Luisfer.
Faster is slower in pedestrian evacuation, Granular Lab, University of Navarra, vidéo, 2015

Vogel, David, et coll.
« Direct transfer of learned behaviour via cell fusion in non-neural organisms », *Proceedings of the Royal Society London*, 2016

Walcott, Charles.
« Magnetic orientation in homing pigeons », *IEEE Transactions on Magnetics*, 1980

Zannoni, Nora, et coll.
« Identifying volatile organic compounds used for olfactory navigation by homing pigeons », *Scientific Reports*, nº 10, 2020

Zoo Parc de Beauval
Le Figuier étrangleur, épisode de «La série des plantes tropicales», vidéo, 2021

Pages internet

acces.ens-lyon.fr/acces/thematiques/limites/data/lunap1.pdf

aggbusiness.com

agroecologiavenezuela.blogspot.com

andra.fr

bcs.fltr.ucl.ac.be

besancon-ville-du-temps.fr

clis-bure.fr

cnes.fr

criminocorpus.org

data.apps.fao.org

esa.int

fr.wikipedia.org/wiki/Essai_nucléaire

globalfiredata.org

grottesdefrance.org

inserm.fr

iom.int

lloydslistintelligence.com

ma-chasse.com

mico.eco

nasa.gov

naturalearthdata.com

ncei.noaa.gov

odv.awi.de

openstreetmap.org

ornithopter.de

ourworldindata.org

police-scientifique.com

pontdugard.fr/fr/EPCC

regispetit.com

siaap.fr

skao.int

telegeography.com

theconversation.com/la-chimie-de-lamour-111649

unodc.org

vims.edu

whc.unesco.org

worldwildlife.org

Camille Juzeau est autrice et réalisatrice de documentaires et de fiction pour la radio et le podcast, et écrit pour l'édition et la presse. Issue d'une formation en histoire et philosophie des sciences, la plupart de ses créations explorent de façon sensible le rapport de l'humain à la nature.

Morgane Rébulard et **Colin Caradec**, fondateurs du studio de design graphique et éditorial The Shelf Company, œuvrent dans les domaines de l'édition, des arts et des sciences. La dimension didactique de leurs créations témoigne d'un goût pour la représentation de données et de systèmes et plus largement pour la transmission des savoirs.

Ils remercient chaleureusement :

l'ensemble du comité scientifique, Violaine Avez, Youssef Abdelaziz, Stéphanie Balme, Loraine Capelier, Andrée et Marcel Caradec, Manuel Charuau, Idir Davaine, Erick Demeyer, Pierre Fahys, Janik Gouriou, Maroussia Jannelle, Thibaut Juzeau, Étienne Klein, Antoine Marchand, Paula Saint-Hillier, Victoria Scoffier, Chloé Tavitian et Pierrick Varin.

Contributeurs

TEXTES
Camille Juzeau
avec la collaboration de Chloé Dubois

RECHERCHES ET COORDINATION SCIENTIFIQUE
Suzanne Labourie
Sophie Vo
Chloé Dubois

SUIVI ÉDITORIAL
Marion Pipart
Frédéric Gomariz

DIRECTION ARTISTIQUE
The Shelf Company

CONCEPTION GRAPHIQUE ET MAQUETTE
The Shelf Company
(Morgane Rébulard et Colin Caradec
avec Violaine Avez)

RELECTURE-CORRECTION
Frédéric Gomariz
Pierre Jaskarzec

www.editionsduchene.fr

Édité par les Éditions du Chêne
(58, rue Jean Bleuzen, 92178 Vanves Cedex)

DIRECTION
Emmanuel Le Vallois

ÉDITION
Hélène Sevin

DIRECTION ARTISTIQUE
Sabine Houplain

FABRICATION
Marc Chalmin

CONTACT PRESSE
presse_chene@hachette-livre.fr

Dépôt légal : septembre 2023
ISBN : 978-2-81232-109-2
80/6509/1

PAPIER À BASE DE FIBRES CERTIFIÉES

hachette s'engage pour l'environnement en réduisant l'empreinte carbone de ses livres. Celle de cet exemplaire est de :
0,7000 kg éq. CO_2
Rendez-vous sur www.hachette-durable.fr

Achevé d'imprimer en juillet 2023 sur les presses de l'imprimerie Macrolibros à Valladolid (Espagne).
L'ouvrage a été composé avec le caractère *Atlas Grotesk* dessiné par Susana Carvalho, Kai Bernau, Christian Schwartz, Ilya Ruderman et Irene Vlachou.